现代电化学

龚竹青　王志兴　编著

中南大学出版社

前　言

　　电化学的发展已有二百多年的历史，是一门涉及多学科的交叉学科，其内容十分广泛。近半个世纪以来，电化学发展十分迅速，开辟了许多新的领域，发展了许多新方法，建立了若干新的理论体系，其应用范围很广，应用领域不断扩展，在解决能源、材料、环境、生物和医学等领域的相关问题中发挥了巨大的作用。

　　编写本书是为学过电化学基础理论的研究生和相关科技人员介绍电化学在近几十年来发展形成的一些电化学分支和新的应用领域，希望为他们在科学研究中开拓思路，更好地发挥开拓创新能力。因此本书编写中参阅和引用了近些年来出版的大量电化学著作和中外文献，在此对相关作者表示感谢。

　　本书编写过程中得到了中南大学冶金科学与工程学院领导的大力支持，冶金物理化学研究所也给与了热情的帮助，还有一些研究生参与了初稿的打印、修改，在此一并表示感谢。

　　书中也必定存在不少缺点和错误，请广大读者指正。

编者

2010 年 3 月

目　录

第1章　电化学的发展与展望 ……………………………… (1)

1.1　电化学的研究内容与发展历史 ……………………… (1)

1.1.1　电化学的研究内容 ……………………… (1)

1.1.2　电化学的发展简史 ……………………… (1)

1.1.3　电化学的应用 ……………………………… (2)

1.2　电化学的前沿与展望 ………………………………… (3)

1.2.1　当代电化学发展的特点 …………………… (4)

1.2.2　电化学在几个方面的发展 ………………… (4)

参考文献 …………………………………………………… (10)

第2章　固体电解质 ………………………………………… (12)

2.1　固体电解质概述 ……………………………………… (12)

2.1.1　固体电解质的概念 ………………………… (12)

2.1.2　固体电解质的发展历史 …………………… (13)

2.2　固体电解质晶体缺陷及导电机理 …………………… (14)

2.2.1　晶体的缺陷结构 …………………………… (14)

2.2.2　固体电解质中的扩散 ……………………… (18)

2.2.3　固体离子导体中的电荷迁移 ……………… (20)

2.2.4　缺陷和电导率 ……………………………… (21)

2.3　固体电解质材料 ……………………………………… (22)

2.3.1　氧离子导电固体电解质 …………………… (22)

　　2.3.2　氟离子导电固体电解质 ……………………（27）

　　2.3.3　碱金属离子导体 ………………………………（28）

　　2.3.4　质子(H^+)导体 ………………………………（30）

　　2.3.5　聚合物电解质 …………………………………（31）

2.4　固体电解质的应用 ………………………………（32）

　　2.4.1　化合物热力学研究 ……………………………（32）

　　2.4.2　合金体系热力学研究 …………………………（36）

　　2.4.3　金属熔体中氧活度的研究 ……………………（38）

　　2.4.4　固体电解质电池在动力学研究中的应用

　　　　　 …………………………………………………（38）

　　2.4.5　固体电解质在其他方面的应用 ………………（42）

2.5　锂离子电池材料 …………………………………（49）

　　2.5.1　插入化合物 ……………………………………（50）

　　2.5.2　作为锂离子电池正极材料的插入化合物 …（51）

　　2.5.3　展望 ……………………………………………（59）

参考文献 …………………………………………………（60）

第3章　离子液体及其应用 ……………………………（65）

3.1　离子液体概述 ……………………………………（65）

　　3.1.1　电解质的分类 …………………………………（65）

　　3.1.2　离子液体的组成和分类 ………………………（65）

　　3.1.3　离子液体的特点 ………………………………（67）

　　3.1.4　离子液体的合成方法 …………………………（68）

3.2　离子液体的应用 …………………………………（69）

　　3.2.1　在化学反应中的应用 …………………………（70）

　　3.2.2　在分离过程中的应用 …………………………（70）

　　3.2.3　在电化学中的应用 ……………………………（71）

　　3.2.4　存在问题及发展方向 …………………………（81）

参考文献 ……………………………………………… (82)

第 4 章　电催化与催化电极 ………………………… (84)

4.1　电催化与电催化机理 …………………………… (84)
　4.1.1　电催化的特征 …………………………… (85)
　4.1.2　电催化剂应具备的条件和判别标准 ……… (86)
　4.1.3　电催化作用机理 ………………………… (88)

4.2　化学修饰电极（Chemically Modified Electrodes，CMES）
　………………………………………………… (97)
　4.2.1　修饰的目的 ……………………………… (97)
　4.2.2　化学修饰电极的制备和类型 …………… (98)
　4.2.3　化学修饰电极的电催化 ……………… (103)
　4.2.4　化学修饰电极的应用 ………………… (104)

4.3　形稳阳极（Dimensionally Stable Anode，DSA）
　………………………………………………… (105)
　4.3.1　金属氧化物的催化活性 ……………… (106)
　4.3.2　DSA 的制备 …………………………… (107)
　4.3.3　DSA 的应用 …………………………… (109)
　4.3.4　关于金属阳极的改进 ………………… (119)

4.4　铝熔盐电解催化电极研究 …………………… (123)
　4.4.1　碳阳极的改性研究 …………………… (123)
　4.4.2　铝电解惰性阳极研究 ………………… (124)
　4.4.3　惰性阴极研究 ………………………… (126)

4.5　其他催化电极 ………………………………… (127)
　4.5.1　多孔电极 ……………………………… (127)
　4.5.2　膜电极 ………………………………… (129)
　4.5.3　流态化床电极 ………………………… (130)

4.5.4　用于 Zn 电积的节能氢阳极(氢氧化阳极)
………………………………………………（132）

4.5.5　阴极的改进 ……………………………（132）

参考文献 ……………………………………（136）

第5章　超微电极(Ultramicroelectrode)电化学 ……（139）

5.1　超微电极概述 ……………………………（139）

5.1.1　超微电极的分类 ………………………（139）

5.1.2　超微电极的制备方法 …………………（141）

5.2　超微电极的基本特征 ……………………（141）

5.2.1　易于达到稳定电流 ……………………（141）

5.2.2　超微电极时间常数很小 ………………（143）

5.2.3　可应用于电阻高的溶液 ………………（143）

5.2.4　超微电极表面的扩散 …………………（144）

5.3　超微电极的应用 …………………………（146）

5.3.1　电化学反应机理的研究 ………………（146）

5.3.2　在分析化学中的应用 …………………（148）

5.3.3　在生物电化学方面的应用 ……………（148）

5.3.4　超微修饰电极 …………………………（150）

5.3.5　在扫描探针显微镜中的应用 …………（151）

5.3.6　固体电化学中的应用 …………………（152）

参考文献 ……………………………………（152）

第6章　电化学传感器 ………………………（154）

6.1　气敏传感器 ………………………………（154）

6.1.1　固体电解质气敏传感器 ………………（155）

6.1.2　定电位电解式传感器 …………………（158）

6.1.3　伽伐尼式传感器 ………………………（160）

　　6.2　成分传感器 ······························ (160)
　　　6.2.1　辅助电极型成分传感器 ············ (161)
　　　6.2.2　三相固体电解质传感器 ············ (162)
　　　6.2.3　新固体电解质传感器 ·············· (163)
　　6.3　生物传感器 ····························· (164)
　　　6.3.1　酶传感器 ······················· (165)
　　　6.3.2　微生物传感器 ··················· (167)
　　　6.3.3　免疫传感器 ····················· (168)
　　　6.3.4　细菌或组织传感器 ··············· (168)
　　　6.3.5　场效应晶体管生物传感器 ········· (169)
　　参考文献 ·································· (169)

第7章　半导体电化学及光电化学 ············· (171)
　　7.1　半导体/电解质界面的双电层结构 ········· (172)
　　　7.1.1　关于半导体的某些基本知识 ········ (172)
　　　7.1.2　电解液的电子能级——绝对电极电位 ··· (179)
　　　7.1.3　半导体/电解液的界面结构 ········· (179)
　　7.2　半导体电极反应 ························ (186)
　　　7.2.1　半导体电极的特点 ··············· (186)
　　　7.2.2　半导体电极上的简单氧化还原反应 ··· (188)
　　　7.2.3　半导体的阳极溶解 ··············· (193)
　　7.3　半导体电极的光效应 ···················· (195)
　　　7.3.1　光照下的半导体/溶液界面 ········· (195)
　　　7.3.2　光照下半导体、溶液界面上的电荷传递 ··· (197)
　　　7.3.3　半导体电极的稳定性 ············· (202)
　　7.4　光电化学电池 ·························· (203)
　　　7.4.1　光电化学电池的分类 ············· (203)
　　　7.4.2　再生光电化学电池 ··············· (204)

　　　7.4.3　光电解电池 ……………………………（207）

　　　7.4.4　太阳光发电 ……………………………（211）

　　参考文献 …………………………………………（212）

第8章　光谱电化学 ……………………………（214）

　8.1　光谱电化学概述 ……………………………（214）

　　　8.1.1　光谱电化学的发展 ………………………（214）

　　　8.1.2　光谱电化学方法的分类 …………………（215）

　　　8.1.3　光谱电化学方法与常规电化学方法的比较

　　　　　　…………………………………………（217）

　8.2　光透电极 ……………………………………（221）

　　　8.2.1　SnO_2和In_2O_3光透电极 ………………（222）

　　　8.2.2　Pt, Au, Hg－Pt 及碳膜光透电极 ………（224）

　　　8.2.2　电极的应用 ………………………………（225）

　　　8.2.3　金属网栅电极 ……………………………（226）

　　　8.2.4　多孔玻碳电极和多孔金属电极 …………（228）

　　　8.2.5　化学修饰光透电极 ………………………（228）

　8.3　光透薄层光谱电化学 ………………………（229）

　　　8.3.1　测定可逆反应的式量电位$E^{\ominus}$和电子转移数n

　　　　　　…………………………………………（230）

　　　8.3.2　研究准可逆反应 …………………………（233）

　　　8.3.3　采用媒介体的生物氧化还原体系 ………（234）

　8.4　光透半无限扩散光谱电化学 ………………（236）

　　　8.4.1　基本概念 …………………………………（236）

　　　8.4.2　扩散过程 …………………………………（237）

　　　8.4.3　用单电位阶跃计时吸收法研究不可逆过程

　　　　　　…………………………………………（240）

　　参考文献 …………………………………………（242）

第9章 生物电化学 ································ (244)

9.1 生物电化学及其范畴 ··················· (244)
9.1.1 生物电化学的研究历史 ··········· (244)
9.1.2 生物电化学研究的范畴 ··········· (245)
9.2 生物膜与细胞膜及膜电位 ············· (247)
9.2.1 生物膜与生物界面模拟研究 ······· (247)
9.2.2 膜电位 ··························· (249)
9.3 生物电池 ····························· (252)
9.3.1 概述 ····························· (252)
9.3.2 酶电池 ··························· (253)
9.3.3 微生物电池 ······················· (255)
9.3.4 生物燃料电池在诊断和治疗中的应用 ····· (255)
参考文献 ································· (257)

第10章 有机电化学 ························ (259)

10.1 有机电化学反应的特点和分类 ········· (259)
10.1.1 有机电化学的发展历史 ··········· (259)
10.1.2 有机电化学反应的特点 ··········· (260)
10.1.3 有机电化学合成的分类 ··········· (263)
10.1.4 离子液体中的电化学有机合成 ····· (270)
10.2 有机电解液的溶剂、支持电解质 ········ (270)
10.2.1 溶剂 ···························· (270)
10.2.2 支持电解质 ····················· (273)
10.3 电极及电解槽 ······················· (274)
10.3.1 电极与隔膜材料 ················· (274)
10.3.2 参比电极 ······················· (276)
10.3.3 有机电合成电解装置 ············· (277)

10.4 有机物的电化学合成 ················· (280)

10.4.1 己二腈的电合成 ················· (282)

10.4.2 四烷基铅和金属有机化合物的电解合成

··················· (283)

10.4.3 有机氟电化学合成 ················· (285)

10.5 电化学聚合 ····················· (287)

10.5.1 ECP 中的化学和电化学步骤 ·········· (287)

10.5.2 电化学聚合反应 ················· (291)

10.5.3 电聚合在制取导电聚合物中的应用 ······ (293)

参考文献 ······························ (295)

第 1 章　电化学的发展与展望

1.1　电化学的研究内容与发展历史

1.1.1　电化学的研究内容

　　电化学是物理化学的重要分支，也是一个跨学科的边沿领域科学，主要研究电子导体—离子导体，离子导体—离子导体的界面现象、结构和化学过程，以及与此相关的现象和过程。

　　电化学研究的内容包括两个方面：①电解质学（或离子学），研究电解质的导电性质、离子的传输特性、参与反应的离子的平衡性质，其中电解质溶液的物理化学研究常称为电解质溶液理论；②电极学，包括电极界面（通常指电子导体—离子导体界面）和离子导体—离子导体界面（两者常称为电化学界面）的平衡性质和非平衡性质（分别称为电化学热力学和电化学动力学）。当代电化学十分重视研究电化学界面结构、界面上的电化学行为和动力学。

1.1.2　电化学的发展简史

　　一般认为电化学起源于 1791 年 Galvani 发现"动物电"现象。1799 年伏特（Volta）发明了第一个化学电源（伏特电堆）。1853 年 Helmholtz 提出了双电层结构的第一个定量理论。1887 年 Arrhenius 在溶液性质和理论研究的基础上创立了电离理论。1889 年

Nernst 创立了原电池理论，使电化学热力学逐步完善。1905 年 Tafel 研究氢电极过程时发现了电极的极化现象，提出塔菲尔公式。Frumkin 学派在动力学方面作了大量研究，1952 年发表了重要著作《电极过程动力学》，使电化学理论前进了一大步。

在热力学的基础上 Poubaix 学派经过 20 多年努力，创立了电位—pH 图理论，使电化学热力学推进了一大步，1963 年 Poubaix 根据金属腐蚀科学的需要出版了按元素周期表分类汇编的金属—水系电位—pH 图，这对冶金、化工等学科都有非常重要的意义。20 世纪 70 年代末中南矿冶学院冶金系著名教授傅崇说为了研究由多种配合物形成的复杂体系热力学规律并确切预示其发生反应的条件和结果，提出了用平衡原理绘制复杂体系的电位—pH 图。

1960 年以来，进入了用量子理论解释电化学过程的新时期，电极反应中电子跃迁的距离只有几埃，用量子理论来处理问题才能进一步接触到反应的实质。但量子理论尚处在发展阶段，要用它来解决电化学过程中的实际问题还需作大量的研究。

1.1.3　电化学的应用

电化学是一门交叉学科，也是应用前景非常广泛的学科，远远超出了化学领域，在国民经济很多部门（如能源、材料的制备、金属的腐蚀与防护、环境等）发挥了巨大作用。电化学的实际应用大致分为：

①电合成无机物和有机物，例如氯气、氢氧化钠、高锰酸钾、己二腈、四烷基铅；

②金属的提取与精炼，例如熔盐电解铝、镁，湿法电解锌，电解精炼铜、铅；

③电池，例如锌锰电池、铅酸电池、镉镍电池、锂电池、燃料电池、太阳能电池；

④金属腐蚀与防护研究，例如金属的电化学保护、缓蚀剂；

⑤表面精饰，包括电镀、阳极氧化、电泳涂漆等；

⑥电解加工，包括电成型（电铸）、电切削、电抛磨等；

⑦电化学分离技术，例如电渗析、电凝聚、电浮离等应用于工业生产或废水处理；

⑧电化学技术在环境工程中的应用——电沉积、电化学氧化与还原、光电化学氧化、电吸附、电凝聚、电化学消毒、电化学修复土壤。污染土壤的原位修复又称电动力学修复，即用电流清除土壤或泥浆中的放射性物质、重金属、某些有机物或者无机物与有机物混合污染物；

⑨电分析化学在工业、农业、环境保护、医药卫生等方面的应用。

无机物、有机物和金属的电解制备统称为电解工业，电解工业和电池工业是两个规模庞大的电化学工业体系。

此外，电化学在选矿、采矿、医疗等方面都有广泛的应用，如浮选电化学、电化学采油、电化学治癌仪等。电化学在生命科学中也得到了广泛应用，因为生命现象的许多过程伴随着电子传递反应。

随着人口的急剧增长和工业的迅速发展，环境的破坏日趋严重，环保已成为工艺开发的关键因素。以电子作为清洁剂的电化学产业具有传统的非电化学产业所没有的优越性，如节能、方便、易于自动化、生产成本低等。因此，电化学必将为解决人类面临的环保、资源缺乏、能源短缺等重大问题发挥更大的作用。

1.2　电化学的前沿与展望

电化学横跨纯自然科学（理学）和应用自然科学（工程、技术），应用非常广泛，因此发展非常迅速，与其他科学边沿领域相结合，形成了众多分支，如：熔盐电化学、有机电化学、生物电化学、半导体电化学、光电化学、界面电化学、腐蚀电化学、催化电化学、高温电化学、低温电化学、凝固相和固相电化学、气相电化学、电分析化学、化学修饰电极电化学、超微电极电化学、量子电化学等。这些分支都有各自的研究领域，但又都建立在电化学基础理论之上。

1.2.1　当代电化学发展的特点

　　电化学虽然是一门历史悠久的学科，但是由于现代科学技术的迅速发展，检测仪器和手段(特别是电子技术、计算机技术的迅猛发展)的发展，特别是近几十年来，检测分子水平信息的现场(in situ 称原位)谱学电化学技术的建立及非现场(es situ 称非原位)表面物理技术的应用，有关电化学界面结构和界面行为的原子、分子水平信息的大量涌现，促使电化学进入由宏观到微观，由经验及唯象到非唯象理论的突破时期。当代电化学发展有四个特点：① 研究的具体体系大为扩展；② 处理方法和理论模型开始深入分子水平；③ 实验技术迅速提高、创新，建立和发展了在分子水平上检测电化学界面的现场谱学电化学技术；④ 当代电化学发展目标是实现液体—固体(电极、生物膜等)界面固定、修饰和剪裁特定的分子(包括多基团大分子或多分子)，以最有利的键接方式及空间排列取向，发挥可控强电场与分子基团的协同作用，达到催化或阻化指定的化学或生命过程。

1.2.2　电化学在几个方面的发展

1.2.2.1　界面电化学

　　电化学界面的微观结构、界面吸附、界面动力学及理论处理，构成了当代电化学的基础。

　　① 双电层的 Gouy - Chapman - Grahame - Stern 模型是近代双电层理论的基础，它认为双电层由紧密层和分散层组成。但迄今

为止提出的双电层模型主要是建立在金属—溶液、半导体—溶液界面的实验数据上，电化学参数主要来自传统的电化学试验技术，缺乏分子水平的信息。

近 20 年来，在原子、分子标度上有明确结构(例如单晶电极)界面的研究和电化学界面的分子水平研究迅速地发展，研究的电化学界面类型大为扩展。理论上广泛利用固体物理和表面物理理论(主要是能带理论)处理界面固相侧的结构和电子性质，让人们能"窥视"界面层中原子、离子、分子、电子等的排布，粒子间的相互作用，界面电场的建立，界面电位的分布，电极表面的微结构及表面重建，表面态以及界面对电化学过程途径和速度的控制作用，已为期不远了。

② 单晶金属电极的表面结构及界面性质研究。常规金属电极都是由许多晶体聚集而成，因此表面原子排列十分复杂，给电极反应微观机理研究带来很大困难。而金属单晶面具有确定的原子排列结构，是表面科学和异相催化、电催化等领域基础研究中的理想模型表面。20 世纪 80 年代以来，金属单晶表面电化学过程的研究得到了迅速发展，这主要得益于原位光谱和显微方法，如红外光谱、二次谐波发射光谱、外延 X 射线吸收精细结构谱、扫描探针显微镜和扫描隧道显微镜等先进设备和现代先进技术。这些设备和技术相继应用于单晶金属电极的研究，获得了传统电化学方法无法得到的大量原子层次的表面结构和分子水平上的电化学反应规律。

③ 在电化学界面吸附方面，20 世纪 70 年代人们主要是利用电毛细曲线、微分电容曲线等方法对吸附等温线、吸附力能学、吸附动力学等宏观唯象进行了充分研究。谱学电化学技术的发展使界面吸附研究提高到分子水平，并且提供了更丰富的信息。对吸附物种的识别、吸附键本质的认识，吸附引起的电极表面重建，吸附分子的空间取向，吸附自由能，吸附分子与溶剂分子间

的交换速度，吸附态在电极反应中的作用，吸附分子的结构效应，共吸附、吸附分子间的相互作用，界面电场对吸附分子行为及光谱数据的影响等方面，正在积极开展研究。

④ 电化学界面动力学方面。电极过程动力学的基本规律已经有了比较全面、系统的理解和研究，也积累了许多具体电极过程的机理和动力学数据，其新的进展也主要是从微观上研究电化学界面电荷传递反应及其相关的化学反应行为，其研究包括：从试验上探测电极反应过程处于平衡中的各种分子的力能学、结构及反应活性，这些分子由一种结构转变为另一种结构时的机理细节，并引进分子间的相互作用(尤其是溶剂分子的作用)及界面电场的影响；利用现场谱学电化学技术监测电极反应的中间物分子、中间态、激发态，在分子水平上认识具体电极反应机理，揭示电极反应的微观规律等。

在理论界面电化学方面的发展主要是用量子力学与统计力学处理界面吸附和电极反应中电荷传递反应。

1.2.2.2　电催化

电催化是电化学与催化的边缘领域，是在 20 世纪 50 年代末燃料电池技术研究的刺激和要求下发展起来的，但当代电催化的研究范围已远远超出燃料电池中的催化反应，具有催化活性的电极表面可以引入一个新的化学合成领域。已有的百余种电合成产品中，相当多一部分涉及电催化反应。

已进行的电催化研究，初步揭示了电催化剂活性和选择性的决定因素，提出了一些带普遍性的规律，但迄今已总结的电催化的规律多数是依据常规催化原理提出的，电催化和常规催化有许多相似性，两者间的关联在许多场合是合理的，然而电催化剂既能传输电子，又能对反应底物起活化作用或促进电子的传递反应速度；电极电位可以方便地改变电化学反应的方向、速度和选择性(电位移动1V，大致可改变反应速度10^{10}倍)，因此应当研究电催化反应的特殊规律。对电催化反应的研究有待于提高到分子水平，现场谱学电化学技术（包括扫描隧道显微技术 STM）可以帮助获得电催化反应的分子信息和电催化剂的微观结构。

电催化和催化电极我们将在后面专门论述。

1.2.2.3　光电化学

20 世纪 70 年代以来，人们对光电化学进行了广泛研究，促进了电化理论和电化学与固体物理、光化学、光物理诸科学交叉领域理论的迅速发展，而且光电化学在太阳能转换为化学能，即光电合成和光催化合成方面，在传感器、光电显色材料和信息存贮材料方面，在医学上用以灭菌，杀死癌细胞等方面，展示出广阔的应用前景。光电化学领域正在着重开展光电化学过程的电荷转移和能量转换的研究，主要包括：半导体表面性质与电荷转移的关系、电解质溶液（包括高浓度无机电解质溶液、有机电解质溶液、含各种不同氧化还原对溶液等）对半导体界面电荷转移的影响；半导体、修饰物、电解质溶液界面电荷转移的理论模型及界面效应；半导体光电化学腐蚀动力学、半导体表面的光电化学刻蚀等。

1.2.2.4　生物电化学

生物电化学是分子水平上研究生物体系荷电粒子（还可能包括非荷电粒子）运动过程所产生的电化学现象的科学。它是由电生物学、生物物理学、生物化学及电化学等多门学科交叉形成的一门独立的科学。有人说，20 世纪 70 年代以来，生物电化学有了爆炸式的发展。

正在开展的研究包括生物体系和生物界面的电位、生物分子电化学、生物电催化、光合作用、活组织电化学、生物技术中的电化学技术即电化学生物传感器等。

生物现象的许多过程都伴随着电子传递反应，应用电化学方法研究生物体系的电子传递及相关过程，是显示生命本质的较好途径，电化学将在生命科学研究中发挥更大作用。

1.2.2.5 有机电化学

有机电化学是有机化学与电化学之间的一门边缘科学，应用范围不断扩大，大致有如下几方面：①有机化合物的电合成；②电合成高分子材料；③能量转换，由于有机电池、高能有机电池、全塑料电池的研究和发展形成了新的能源工业；④制作显示元件和敏感元件；⑤天然物质的电化学变换；⑥处理环境污染；⑦仿生合成等。我们知道，化工生产是主要环境污染源之一，因此目前提出的"绿色化学"、"清洁生产"、"绿色合成"，要求不产生废物，而有机化合物的电合成是把电子作为试剂来合成有机化合物的方法，是"绿色化学"和"绿色合成"的一种，在很大程度上从工艺本身消除污染，保护了环境，因此有机电化学和有机电合成将成为21世纪的热门学科。

1.2.2.6 近代电化学研究方法

事实证明，电化学实验技术和方法原理的突破和发展，必然带来电化学研究水平和电化学理论与应用的飞跃。

电化学传统的研究技术，即电化学稳态和暂态技术已经有了相当成熟的发展，传统电化学研究技术将仍然为电极过程动力学、电分析化学、电化学传感器和其他电化学检测技术研制提供实验技术和方法原理。研究正朝着定量、微区、快速响应、高信噪比及高灵敏度等方向发展。当前正在开展的主要研究有：电极边界模型及传输理论，电化学中的计算机数字模拟技术和曲线拟合技术的通用软件包，微电极和超微电极技术及理论，电化学噪音和电化学振荡及其理论，扫描电化学显微技术，电化学中微弱信号检测及处理技术，微机控制的电化学仪器等。

20世纪70年代以来，谱学电化学技术迅速发展，已建立的现场谱学电化学技术有：激光拉曼散射光谱法尤其是表面增强拉曼散射（SERS）和共振拉曼散射（RRS）技术，红外光谱法，包括电化学调制红外光谱法（EMIRS），线性电位扫描反射光谱法（LP-SIRS），差示归一化界面傅里叶变换红外光谱法（SNIFTIRS），偏振调制红外光谱法（PMIRS 或 IRRAS）和傅里叶变换红外反射吸收光谱法（FTIRRAS），紫外可见透射和反射光谱法，光电流谱法（包括激光点扫描微区光电流谱法），椭圆偏振光技术和椭圆偏振光谱法，顺磁共振波谱法，穆斯堡尔谱法，光声和光热谱法、X – 射线衍射法，外延 X – 射线吸收精细结构技术等。发展趋势是进一步完善已建立的现场谱学电化学技术，发展适合于动态过程研究的时间分辨、空间分辨的谱学电化学技术，研制电化学现场扫描隧道显微技术，发展联用的谱学电化学技术，发展电化学微弱发光检测技术，发展电化学体系与高真空表面分析技术间的转移技术。同时，应当加快发展电化学界面光谱理论，揭示在电化学界面强低频电场作用下的表面光谱规律。

除此以外，在能源材料等领域的电化学基础研究和应用研究也非常活跃，在许多方面都取得了可喜的成果，并且还将是今后研究的热点。

1.2.2.7　应用基础研究

电化学科学研究的是电化学基础和应用基础，电化学应用基础研究内容十分丰富。

① 电池和燃料电池的基础研究：多孔电极是燃料电池中最主要的电极也是电化学反应器中占重要地位的电极结构形式，研究多孔电极传输过程的理论模型及最优化研究，在运行条件下多孔电极结构的稳定性十分重要；各类锂电池中电极反应机理，研究提高锂电池充放电性能，减缓放电过程中电压衰减和克服不安全因素的添加剂和催化剂；储氢材料的结构、性质和制备；电池和燃料电池运行过程中电极反应的现场研究技术等；金属和金属氧化物电极及其放电产物的结构、电子性质和电结晶过程机理及化学、物理方法控制；活性电极钝化机理及控制；分子还原和析

出，碳氢化合物、再生气、甲醇和醚等氧化的催化剂等。

②金属电沉积和材料电化学表面处理的基础研究：在获得分子水平微区电极界面信息的基础上进一步发展固—液界面电结晶理论和金属共沉积理论，将各类添加剂吸附行为提高到分子水平，是金属电沉积原理研究的重要方面；研究高耐蚀性镀层，新型装潢性镀层及表面处理，功能性镀层，节省贵金属的镀层、复合镀层、陶瓷玻璃、导电聚合物和耐高温聚合物的电泳涂层，超薄镀层光诱导电沉积等，是金属电沉积和表面精饰技术的发展方向。

③腐蚀电化学的控制基础研究：腐蚀理论和腐蚀控制技术的突破依赖于电极界面分子水平研究的突破。活跃的研究领域是基元腐蚀过程及相互关联的理论模型、腐蚀参数及寿命预测、腐蚀的监控传感技术、耐蚀新材料开发、钝化膜理论（成分、破损）、缓蚀剂电化学行为的分子水平研究等。

④材料电化学制备的基础研究：节能、降耗、高效的新型电极材料的研制、电极表面修饰、研制电催化电极、寻找新型溶剂、有潜在应用前景的电极反应的机理和动力学、导电聚合物电聚合机理、超导体、纳米材料、多孔硅的电化学制备，工业电解检测、监控的传感技术和电分析方法等。

参考文献

[1] 吴辉煌. 电化学. 北京：化学工业出版社，2004.
[2] 小泽昭弥. 吴继勋，卢燕平译. 现代电化学. 北京：化学工业出版社，1995.
[3] 阿伦. J. 巴德，拉里. R. 福克纳. 邵元华，朱果逸，董献堆等译. 电化学方法原理和应用. 北京：化学工业出版社，2005.
[4] 查全性等. 电极过程动力学导论. 北京：科学出版社，2004.

［5］杨绮琴, 方北龙, 童叶翔. 应用电化学. 广州：中山大学出版社, 2001.

［6］李启隆. 电分析化学. 北京：北京师范大学出版社, 1995.

［7］傅崇说. 有色冶金应用基础研究. 北京：科学出版社, 1993.

［8］孙世刚. 未来科学和技术的电化学——第 49 届国际电化学学术年会有机电化学简介. 精细化工. 1998, 15(6)：24.

［9］陈银生, 张新胜, 戴迎春等. 电化学——21 世纪的绿色化学和热门学科. 江苏化工. 2002, 30(3)：11.

［10］侯峰岩, 俞彩云. 现代电化学技术与环境保护. 化工环保. 2003, 23(5)：274

第 2 章　固体电解质

2.1　固体电解质概述

2.1.1　固体电解质的概念

固体电解质,又称为快离子导体,或固态离子导体,是一类在固态时即熔点以下呈现离子导电性的物体,是近年来受到广泛注意并获得迅速发展的一门材料科学的分支。它的基本特点是在固态时具有熔盐或液体电解质的离子导电率。它的离子导电机制与规律,以及与晶体结构和其他物理性质的关系,在物理学界引起广泛兴趣和重视,它的电化学性质及其在各种类型的化学电源和电化学器件上的应用,受到电化学界的关心和重视,因此是物理学科与电化学学科的交叉学科。

作为固体电解质,要求在使用的条件下:①离子迁移率 $t_i > 0.99$,而电子迁移率 $t_e < 0.01$,②电子迁移的禁带宽度应大于 3 eV,③离子迁移的激活能远小于电子迁移激活能,④金属元素和非金属元素电负性差一般应大于 2;⑤相变能要小;⑥化学稳定性高,离子不易得失电子而变价,在使用条件下热力学稳定;⑦比电导不能小于 10^{-6} $\Omega \cdot cm^{-1}$,以得到足够的灵敏度和准确性,电极/电解质界面的离子传输电阻低,电解质的迁移离子应是电池工作离子。还要求机械强度足够高,以便制成厚度很薄面积很大的各种形状,以减小电解质层的电阻 R。

2.1.2　固体电解质的发展历史

固体电解质发展历史悠久，早在一百多年前法拉第发现了第一个固体电解质 PbF_2，第一个实际应用的固体电解质是 ZrO_2，而最早系统研究的固体电解质是以 ZrO_2 为代表的氧离子导体，ZrO_2 经 CaO，Y_2O_3 及稀土金属氧化物掺杂后，结构得到稳定，电导率提高，直到今天 ZrO_2 类固体电解质仍被广泛应用于高温燃料电池及电化学气体传感器中。

碘化银作为低温固体电解质的发现，是固体电解质发展历史上一个重要的里程碑。1934 年 Strock 发现 AgI 在 146℃经历固态相变后具有高的离子导电率，随后以 AgI 为基础的银离子导体研究获得重大进展，其室温电导率达到了熔盐电导率水平。银离子导体已广泛应用于微功率电池和各种电化学元件中。

固体电解质历史上第三个重要进展是 1976 年 Kummer 和 Yao 发现的 β - 氧化铝，它在 300℃有很高的离子导电率。氧化铝最大优点是来源广泛，价格便宜，便于推广使用。β - 氧化铝为层状结构，传导离子在导电平面内可自由移动。β - 氧化铝的最主要应用是高能量密度的钠硫电池和气体氧传感器。

近几十年以来，固体电解质的理论与应用研究发展迅速，在高温电化学、高温物理化学、固体物理与固体化学领域中，固体电解质得到愈来愈广泛的应用。在热力学研究中，应用固体电解质电池测定许多复合氧化物、氟化物、碳化物、硫化物、硼化物和反应的热力学常数 ΔG，ΔH，ΔS，组元的活度，偏摩尔热力学量和过剩热力学量。20 世纪 70 年代初，固体电解质钢液定氧技术被誉为当代世界上钢铁领域三大重大成果之一，美国科学家断言 2000 年以后，各种固体电解质化学传感器的研究，将使冶金过程在线连续或间断监测多种元素的物理化学行为成为可能，为实现过程自动化的计算机智能控制提供化学传感信息等方面发挥重大作用。

　　当前固体电解质分为无机固体电解质和聚合物电解质。若按结晶态划分，可分为晶态电解质和非晶态（或玻璃态）电解质。一般而言，无机固体电解质以晶态电解质为主，而固态聚合物电解质在非晶态条件下才具有较高的导电率。

2.2　固体电解质晶体缺陷及导电机理

　　固体电解质的离子导电性的产生与组成固体的元素性质和晶体的缺陷有关。这一节我们讨论晶体的缺陷结构和由此产生的粒子迁移特性。

2.2.1　晶体的缺陷结构

　　我们知道，实际晶体并非完全有序的理想结构，热力学推论证明，只有在绝对零度才有理想晶体。在绝对零度以上由于组成晶体的质点的热运动，在任何一瞬间都会产生与理想晶格结构的偏离而形成晶体缺陷，形成缺陷的原因大致有三种：①热运动；②由于温度、压力等因素影响制备过程中形成；③人工或自然掺杂。晶格缺陷按几何因素分类，可分为三种：①点缺陷（Point Defects）；②线缺陷（Line Defects）；③面缺陷（Planar Defects）。

2.2.1.1　化学计量组成的二元化合物的缺陷

　　在化学计量组成的二元化合物中，原则上存在四种类型的点缺陷（未考虑电子缺陷）：①晶格结点间的阳离子；②晶格结点间的阴离子；③在阳离子点阵中的空位；④在阴离子点阵中的空位。为保证离子晶体的电中性，必须认为两种离子缺陷类型总是同时存在的。根据氟伦克尔（J. FrenKel）和肖特基（W. Schottky）提出的离子缺陷基本模型如图 2 - 1 所示：

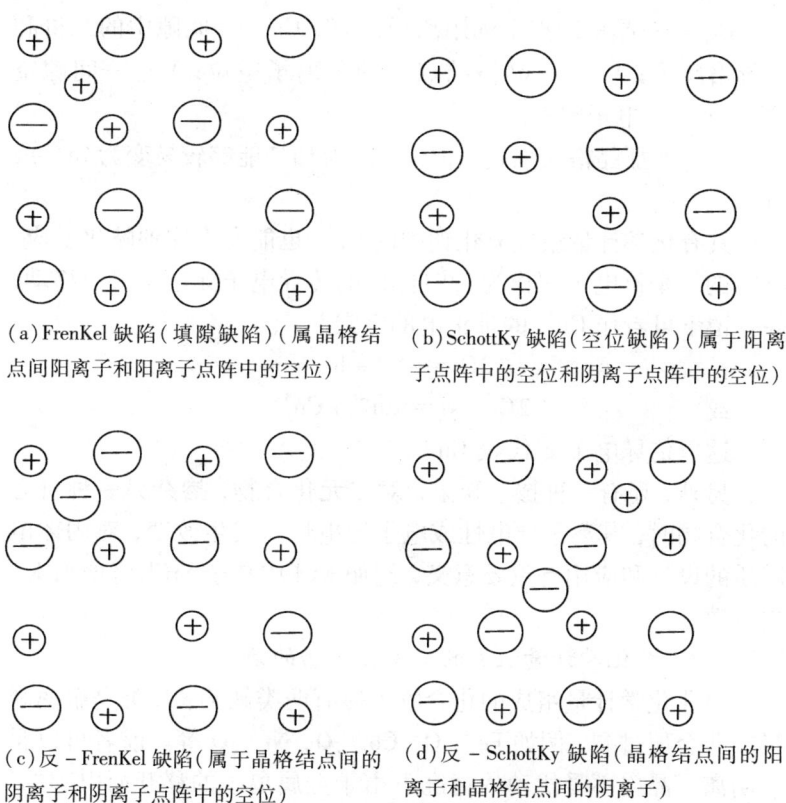

（a）FrenKel 缺陷（填隙缺陷）（属晶格结点间阳离子和阳离子点阵中的空位）

（b）SchottKy 缺陷（空位缺陷）（属于阳离子点阵中的空位和阴离子点阵中的空位）

（c）反 – FrenKel 缺陷（属于晶格结点间的阴离子和阴离子点阵中的空位）

（d）反 – SchottKy 缺陷（晶格结点间的阳离子和晶格结点间的阴离子）

图 2 – 1　几种晶格缺陷示意图

还有一类缺陷称为电子缺陷。

在化学计量化合物中，如果金属离子可能有不同价态，则在一定条件下可发生价态转变，出现电子缺陷。例如 Cr_2O_3 在氧离子点阵不受干扰的情况下，可发生如下反应：

$$Cr_{c_r} + V_i = V_{c_r'''} + Cr_{i''} + h \cdot$$

或

$$Cr_{c_r} + V_i = V_{c_r'''} + Cr_{i'} + 2h \cdot$$

Cr_{c_r}——晶格结点上的阳离子；Cr''，Cr'——间隙中的二价和一价铬离子；$V_{c'''_r}$——晶格结点上的阳离子空位；V_i——间隙空位；$h \cdot$——电子空穴。

这种本征晶格缺陷是可能的，因为 Cr^{3+} 能够较易变为 Cr^{2+} 或 Cr^+。

具有化学计量组成氧化铜中的 Cu^{2+} 也能发生这种歧化反应：Cu^{2+} 的一个价电子 e' 作为"准自由"的传导电子穿过晶格而移动，并且留下可看作 Cu^{3+} 的带正电的空穴 $h \cdot$：

$$2O \Longrightarrow e' + h \cdot$$

或 $$2Cu^{2+} \Longrightarrow Cu^+ + Cu^{3+}$$

这里传导电子 e' 代表 Cu^+。

另外，还有一种掺杂缺陷，对二元化合物，掺杂另一种价态的化合物时，其离子导电性或电子导电性将发生改变，对固体电解质的设计和应用有重要意义，例如 KCl 中掺杂 $SrCl_2$ 将增加 K^+ 空位数。

2.2.1.2 非化学计量组成的二元化合物的缺陷

对非化学计量组成的化合物大体有两类缺陷：一类是金属缺量或非金属过剩，例如 $Fe_{1-x}O$，$Co_{1-x}O$，$Ni_{1-x}O$ 等。前者可以是在阴离子晶格不受扰动的情况下由于金属离子的移开而引起的，后者可以是在阳离子晶格不受扰动的情况下由于额外非金属离子进入晶格引起的。另一类是金属过剩或非金属缺量。例如 $Zn_{1+x}O$，$Ti_{1+x}O_2$，$V_{2+x}O_5$，$Nb_{2+x}O_5$，$W_{1+x}O_3$，$Sn_{1+x}O_2$，$Ag_{2+x}S$，$Ni_{1+x}S$ 等，另外 Bi_2O_3 有报道存在两类缺氧化合物 $Bi_2O_{2.7 \sim 2.8}$ 和 $Bi_2O_{2.3 \sim 2.4}$，在实验室我们曾由 BiOCl 浓碱转化制取 Bi_2O_3，在碱浓度不太高，转化时间较短时制得含 $Bi_2O_{2.33}$ 的 Bi_2O_3。

化合物偏离化学计量组成的情况时常发生，这是由于过剩的金属或非金属的嵌入，或者由于金属或非金属的缺量而引起的。图 2 - 2 为非化学计量组成二元化合物中离子或电子缺陷的基本类型：

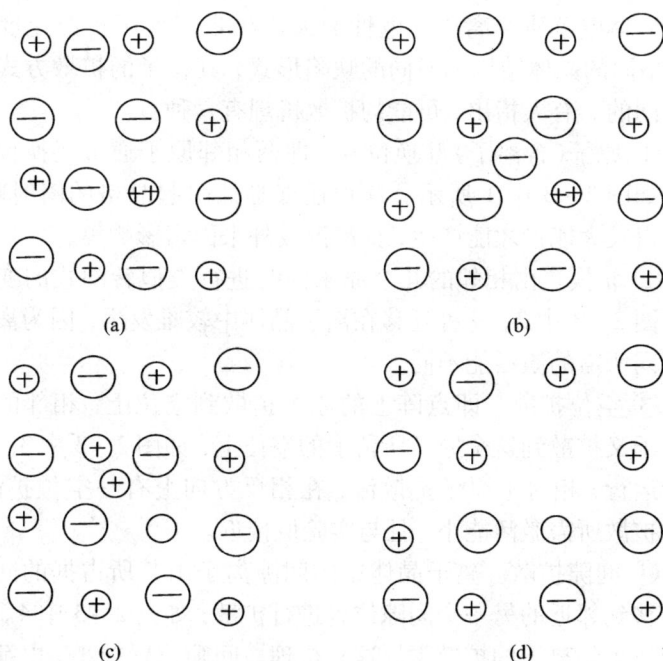

图 2 - 2　非化学计量二元化合物缺陷示意图

（a）金属离子缺量；（b）非金属离子过剩；（c）金属离子过剩；（d）非金属离子缺量

⊕—一价阳离子，⊖—一价阴离子，⊕⊕—二价阳离子，○—中和的阳离子（电子）

目前人们在统计热力学理论分析的基础上建立了点缺陷平衡理论，这个理论把点缺陷的形成和转化视为准化学反应过程，在一定条件下，适用于质量作用定律，从而建立起平衡方程组，经过在某些条件下的简化，能够分析晶体中点缺陷的形成转化及他们对晶体性能的影响。

2.2.2　固体电解质中的扩散

固体电解质的离子导电性的大小决定于离子扩散速度的大小，不同的晶体结构和不同的缺陷形式，其粒子的扩散方式可能是不同的。有人指出，可能的扩散机理有六种：

① 原子(含离子)互换位置，即两相邻原子通过互换位置的迁移如图2-3中1所示。这种迁移必然引起晶格的瞬时畸变，需获得较大能量才能产生，如高温或外来因素影响等。

② 轮换。由相邻的几个原子同时进行类似转圈式的变换位置如图2-3中2，这种迁移在离子晶体中较难发生，因为离子大小不同所需的激活能不同。

③ 空位扩散。即点阵上的原子扩散到空位上，相邻的另一个原子又扩散到这个原子所留下的空位上，如图2-3中3。如此不断运行，相对于原子扩散流，在相反方向上有一空位扩散流。这种扩散所需激活能小，且与实验值接近。

④ 间隙扩散。离子晶体中的间隙离子由其所占据的间隙位置迁移到邻近的另一个间隙位置进行扩散，如图2-3中4。离子半径较小的离子的扩散常属这种机理。间隙位置越小，电荷相反的离子对其引力越大或越难变形，间隙之间扩散所需的激活能越大，扩散越困难。

⑤ 间隙顶替。原子由间隙位置迁移时，不是由原子间的空隙挤过去，而是将其邻近位于点阵上的原子推到间隙中，它自己占住这个原子的位置，如图2-3中5。如此连续进行，成为间隙顶替扩散。显然这种迁移较间隙扩散所需的激活能低。

⑥ 挤列扩散。挤列是指一列原子在沿密排方向中有多余的一个原子，而使这一列原子受到挤压。这一列的每一个原子沿着这一列的方向进行少许位移而进行整列原子的扩散，如图2-3中6，这一过程只需较小的激活能。

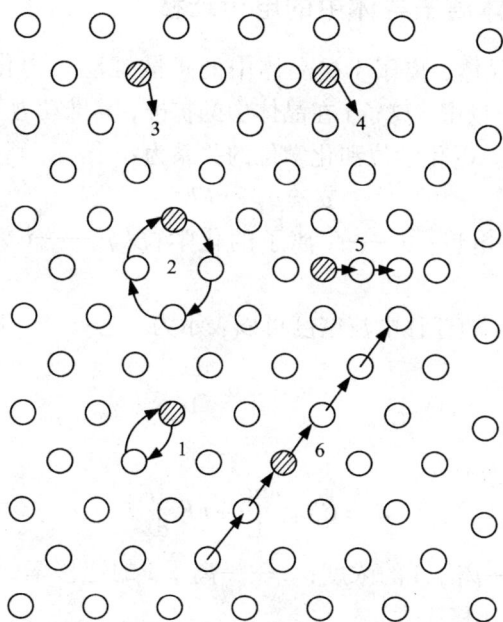

图 2-3　晶格中原子扩散示意图

　　实验发现，空位扩散是最主要的扩散形式，因其激活能小，间隙扩散也具有重要的作用。而且每种晶体中，由于质点间作用力的不同，因而每种粒子的扩散系数也不同。例如稳定 ZrO_2 中，O 的扩散系数比 Zr 和 Ca 离子的扩散系数约大 10^8 倍，因此氧离子迁移是主要的。

　　扩散系数的测定可根据扩散的类型采取不同的方法，如自扩散过程通常采用同位素标记方法，电化学扩散系数测定可以采用恒电位间歇滴定法、恒电流间歇滴定法、电化学交流阻抗法、电流脉冲松弛技术和电化学电位谱法。

2.2.3　固体离子导体中的电荷迁移

对离子晶体，离子 i 在晶体中的扩散推动力为化学位梯度 $\mathrm{d}\mu_i/\mathrm{d}x$，在电场中，离子 i 在晶体中的扩散，其推动力为电化学位梯度 $\mathrm{d}\bar{\mu}_i/\mathrm{d}x$。电化学位和化学位的关系为：

$$\bar{\mu}_i = \mu_i + nFE \tag{2-1}$$

式中：E——电势；μ_i——i 离子的化学位；$\bar{\mu}_i$——i 离子的电化学位。

而离子 i 的迁移电流密度可以表示为

$$i_i = -C_i\mu_i\frac{\mathrm{d}\bar{\mu}_i}{\mathrm{d}x} \tag{2-2}$$

或

$$i_i = C_iu_i\left(\frac{\mathrm{d}u_i}{\mathrm{d}x} + nF\frac{\mathrm{d}F}{\mathrm{d}x}\right) \tag{2-3}$$

式中：C_i——离子 i 的浓度；u_i——离子 i 的迁移率（单位电势强度下离子的迁移速度）。

上式中 C_i 只适用于离子浓度稀的情况，对高浓度要用活度 a_i 代替。

离子电导率 σ_i 可表示为：$\sigma_i = C_iu_inF$，因此电流密度又可表示为：

$$i_i = -\frac{\sigma_i}{nF}\frac{\mathrm{d}\bar{\mu}_i}{\mathrm{d}x} \tag{2-4}$$

此式亦适用于电子电导。

对于晶体中电子电流密度可以写出如下公式：

$$i_e = i_{e'} + i_{h'} = \frac{\sigma_{e'}}{F}\frac{\mathrm{d}\bar{\mu}_{e'}}{\mathrm{d}x} - \frac{\sigma_{h'}}{F}\frac{\mathrm{d}\bar{\mu}_{h'}}{\mathrm{d}x} \tag{2-5}$$

在电子 e′ 和电子空位 h′ 间的热力学平衡不被电流通过扰动的情况下，则

$$d\bar{\mu}_{e'}/dx = -d\bar{\mu}_{h'}/dx \qquad (2-6)$$

如果固体电解质中某一种离子的导电占优势，另外还有电子电流则总的电流密度为

$$i = i_i + i_e = -\frac{\sigma_i}{nF}\frac{d\bar{\mu}_i}{dx} - \frac{\sigma_e}{F}\frac{d\bar{\mu}_e}{dx} \qquad (2-7)$$

2.2.4　缺陷和电导率

点缺陷是固体电解质电导的主要响应部分。离子电导源于离子缺陷，电子电导源于电子或电子缺陷。纯离子固体只含有很少的电子空位，电子有较宽的禁带能隙，一般大于 3eV。在高温时，价带电子由于吸热跃迁到高能级的导带，在导带产生自由电子，在价带留下电子空位，称为本征性质。如果掺杂物、夹杂物存在或有非化学计量化合物生成，则形成附加离子或电子缺陷，称为非本征特性。

试验发现，离子的导电率并非随掺杂物增加一直呈线性增加，而是有极限值。例如，掺杂 CaO 或 MgO 的 ZrO_2，由于 Ca^{2+} 或 Mg^{2+} 占据了 Zr^{4+} 的位置，形成 Ca''_{Zr} 和 Mg''_{Zr}，携带了净有效电荷 -2，同时，相应地形成了氧离子空位 $V_O^{··}$，有了净有效电荷 $+2$，正负电荷间有净电吸引力，可以促使形成空位对或者大的群簇，使得自由的或半自由的离子空位的浓度不能随着实际空位浓度的增加而线性地增加，因此电导率也不是随掺杂物浓度线性增加，而是出现极大值后逐渐减小。

在离子晶体中，由于两种电荷间的吸引力，缺陷可以复合，缺陷复合后是电中性的，每一种都不能单纯地产生导电过程，而是相当于偶极子由于热激活性改变它们原来的位置而产生跳跃。在低于某一温度时，达不到应有的激活能，复合的缺陷将不能移动，相当于在晶体中冻结。

固体电解质电导率的测定和实际使用必须在足够高的温度下

进行，以保证达到晶体缺陷的热力学平衡。电导率与温度的关系服从以下关系式：

$$\sigma = \sigma^{\circ} \exp(-\frac{Q_{\circ}}{KT}) \qquad (2-8)$$

σ°——纯晶体的电导率；$Q_{\circ}$——电导过程激活能（包括晶格缺陷的生成能和移动能）。

将上式取对数：

$$\lg\sigma = -\frac{Q_{\circ}}{2.303K} \times \frac{1}{T} + \lg\sigma^{\circ} \qquad (2-9)$$

$\lg\sigma - 1/T$ 为直线，由其斜率可计算电导激活能 $Q_{\circ}$。如果晶体结构发生改变，直线将发生转折，两段各有其激活能，反映了不同的导电机理。

2.3 固体电解质材料

固体电解质材料应具备的条件已在 2.1.1 节中说明，曾被探索过的固体电解质材料有几百种，但被选用的符合固体电解质条件的仅几十种，可以分为阴离子导体（最广泛应用的是氧离子导体和氟离子导体），阳离子导体（如 Ag^{+}，Cu^{2+}，Li^{+}，Na^{+}，K^{+}，Mg^{2+}，Al^{3+} 等），还有氮化物和碳化物等。对于阴离子导电的固体电解质，由元素的电负性决定氟化物和某些氧化物可作为广泛应用的固体电解质。而硫化物，氮化物和碳化物则很难达到氧化物固体电解质那样广泛的应用。

2.3.1 氧离子导电固体电解质

2.3.1.1 ZrO_2 基固体电解质

ZrO_2 基固体电解质是迄今为止最有实际意义且有应用前景的固体电解质，并以其为基体发展了各种用辅助电极法测定熔体中金属活度的化学传感器，已用于理论和实际中。

　　ZrO_2 在室温为单斜晶结构形式存在，1000℃ ~1150℃ 由单斜晶系变为四方晶系，产生约 7% 的体积收缩；而再冷却时，发生逆反应，体积膨胀，可使制品开裂。ZrO_2 在加热和冷却过程线膨胀曲线形式如图 2-4 所示。若加入和 Zr^{4+} 有相近阳离子半径的高熔点氧化物，如 CaO，MgO，Y_2O_3 和 Sc_2O_3 等，在一定条件下可形成稳定的置换式固溶体，可以避免制品开裂。

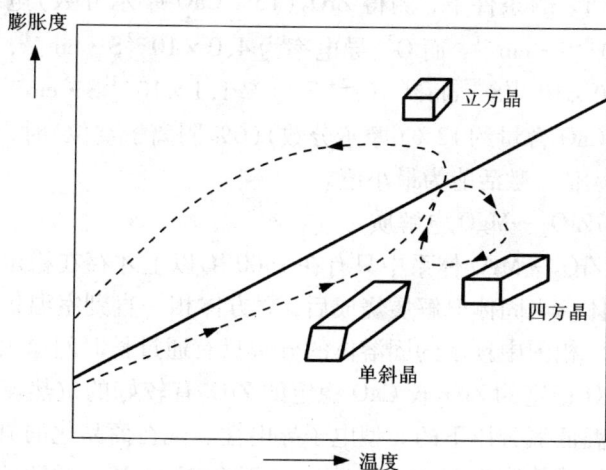

图 2-4　ZrO_2 的热膨胀曲线

　　(1)ZrO_2—CaO 电解质

　　老的 ZrO_2—CaO 体系相图中，在 CaO 含量为 15% ~27%（摩尔分数），从室温到超过 2000℃ 都为稳定化的 ZrO_2 立方固溶体。后来的研究表明溶解度范围有所不同。ZrO_2 中加入 CaO，不仅产生热稳定性效应，而且按通式 $Ca_xZr_{1-x}O_2$ 产生晶体中的非化学计量化合物，导致氧离子点阵中空位的形成，增加了氧离子的导电性。在 $ZrO_2(CaO)$ 立方型固溶体中，阳离子晶格的立方体角上和面中被 Zr^{4+} 和 Ca^{2+} 共同占住，每嵌入一个 Ca^{2+}，为补偿过剩的两个负电荷，则形成一个氧离子空位，以保持电中性。在达到氧离子迁移的激活能时，氧离子可在晶格结点空位间做无定向移动，当有电势存在，氧离子将在空位间做定向移动而导电。在 $ZrO_2(CaO)$ 中，O^{2-} 因质量小，比 Zr^{4+} 和 Ca^{2+} 扩散系数大，所以 $ZrO_2(CaO)$ 的离子导电主要是由于 O^{2-} 的迁移。例如 1000 ℃，$P_{O_2} = 10^5 Pa$ 的条件下，测得 ZrO_2(15% CaO 摩尔分数) 电导率为 $4.0 \times 10^{-2} S \cdot cm^{-1}$，而 O^{2-} 导电率为 $4.0 \times 10^{-2} S \cdot cm^{-1}$，$Zr^{4+}$ 电导率 $1.0 \times 10^{-12} S \cdot cm^{-1}$，$Ca^{2+}$ 导电率 $1.1 \times 10^{-11} S \cdot cm^{-1}$。试验还发现 CaO 含量约12%(摩尔分数)(6% 阴离子空位)时，电导率出现最大值，激活能为最小值。

(2) ZrO_2—MgO 电解质

在 ZrO_2—MgO 体系中只有在 1400 ℃以上才存在稳定的立方型固溶体。当固体电解质烧成后，立方体相一直到室温仍能介稳地保持。相图中预示的固溶体的分解只有通过长时间退火才能达到。MgO 稳定的 ZrO_2 较 CaO 稳定的 ZrO_2 有较好的抗热震性和较低的高温低氧分压下的 n 型电子导电性。现在商品化的氧化锆基固体电解质管皆为 MgO 稳定的，一般含 MgO 2% ~3%，离子导电率1000℃为 10^{-2} $S \cdot cm^{-1}$ 数量级。

(3) ZrO_2—Y_2O_3 电解质

由于 Y^{3+} 半径与 Zr^{4+} 半径相近，所以与 ZrO_2—CaO 和 ZrO_2—MgO 体系一样，在广泛浓度范围内也出现立方型固溶体相氧化钇稳定的 ZrO_2 固体电解质。ZrO_2—9% Y_2O_3(摩尔分数)是体系中具有最高电导率的组成，虽然添加9% Y_2O_3(摩尔分数)的 ZrO_2 固体电解质只产生 4.1% 的氧离子空位，却比添加 12% CaO(摩尔分数)电解质产生 6% 空位的电导率高 1 倍(1000 ℃)，这主要是由于晶格缺陷间相互作用弱，而使氧离子容易迁移所致。其不足之处是它的老化行为，在 H_2 气氛下 1000 ℃ 退火 3 天后发现电导率下降，其原因是由于缺陷有序化或生成其他相。

（4）$CaZrO_3$ 基电解质

由于添加 CaO 或 MgO，Y_2O_3 的固体电解质在高温，低氧情况下有 n 型电子导电的影响，为了解决高温测低氧的问题，有人研究了 $CaZrO_3$ 固体电解质，在 ZrO_2—CaO 体系相图中 $CaZrO_3$ 为较稳定的化合物，用它作为固体电解质的优点是电子导电性小，且有较好的抗热震性。

2.3.1.2　β - Al_2O_3 和 β'' - Al_2O_3 电解质

β - Al_2O_3 开始被认为是氧化铝的同素异形体，后来明确它是 Na_2O - Al_2O_3 体系。β - Al_2O_3 理想的分子式为 $Na_2O \cdot 11Al_2O_3$，但是由于摩尔分数为 15% ~ 30% Na_2O 的过剩而偏离了理想形式。所以 β - Al_2O_3 是成分在 $Na_2O \cdot 5.3Al_2O_3$ 和 $Na_2O \cdot 8.5Al_2O_3$ 之间的非化学配比相，如相图 2 - 5 所示。在制备 β - Al_2O_3 过程中，常常生成亚稳相 β'' - Al_2O_3，理想成分为 $Na_2O \cdot 5.33Al_2O_3$，实际成分为 $Na_2O \cdot (5.3 ~ 8.5)Al_2O_3$。1550 ℃ 时 β'' 不可逆地变为 β，形成 β'' 也总出现 β。

在 β - Al_2O_3 中 Na^+ 的高迁移数，可由其高的自扩散系数得到证明。某些一价离子的自扩散系数与温度的关系如图 2 - 6 所示。这些离子的扩散活化能分别为 $Ea_{(Na^+)} = 0.165eV$；$Ea_{(Ag^+)} = 0.176eV$；$Ea_{(K^+)} = 0.233eV$；$Ea_{(Rb^+)} = 0.312eV$；$Ea_{(Li^+)} = 0.378eV$。$Na_{1+x}Al_{11}O_{17}$ 在室温下有一异常高的电导率 1.4×10^{-2} $S \cdot cm^{-1}$，$Ag_{1+x}Al_{11}O_{17}$ 的电导率为 6.4×10^{-3} $S \cdot cm^{-1}$。对于各种 β - Al_2O_3 来说，Na - β - Al_2O_3 扩散系数最大，激活能最小，电导率最高，这是因为组成 β - Al_2O_3 的尖晶石单元晶的层间距与 Na^+ 匹配最好，既保持在层间平面内，又易于在平面内扩散。

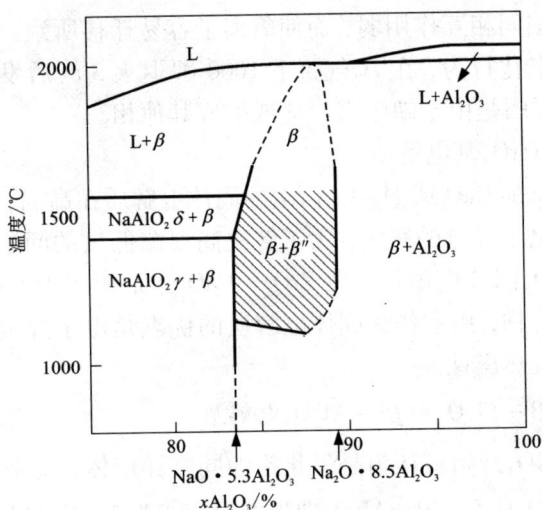

图 2 - 5　**Na₂O – Al₂O₃ 体系相图**

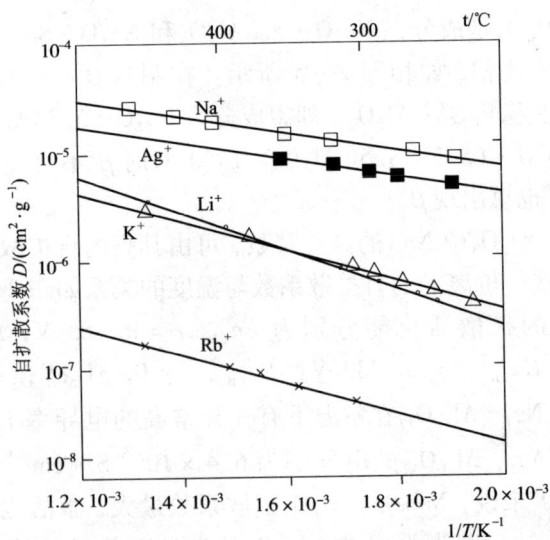

图 2 - 6　*β* – Al₂O₃ 中 Na⁺,Ag⁺,Li⁺,K⁺ 和 Rb⁺ 的自扩散系数与温度的关系

作为固体电解质不但要求有高的离子导电率，而且要求化学稳定性好，在 $Na_2O - Al_2O_3$ 体系中，β''—$\beta - Al_2O_3$ 共存时，对电导率影响不大，但化学稳定性有所改善，一些离子半径较小（$r < 0.097nm$）的一价（M^+）和二价（M^{2+}）金属离子的加入，还可以使 β'' 稳定，可以提高 β 相的导电率。较小的 M^+ 和 M^{2+}，可以取代 Al^{3+}，使材料导电率提高，这是由于电中性所要求的间隙氧原子数比较少，因此 Na^+ 在传导平面内的扩散变得比较容易。当 M^+ 和 M^{2+} 的 $r > 0.097nm$，电导率降低。这是由于电中性所要求的间隙原子数较多，Na^+ 扩散变得困难。例如 Li^+，Mg^{2+}，Ni^{2+}，Co^{2+}，Cu^{2+}，Zn^{2+}，Mn^{2+} 等半径均小于$0.097nm$，掺杂这些离子均可稳定 $\beta'' - Al_2O_3$，并使导电率增加，而加入离子半径大于 $0.097nm$ 的杂质离子，Pb^{2+} 可稳定 $\beta - Al_2O_3$，而 Ca^{2+}，Sr^{2+}，Ba^{2+} 的加入会降低导电率。各种 $\beta - Al_2O_3$，$\beta'' - Al_2O_3$ 在理论研究和实际生产中制作化学传感探头或化学传感器有广泛的潜在应用前景，可从较低温度用至钢铁液的温度。

2.3.2　氟离子导电固体电解质

氟的负电性为 4.0，为非金属性最强的元素，又由于其离子半径小和只有一个负电荷，所以其离子传输速度很快。由于氟化物一般熔点较低，因此可以期望找到较低温度的氟离子导体。而且，几乎所有氟化物都是电子绝缘体，因此氟离子导电的固体电解质，电子导电可以忽略不计。碱金属、碱土金属、稀土金属的氟化物全为离子晶体，电子导电性常可忽略，在固体电解质中离子电导率可以接近液体的数值。不是所有氟化物都是好的离子导体，与相邻的阳离子性质有关也与结构有关。

对于同一种晶格结构的各种氟化物，不同阳离子的影响不同。阳离子的极化率越大，则阴离子的电导率也越大。如 CaF_2 和 PbF_2 相比，Pb^{2+} 的外围电子层排布为 $5d^{10}6p^2$，极化率高于 Ca^{2+} 的

$3s^2 3p^6$，所以 PbF_2 的 F^- 导电率大于 CaF_2。离子导电率的大小常用自扩散系数来比较。自扩散系数可用放射性同位素示踪法测得，某些碱金属、碱土金属氟化物的离子自扩散系数列于表 $2-1$ 中。

冶金和材料热力学的研究中常采用碱土金属氟化物作为固体电解质。

表 $2-1$　某些碱金属、碱土金属氟化物的自扩散系数

化合物	自扩散离子	温度范围/℃	扩散系数 $D/(cm^2 \cdot s^{-1})$
LiF	Li^+	$650 \sim 800$	$9\exp(-1.9/KT)$
	F^-	$580 \sim 830$	$2 \times 10^2 \exp(-2.3/KT)$
NaF	F^-	$630 \sim 940$	$4 \times 10^4 \exp(-3.1/KT)$
KF	K^+	$600 \sim 820$	$2.0\exp(-1.78/KT)$
CaF_2	Ca^{2+}	$800 \sim 1200$	$130\exp(-3.76/KT)$
	F^-	$987 \sim 1246$	$5.35 \times 10^3 \exp(-4.15/KT)$
		$350 \sim 940$	$50\exp(-2.0/KT)$
SrF_2	Sr^{2+}	$1000 \sim 1200$	$1.09 \times 10^4 \exp(-4.30/KT)$
BaF_2	F^-	$350 \sim 940$	$3.1\exp(-1.6/KT)$

2.3.3　碱金属离子导体

碱金属 Li, Na, K, Rb, Cs 中只有半径小的 Li^+ 导体得到广泛的研究和应用，Na^+ 导体次之。

除 $\beta - Al_2O_3$ 以外，Li, Na 离子导体主要以各种含氧酸盐或复盐形式存在，可以用通式 A_nBX_m 表示。含氧酸盐主要为硫酸盐、钼酸盐和钨酸盐，这些盐的主要特点是价格低廉，易于制造、机

械性稳定和化学稳定性好，电子导电率低。Li_2SO_4 固－固转变熵等于或大于熔化熵。这种转变会引起电导率的极大增加。这类化合物离子迁移率 $t_i \approx 1$，电子导电性很小。在同一相中，二价阳离子的扩散系数比一价阳离子低约 10 倍，三价阳离子低约 10^3 倍。

通式为 $ABO_4 \cdot A_2BX_5$ 和 A_3BX_6 的氟铝酸盐结晶分别呈层状、管导和网格结构。氟铝酸盐和氯铝酸盐中，不含容易被还原的原子类，所以电子导电很小，在常温下，$LiAlCl_4$、$KAlCl_4$ 和 $NaAlCl_4$ 电子迁移率分别小于 10^{-2}、4×10^{-2} 和 10^{-3}。

可传导锂离子的电解质材料在可充锂（离子）电池中扮演重要的角色。由于无机固态电解质的电导率较低，目前主要用于固态锂（离子）电池的研究和开发。所研究的一些锂盐主要有卤化物，硫化物，氮化物，含氧酸盐（为 Li_3PO_4，Li_4SiO_4 等）。为了提高这些化合物的离子导电率，通常将几种电解质材料复合，以提高材料颗粒之间界面电导率。对含氧酸盐往往掺杂不同价态的阳离子或阴离子。具有层状结构的 $LiCoO_2$ 一直是被广泛采用的正极材料，它具有性能稳定，合成过程简单、工艺成熟等优点，但 $LiCoO_2$ 的比容量不高，资源有限，价格昂贵，毒性大。而具有相似层状结构的 $LiNiO_2$ 在充放电电位相同的情况下，具有更高的容量，资源相对丰富，价格适中，受到研究者的重视。但其合成过程条件控制不同，容易形成非化学计量化合物，致使电化学性能不稳定，不耐过充电，热稳定性能也不如 $LiCoO_2$。$LiMnO_2$ 因 Mn 来源丰富，价格低廉，且环境相容性好，因此层状 $LiMnO_2$ 也受到研究者的关注。且该材料耐过充电，安全性好。但 $LiMnO_2$ 循环性能差，高温（$55^\circ C$ 以上）容量衰减快，理论比容量相对较低，充放电时尖晶石结构不稳定，因此许多研究人员正在对 $LiNiO_2$ 和 $LiMnO_2$ 进行改性研究，另外也在对 $LiFePO_4$，$LiNiVO_4$ 等材料进行研究。

2.3.4 质子(H^+)导体

近几十年来由于室温和中温燃料电池、氢传感器、气体分离和电显色器等的需要，对可能是质子导体的材料从结构、性质及应用等方面进行了广泛地研究。

对固体质子导电材料的要求与对常规固体电解质材料的要求有其共性，也有其特殊的要求。具体要求可归纳为：①热性质和化学性质稳定；②只有质子导电，而其他离子不导电，或其他离子导电率远远低于质子导电率；③根据不同使用条件，要求材料具有不同的电导率，对燃料电池要求高功率和高电流输出，电导率在工作温度范围应为 $10^{-3} \sim 10^{-1}$ S·cm^{-1}，对于化学传感器仅要求质子导电率达到 $10^{-6} \sim 10^{-5}$ S·cm^{-1}，因为传感器回路中要求没有电流通过，或电流强度 $I < 10^{-9}$A；④有可能制成薄片；⑤很多质子导体的导电性与湿度有关，除了作为湿度传感器以外，在其他方面的应用应该避免这种情况。广义上讲无机质子固体电解质大部分是水合物。

在 400℃ 以下工作的重要质子导体材料有聚钨酸，氢铀酰磷酸盐（$HUO_2PO_4 \cdot 4H_2O$），氢铀酰砷酸盐，$U_2O_5 \cdot xH_2O$，$Sb_2O_5 \cdot 4H_2O$，$SnO_2 \cdot 3H_2O$，H^+ 蒙脱石等。

500℃ ~1000℃ 质子导电固体电解质有钙钛矿型 $SrCeO_3$ 基烧结氧化物，在高温含氢或水蒸气环境下具有质子导电性。将 CeO_2，$SrCO_3$ 和 Yb_2O_3 三种粉末混合，1300℃ ~1450℃ 空气气氛下烧结、研磨、再高温烧结，可得 $SrCe_{0.95}Yb_{0.05}O_{3-\alpha}$ 固溶体；将 $SrCeO_3$ 掺杂 Y，In，Mg，Zn，Nd，Sm 和 Dy 等氧化物，亦可制成 $SrCe_{1-x}M_xO_{3-\alpha}$ ($x = 0.05 \sim 0.10$) 固溶体。α 为每一个钙钛矿型氧化物单晶胞中氧化物氧离子的空位数，上述固溶体在高温有水蒸气存在下或 H_2 存在下为质子导体。研究发现，$CaZrO_3$ 基用 In 和钪部分取代 Zr 固溶体，有质子导电性和较 $SrCeO_3$ 高的化学稳定性和强度。

　　上面所述质子导电固体电解质在原晶格中并不含质子，这些氧化物中 H^+ 间接来自周围的水蒸气或 H_2。这些被异价离子掺杂的钙钛矿型氧化物产生了氧离子空位（$V_O^{··}$）和电子空位（$h^·$），在有水蒸气或 H_2 存在的情况下有下列反应：

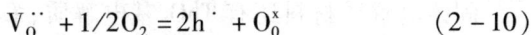

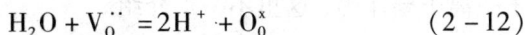

$$V_O^{··} + 1/2O_2 = 2h^· + O_0^x \qquad (2-10)$$

$$H_2O + 2h^· = 2H^+ + 1/2O_2 \qquad (2-11)$$

$$H_2O + V_O^{··} = 2H^+ + O_0^x \qquad (2-12)$$

$$H_2 + 2h^· = 2H^+ \qquad (2-13)$$

式中：O_0^x——正常晶格位置的氧离子；$V_O^{··}$——氧离子空位；$h^·$——电子空位。

　　因此，有水蒸气或 H_2 存在，均可由式（2-11）～式（2-13）产生 $h^·$ 进而产生质子 H^+，形成质子导电。

2.3.5　聚合物电解质

　　目前作为聚合物电解质的材料主要是质子导体和 Li^+ 导体。如广泛应用于质子交换膜燃料电池的 Nafion 膜，以及在锂电池中使用的聚乙烯氧化物（PEO）类聚合物和聚丙烯腈（PAN）类聚合物电解质。聚合物电解质可分为聚电解质（polyelectrolytes）和聚合物—盐体系（polymerin salts），前者的离子基团直接连在聚合物基骨架上，后者是游离的离子基团与聚合物骨架的 O，N 原子发生较强配位作用。其状态可分为全固态和凝胶型。聚合物中往往还进行掺杂，这些聚合物相对分子量都较高，如 PEO 高达 5000000，聚丙烯氧化物 PPO（poly propylene oxide）为 100000。这些高聚物是一种塑料，易于制成薄膜，弹性好，质量轻，易制成大面积，且原料易得，所以只要电导率不低于 $10^{-5} \sim 10^{-4} \, S \cdot cm^{-1}$，就会引起众多研究者的兴趣。

多数聚合物—盐聚合物除阳离子导电外，还都有一定的阴离子导电性。为使阳离子迁移数接近1，消除阴离子导电的影响，往往将阴离子以共价键方式键合到大分子主链上，使阴离子难以移动。

聚合物固体电解质的制备主要用溶胶—凝胶法，凝胶的无机固架都是 $Si-O$ 骨架。

固体电解质材料还有 ThO_2 基电解质、CeO_2 基电解质、Bi_2O_3 基电解质、硫离子导电固体电解质、银离子导电固体电解质，电子—离子导体等，这里不一一介绍。

2.4　固体电解质的应用

固体电解质的应用主要为三个方面：

①用固体电解质组成可逆电池，测定开路时电解质和两个电极间电极电位差，即电动势。回路无电流通过，要求用补偿法或输入阻抗很大（大于 $10^9\Omega$）的数字电压表测定。根据电动势值算出有关热力学和动力学量，以应用于理论研究或工业上作为化学传感器用，检测和控制冶金及材料制备过程；

②用固体电解质组成电池，利用外部回路电流，如燃料电池，能源电池等；

③用固体电解质组成电解池，如水蒸气的电解，氧泵等。

下面我们分类介绍几方面的应用。

2.4.1　化合物热力学研究

冶金和材料研究及生产都需要知道参与反应物质的热力学稳定性，即需要知道物质的热力学数据。获得热力学数据的传统方法为量热法和化学平衡法。后来人们发现了测量原电池反应的电动势也是测定化合物热力学数据的良好方法，因为电动势测得很准确。电动势与热力学函数的关系如下：

$$\Delta S = nF(\frac{\partial E}{\partial T})_p \qquad (2-14)$$

$$\Delta G = -nFE \qquad (2-15)$$

$$\Delta H = -nFE + TF(\frac{\partial E}{\partial T})_p \qquad (2-16)$$

式中：E——可准确测定的电动势。

如果电解质选择得当，电池无副反应、无混合电位、极化及电子导电等影响，所测定的热力学数据是准确的。氧化物固体电解质应用最广泛的为 ZrO_2（CaO 或 MgO，Y_2O_3）和 ThO_2（Y_2O_3）。1000℃，P_{O_2} 为 10^5 Pa 时 ZrO_2 基电解质离子迁移率 t_i 仍接近 1，而 ThO_2（Y_2O_3）的 t_i 只有 0.6，所以 P_{O_2} 较高时 ZrO_2 基电解质为最佳材料，而 ThO_2（Y_2O_3）则适用于低氧压，且 ThO_2（Y_2O_3）中 Th 还有放射性。

选择参比电极，除要求有准确的热力学数据外还要求其 P_{O_2} 值接近待测电极，一般使电动势值不大于 500 mV；以避免内部电流及氧分子在大的化学势差下扩散的影响。

有人利用固体电解质组成电池测定了一系列单一氧化物和复合氧化物等的热力学数据，其测量电池可分为三类进行论述。

①单一氧化物　$M | A, AO | 固体电解质 | BO, B | M$

$$\qquad\qquad Po_2' \qquad\qquad\qquad Po_2''$$

$$E = \frac{RT}{4F}\ln\frac{Po_2''}{Po_2'} = (G_{BO}^{\ominus} - G_{AO}^{\ominus})/2F \qquad (2-17)$$

若左边为参比电极，准确知道热力学数据 $\Delta G_{AO}^{\ominus}$，Po_2'，由电池电动势可求出 Po_2''，进而可求得 $\Delta G_{BO}^{\ominus}$。

如有人测量 CoO 的标准生成自由能，组成电池形式为 Pt | Fe, $Fe_{1-x}O$ | ZrO_2（CaO）| Co, CoO | Pt。

用固体电解质电池测定的一些金属氧化物标准生成自由能和和温度的关系如表 2 - 2。

表 2 - 2　固体电解质电池所测金属氧化物标准生成自由能和温度的关系

反应	温度范围 /℃	$\Delta G^{\ominus}/(J \cdot mol^{-1})$
$2Al_{(s)} + 3/2O_2 = Al_2O_{3(s)}$	930	-1336790
$2Bi_{(l)} + 3/2O_2 = Bi_2O_{3(s)}$	$773 \sim 973$	$-629610 + 334.47T \pm 960$
$Co_{(s)} + 1/2O_2 = CoO_{(s)}$	$850 \sim 1250$	$-233040 + 70.96T \pm 1260$
$2Cu_{(s)} + 1/2O_2 = Cu_2O_{(s)}$	$973 \sim 1273$	$-168200 + 72.66T \pm 420$
$Fe_{(s)} + 1/2O_2 = FeO_{(s)}$	1684	$-237440 + 46.86T$
$Cu_{(s)} + 1/2O_2 = Cu_2O_{(s)}$	$773 \sim 1356$	$-147950 + 69.79t(℃) \pm 420$

②复合氧化物　A，AO∣氧化物固体电解质∣A，B_2O_3，AB_2O_4

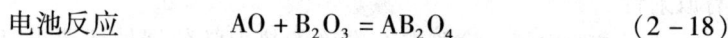

电池反应　　　　　　$AO + B_2O_3 = AB_2O_4$　　　　　　（2 - 18）

如 Pt∣O_2（空气）∣$ZrO_2(Y_2O_3)$∣$CuLn_2O_4$，Cu_2O，Ln_2O_3∣Pt

$$P_{O_2} = 0.21 \times 10^5 Pa$$

Ln 为镧系元素

又如 Pt∣Ni，NiO∣$ThO_2(Y_2O_3)$∣La_2NiO_4，La_2O_3，Ni∣Pt

电池反应为：

$$NiO_{(s)} + La_2O_{3(s)} = LaNiO_{4(s)}　　　　　　（2 - 19）$$

由此得到 La_2NiO_4 生成自由能和温度的关系：

$$\Delta G_{La_2NiO_4} = 25568 - 30.18T \pm 190　　　（1123K \sim 1373K）$$

（2 - 20）

另外，还有人测得另一些复合氧化物生成自由能和温度的关系如下：

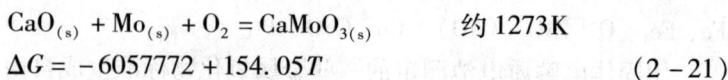

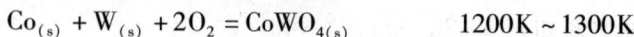

$$CaO_{(s)} + Mo_{(s)} + O_2 = CaMoO_{3(s)}　　　　　约 1273K$$

$$\Delta G = -6057772 + 154.05T　　　　　　　（2 - 21）$$

$$Co_{(s)} + W_{(s)} + 2O_2 = CoWO_{4(s)}　　　　1200K \sim 1300K$$

$$\Delta G = -1085460 + 295.14T \tag{2-22}$$

$$MgO_{(s)} + Mo_{(s)} + O_{2(g)} = MgMoO_{3(s)} \qquad 1359K \sim 1456K$$

$$\Delta G = -567600(\pm 8370) + 151.54(\pm 71.0)T \tag{2-23}$$

③非氧化物

借助氧浓差电池电动势的测量，测定非氧化物化合物的生成自由焓原则上也是可能的，其条件是这种非氧化物存在与氧有联系的可逆化学反应，从而可以设计一个电池来实现非氧化物的热力学研究。采用此方法，人们进行过硫化物、硫酸盐、金属硅化物等的热力学研究。例如硫化物的热力学研究，实际上是研究金属 - 硫 - 氧体系的气固相平衡。以 MnS 的生成自由焓测量为例，可设计如下电池：

$$(-)Pt \mid SO_2, MnO, MnS \mid ZrO_2(CaO) \mid O_2(空气) \mid Pt(+)$$

参比电极即正极上的反应为：$3/2O_2(空气) + 6e = 3O^{2-}$

待测电极即负极反应为：$3O^{2-} - 6e = 3/2O_{2(待测)}$

$$3/2O_{2(待测)} + MnS = MnO + SO_{2(常压)}$$

电池反应：

$$3/2O_2(空气) + MnS = MnO + SO_{2(常压)} \tag{2-24}$$

上述反应的自由焓变化为 $\Delta G = \Delta G^{\ominus} + RT\ln(P_{SO_2}/P_{O_2}^{3/2})$，且

$$\Delta G = -6FE$$

$$\Delta G^{\ominus} = \Delta G_{SO_2}^{\ominus} + \Delta G_{MnO}^{\ominus} - \Delta G_{MnS}^{\ominus} - 3/2\Delta G_{O_2}^{\ominus} \tag{2-25}$$

以纯氧 101325Pa 为标准态，$\Delta G_{O_2}^{\ominus} = 0$

所以 $-6FE = \Delta G_{SO_2}^{\ominus} + \Delta G_{MnO}^{\ominus} - \Delta G_{MnS}^{\ominus} + RT\ln(P_{SO_2}/P_{O_2}^{3/2})$

$$\Delta G_{MnS}^{\ominus} = 6FE + \Delta G_{SO_2}^{\ominus} + \Delta G_{MnO}^{\ominus} - 3/2RT\ln P_{O_2} \tag{2-26}$$

根据不同温度实验可求得 $\Delta G_{MnS}^{\ominus}$ 与 T 的关系。

测量金属硫化物生成自由焓的电池装置示意图，如图 2-7。将金属硫化物 - 金属氧化物试样放入 $ZrO_2(CaO)$ 管的铂网容器内，SO_2 气体流经样品，纯净氧流经电池外室，Pt 为电极引线。

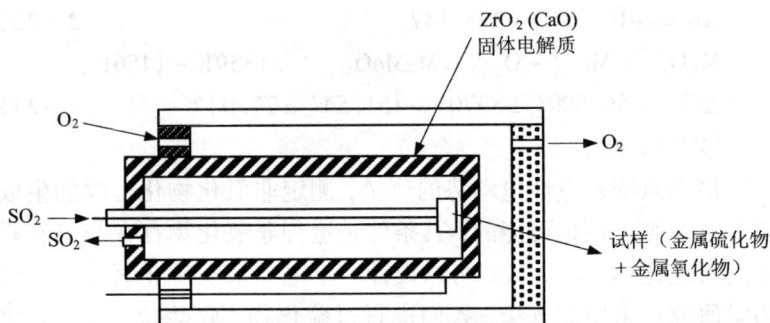

图 2 - 7　金属硫化物生成自由焓测定的电池装置

2.4.2　合金体系热力学研究

合金是重要的金属材料,因为形成合金的组元和含量不同以及制备过程不同,而使材料具有各种不同的性质,不论使用材料的力学性质,还是使用光、电、磁、热性质,都要求材料在使用温度下具有热力学稳定性,为此,合金体系热力学研究极为重要。

固体电解质浓差电池法可直接求得液、固态二元,三元合金及金属间化合物中金属活度、相应的热力学性质,因此固体电解质浓差电池在合金热力学研究方面得到了广泛的应用。

2.4.2.1　二元合金热力学研究

对于二元合金 A - B 的研究,可采用氧化物固体电解质,通过氧浓差电池的建立研究合金中成分的活度,电池形式为:

M | A, AO | 固体电解质 | [A]$_{合金}$, AO | M

其中 A 为 A - B 合金中比 B 化学性质活泼的金属。例如 Fe - Ni 二元合金,可设计如下测量电池:

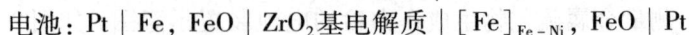

电池: Pt | Fe, FeO | ZrO$_2$基电解质 | [Fe]$_{Fe-Ni}$, FeO | Pt

$$P'_{O_2} \qquad\qquad\qquad P''_{O_2}$$

合金中 $a_{Fe} < 1$,所以电池右侧 P''_{O_2} 值高,为正极,电极反

应为：

正极 $\quad FeO = [Fe]_{Fe-Ni} + 1/2O_2 \qquad 1/2O_2 + 2e = O^{2-}$

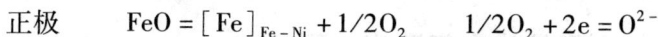

负极 $\quad O^{2-} - 2e = 1/2O_2, \qquad 1/2O_2 + Fe = FeO$

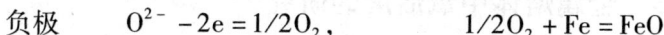

电池反应为：$Fe = [Fe]_{Fe-Ni}$

而 $\qquad \Delta G = \Delta G_{Fe} = \Delta G^{\ominus} + RT\ln a_{Fe}$ $\qquad (2-27)$

纯固态为标准状态，$\Delta G^{\ominus} = 0$

所以 $\qquad \Delta G = RT\ln a_{Fe}$ $\qquad (2-28)$

$$\Delta G = -2FE \qquad (2-29)$$

所以 $\qquad E = -\dfrac{RT}{2F}\ln a_{Fe}$ $\qquad (2-30)$

由 E 可计算出 Fe – Ni 二元合金中 Fe 的活度，由不同组成实验，可求出 a_{Fe} 和组成的关系。

2.4.2.2 三元合金热力学研究

三元合金热力学研究试验技术与二元合金相同，如 In – Bi – Pb 液态合金，有人用固体电解质电池方法研究了 923K ~ 1123K，该体系合金组成范围 In 的活度，绘制了 In 的等活度线，又计算了 Bi 和 Pb 的等活度线。

电池形式为：$(-)In, In_2O_3 \mid$ 空气 $\mid ZrO_2(Y_2O_3) \mid In_2O_3,$ $(In-Bi-Pb)(+)$。采取此电池设计是因为 In_2O_3 的稳定性大于 Bi 的氧化物或 Pb 的氧化物的稳定性，因此电极反应和电池反应与上面类似，In 活度的计算公式为：

电池反应为：$\qquad In = [In]_{In-Bi-Pb}$ $\qquad (2-31)$

$$\Delta G = \Delta G^{\ominus} + RT\ln a_{In} \qquad (2-32)$$

纯 In 固态 $\Delta G^{\ominus} = 0$

$$\therefore \ E = -\frac{RT}{3F}\ln a_{In} \ 即 \ a_{In} = \exp\left(-\frac{3FE}{RT}\right) \qquad (2-33)$$

用浓差电池法，通过电极两侧氧的化学位的不同，还可以间接求得金属间化合物的热力学性质，除给予化合物热力学稳定性的说明以外，还可以补充或完善相图。

2.4.3　金属熔体中氧活度的研究

关于用固体电解质电池法研究金属熔体中氧的活度，1957年就有人倡议将氧离子导电的固体电解质用于测量钢水中氧活度的电池，1965年 W. A. Fischer 首先制成了铁液测氧活度的固体电解质探头，成功地实现了一系列的测定。很快几乎所有炼钢国家都发展和应用这样的测量电池。采用的电池形式为：

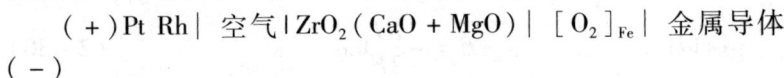

$$(+)Pt\ Rh\ |\ 空气\ |\ ZrO_2(CaO+MgO)\ |\ [O_2]_{Fe}\ |\ 金属导体\ (-)$$

电极反应为：正极　$1/2O_{2(空气)}+2e=O^{2-}$

负极　$O^{2-}+2e=[O]_{Fe}$

电池反应为：　$1/2O_{2(空气)}=[O]_{Fe}$　　　　$(2-34)$

$$\Delta G=\Delta G^{\ominus}_{[O]}+RT\ln\frac{a_O}{P^{1/2}_{O_2(空气)}}\qquad(2-35)$$

$\Delta G^{\ominus}_{[O]}$ 为氧在 Fe 液中的标准溶解自由能，以假想的 1%[O] 质量分数作为标准态。J. Chipman 等人求得 1600℃ $\Delta G^{\ominus}_{[O]}=-121340J\cdot mol^{-1}$，假定 $f_O=1$。

用固体电解质电池测金属熔体中氧活度方法示意图，如图2-8。

这种方法也成功地应用到钴、镍、铜、银、锌和铅等金属熔体中氧溶解量和溶解度的测定。

2.4.4　固体电解质电池在动力学研究中的应用

高温下钢铁冶炼和有色金属冶炼多为非均相反应，反应速度除与组成、温度和压力有关外，还受物质扩散和流动状态等动力学因素影响。固体电解质电池法也是研究氧的扩散和有关反应速度最有效的方法之一，可以不受物质流动状态和反应容器形状的

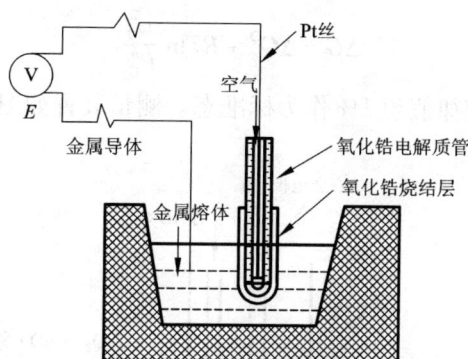

图 2 - 8   固体电解质电池测定金属熔体中氧活度示意图

影响，在实验室条件下，以及生产过程中进行研究；可进行理论研究，也可探索生产规律，动力学研究与热力学研究相比要复杂一些，因此研究开展得也少一些，正在认识过程和发展中。

固态和液态金属中组元的扩散速度关系到整个反应的速度，是人们最关心的动力学因素之一。扩散过程常是非均相反应的速度控制步骤，所以扩散系数是决定反应速度和机理的重要参数。在钢铁冶金和有色冶金中脱氧往往是非常关键的步骤，因此液态金属中氧的扩散研究显得特别重要。

A. Rapp 及其合作者测定了氧在液态 Ag，Cu，Sn，Pb，Fe 及固态 Ag，Ni 中的扩散系数，电池形式为：

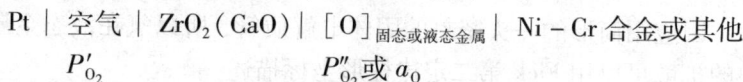

$$\text{Pt} \mid \underset{P'_{O_2}}{\text{空气}} \mid \text{ZrO}_2(\text{CaO}) \mid \underset{P''_{O_2}\text{或}a_O}{[\text{O}]_{\text{固态或液态金属}}} \mid \text{Ni - Cr 合金或其他}$$

式中：P'_{O_2}——参比电极 P_{O_2} 值；P''_{O_2}——电解质—金属熔体界面处 P_{O_2} 值；a_O——电解质—金属熔体界面处氧的活度。

电池反应可写作：$O_{2(g)} = 2[\text{O}]_{\text{固态或液态金属}}$ (2 - 36)

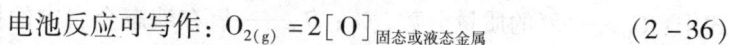

反应的自由焓变化为：

$$\Delta G = \Delta G^{\ominus} + RT\ln \frac{a_{\rm O}^2}{P''_{\rm O_2}} \qquad (2-37)$$

以亨利定律假想 1% 作为标准态。测量装置如图 2 - 9。

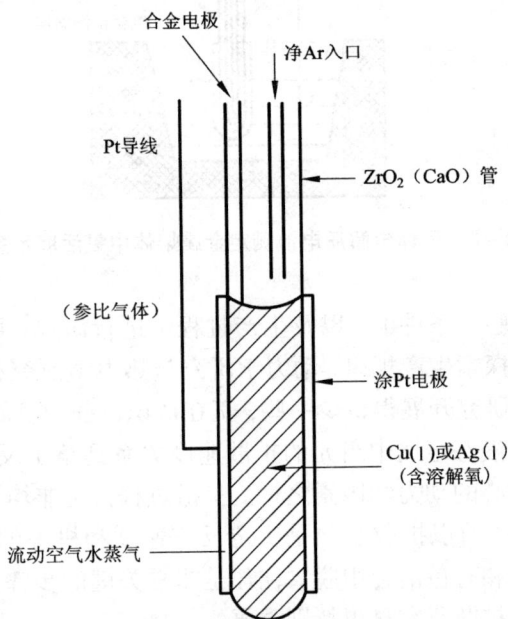

图 2 - 9　　A. Rapp 测金属熔体中氧扩散系数电池装置图

　　因应用筒形的一头密封的固体电解质管，所以氧在液态金属中的扩散可以用 Fick 第二定律柱形坐标描述。

$$\frac{\partial C_{\rm O}}{\partial t} = \frac{1}{r} \frac{\partial}{\partial r}\left(rD_{\rm O} \frac{\partial C_{\rm O}}{\partial r}\right) \qquad (2-38)$$

式中：$C_{\rm O}$——氧的质量分数，%；$D_{\rm O}$——氧在液态金属中的扩散系数。

　　对每一个恒电位实验，开始时液态金属中氧的浓度为饱和的和均匀的, 用 $C_{O(1)}$ 表示, 电动势为 E_1, 经过足够长的时间, 设时间 $t = 0$ 时给一恒定电压, 电动势跃变为 E_2, 此时氧浓度为 $C_{O(2)}$, 则可得到如下边界条件: $t = 0$ 和 $0 < r < d$ 时 $C_{O(r, 0)} = C_{O(1)}$

$$t > 0 \text{ 和 } r = d \text{ 时 } C_{O(d, t)} = C_{O(2)}$$

式中: d——固体电解质管内径。

对恒电位实验, 解上述微分方程, 经数学处理可以得到:

$$i_{离子} = 8\pi h F D_O (C_{O(1)} - C_{O(2)}) \exp\left(\frac{-2.405^2 D_O t}{d^2}\right) \quad (2-39)$$

或　　　　　　$$i_{离子} = B\exp\left(-2.405^2 \frac{t}{\tau}\right) \quad\quad\quad (2-40)$$

式中: $B = 8\pi h F D_O (C_{O(1)} - C_{O(2)})$; $\tau = d^2/D_O$; h——液态金属柱高度。

式 (2-40) 取对数

$$\ln i_{离子} = \frac{-2.405^2 t}{\tau} + \ln B \quad\quad (2-41)$$

$\ln i_{离子}$ 对 t 作图为一直线, 斜率为 $-D_O 2.405^2/d^2$, d 为已知, 是电解质管的内径, 所以可求出 D_O。

有人设计了如下电池测定固态银中氧的扩散

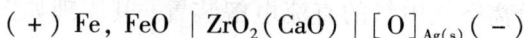

$$(+)\ Fe, FeO\ |\ ZrO_2(CaO)\ |\ [O]_{Ag(s)}\ (-)$$

氧扩散方程　　　　$$\frac{\partial C_O}{\partial x} = D_O \frac{\partial^2 C_O}{\partial x^2} \quad\quad\quad (2-42)$$

同样采用恒电位法, 解 Fick 第二定律, 并应用菲克第一定律得到电流密度的表达式:

$$|i| = |2Fj| = 2\frac{FC_O \sqrt{D_O}}{\sqrt{\pi t}} \quad\quad (2-43)$$

式中: j——氧的扩散流量, $|j| = D_i \dfrac{\partial C}{\partial x}\bigg|_{x=0} = \dfrac{C_O \sqrt{D_O}}{\sqrt{\pi t}}$

将 $|i|$ 对 $\dfrac{1}{\sqrt{t}}$ 作图，已知氧的浓度 C_0 时，可从直线斜率得出

扩散系数 D_0，求得在 760 ℃、850 ℃和 900 ℃时分别为 1.5×10^{-5} cm^2/s、2.3×10^{-5} cm^2/s 和 2.9×10^{-5} cm^2/s

2.4.5　固体电解质在其他方面的应用

各种固体电解质传感器是固体电解质的又一重要应用，将在第 6 章中进行论述，这一节主要介绍固体电解质在气体分离和能源方面的应用。

2.4.5.1　分离氧或氢的氧泵和氢泵

在一定温度和气氛下不同种类的固体电解质各有其独特占优势的某种离子迁移，利用此性质可进行物质分离。如利用氧离子导电固体电解质和质子导电固体电解质分别分离混合气体中的氧或氢，这种装置称为氧泵和氢泵。

用固体电解质分离气体的方法有几种，如直流通电法，浓差电池短路法、离子电子混合导电法，气相电解法，其原理分别叙述如下。

（1）直流通电法

例如分离空气中氧的直流电解装置，其原理如图 2－10 所示。它是采用氧离子导电的 ZrO_2 固体电解质，两边附以贵金属多孔催化电极电解，其中一电极与空气接触，另一电极处抽气减压，电池通直流电进行电解。

电极和电池反应：

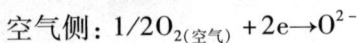

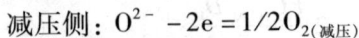

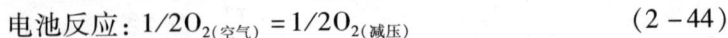

空气侧：$1/2O_{2(空气)} + 2e \rightarrow O^{2-}$

减压侧：$O^{2-} - 2e = 1/2O_{2(减压)}$

电池反应：$1/2O_{2(空气)} = 1/2O_{2(减压)}$　　　　　　（2－44）

连续通以直流电，氧将从空气一侧不断抽至减压一侧，实现氧的分离，而得到纯氧。

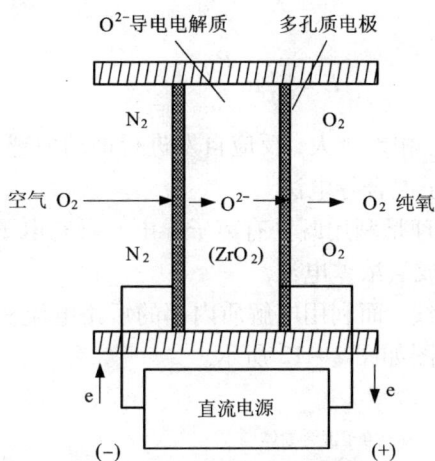

图 2 - 10　直流通电法分离空气中 O_2

（2）浓差电池短路法

其原理如图 2 - 11 所示。它的特点是不施加外电流，将两极直接用导线相连，由于空气一侧氧分压高，而纯氧一侧不断用泵将氧抽走，氧压低，而形成浓差电池。

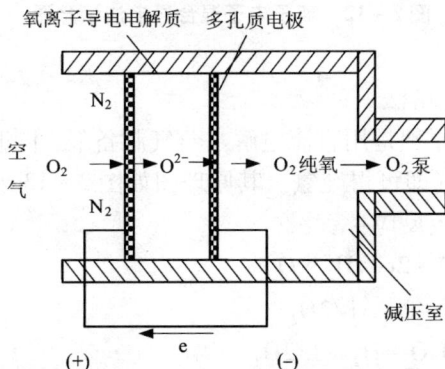

图 2 - 11　浓差电池短路法示意图

电池电动势：

$$E = \frac{RT}{4F} \ln \frac{P_{O_2(空气)}}{P_{O_2(减压)}} \qquad (2-45)$$

电池两侧 P_{O_2} 相差越大，反应自发进行推动力越大。

（3）离子电子混合导电法

该方法的原理是利用既具有离子导电又具有电子导电的固体电解质，直接构成氧浓差电池。

不连接外导线，而利用电解质内部的短路电流实现空气中氧的分离。其原理图如图 2-12 所示。

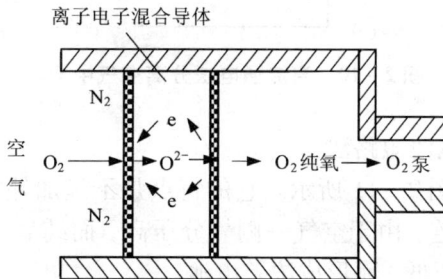

图 2-12　离子电子混合导电法示意图

（4）气相电解法

该方法的原理是用直流电解水蒸气制备氧，同时得到富氢气体，脱除水蒸气即可得纯氢。其原理图如图 2-13 所示。

电池及电极反应：

负极：$H_2O + 2e \rightarrow H_2 + O^{2-}$

正极：$O^{2-} - 2e \rightarrow 1/2 O_2$

总反应：$H_2O \rightarrow H_2 + 1/2 O_2 \qquad (2-46)$

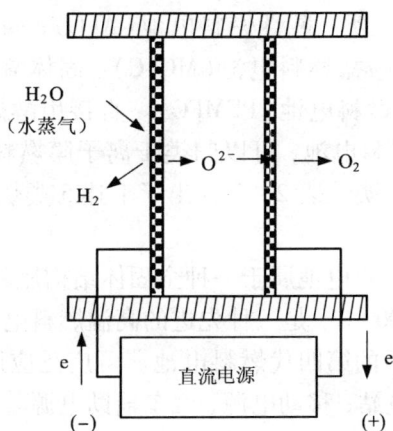

图 2-13　水蒸气电解制取氧原理图

2.4.5.2　固体氧化物燃料电池

　　燃料电池是一种将化学能直接转换为电能的装置。20 世纪 50 年代，由于宇航事业等的需要，燃料电池的研究逐步开展，随着环境与能源问题的出现，其研究更加引起人们的重视。

　　燃料电池与原电池均是将化学能直接转换为电能的装置，其区别在于前者可连续运转，只要直接连续提供燃料及氧化剂，即可连续发电，而后者是电池材料消耗尽就不能再产生电能。燃料电池将化学反应的 Gibbs 自由能直接转化为电能，不受卡诺循环的限制，因此效率远高于普通的热机；燃料电池无机械传动装置，其可靠性远高于目前的热电转换系统；燃料电池无噪声，排放的有害气体(SO_2，NO 等)及粉尘极少，是一种环境友好的发电方式。

　　燃料电池的核心部分由阴极、阳极及两个电极之间的电解质构成，阴极一般进行氧的电化学还原，阳极进行燃料的氧化反应，电解质在电极之间起到离子传输的作用，电子由阳极通过外电路传输到阴极构成电流回路，并产生电能。燃料电池通常依据电解质类型分为五类：碱性燃料电池（AFC）、磷酸盐燃料电池（PAFC）、熔融碳酸盐燃料电池（MCFC）、固体氧化物燃料电池（SOFC）、离子膜燃料电池（PEMFC）。直接甲醇燃料电池（DM-FC）是一种新型燃料电池，可以归类于离子膜燃料电池，但通常将它作为独立的一类。表2-3列出了上述5类燃料电池的构成及特征。

固体氧化物燃料电池属于一种全固体结构燃料电池，其工作温度在600℃~1000℃，是一种先进的高温燃料电池，是继AFC，PAFC，MCFC之后的第四代燃料电池。可广泛应用于大型电站、热电联共、小型电站、移动电源、汽车辅助电源等，被称为21世纪的绿色能源。

固体电解质氧化物燃料电池用ZrO_2（ + Y_2O_3）作为固体电解质，避免了液态电解质带来的腐蚀性，且可利用天然气或煤气作燃料，高效率地发电，还可通过电解和热量进行相反的反应将水蒸气电解成氢和氧。其工作原理如图2-14所示。

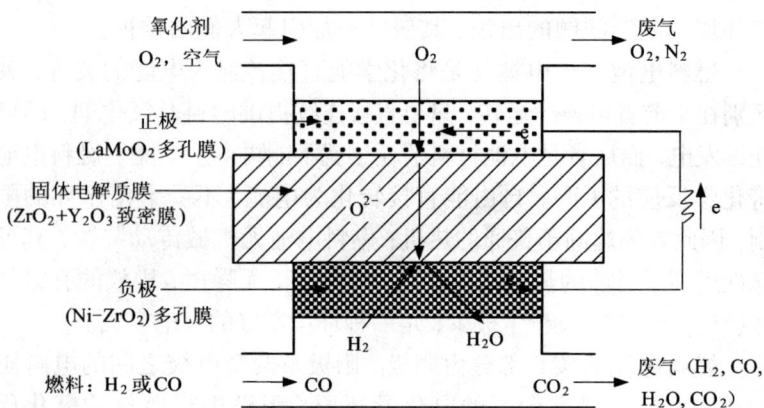

图2-14 固体氧化物燃料电池原理图

表 2 – 3　五类燃料电池的构成及特征

电池类型		PAFC	MCFC	SOFC	AFC	PEMFC
电解质		浓 H_3PO_4	$Li_2CO_3 - K_2CO_3$ (Na_2CO_3)	ZrO_2	KOH 或 NaOH	质子交换膜(如 Nafion 膜)
燃料		H_2	CO 或 H_2	CO 或 H_2	H_2	H_2 或甲醇
正极	材料	高分散 Pt	高分散 Ni	多孔 Pt	高分散 Ni	高分散 Pt
	反应	$O_2 + 4H^+ - 4e \rightarrow 2H_2O$	$O_2 + 2CO_2 + 4e \rightarrow 2CO_3^{2-}$	$O_2 + 4e \rightarrow 2O^{2-}$	$O_2 + 2H_2O + 4e \rightarrow 4OH^-$	$1.5O_2 + 6H^+ + 6e \rightarrow 3H_2O$
负极	材料	高分散 Pt	高分散 Ni	多孔 Pt	高分散 Ni	高分散 Pt(– Ru)
	反应	$2H_2 - 4e \rightarrow 4H^+$	$2CO - 4e + 2CO_3^{2-} \rightarrow 4CO_2$	$2H_2 + 2O^{2-} - 4e \rightarrow 2H_2O$	$2H_2 - 4e + 4OH^- \rightarrow 4H_2O$	$CH_3OH + H_2O - 6e \rightarrow CO_2 + 6H^+$
电池反应		$2H_2 + O_2 \rightarrow 2H_2O$	$2CO + O_2 \rightarrow 2CO_2$	$2H_2 + O_2 \rightarrow 2H_2O$	$2H_2 + O_2 \rightarrow 2H_2O$	$CH_3OH + 1.5O_2 \rightarrow CO_2 + 2H_2O$
工作温度/℃		180~210	600~700	900~1000	室温~100	25~120
优点		抗 CO_2,可应用于独立电站	不用贵金属催化剂,电池内部重整容易,Ni 催化剂不怕 CO 中毒	无需贵金属催化剂,无需 CO_2 循环,效率高	Ni 催化剂价格低,工作温度低,效率高	功率密度高,工作条件温和,无溶液渗漏及腐蚀,启动快,工作可靠
缺点		贵金属催化剂对 CO 敏感,CO 应≤1%,电解质电导率低	电极材料寿命短,机械稳定性差,阴极需补充 CO_2,有腐蚀	制备工艺复杂,工作温度高,价格昂贵	对 CO 敏感,应≤350 μL/L,电解质使用过程浓差极化大	膜及催化剂造价高,多 CO 敏感,水控制困难

在两电极间有约20个数量级的氧分压差，产生了电势，在无负载情况下，300 ℃时就能测到约1V的电压。但如要求一定的电流密度，则工作温度要高于700 ℃。燃料电池的电极和电池反应为：

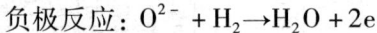

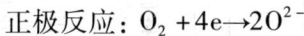

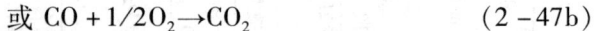

负极反应：$O^{2-} + H_2 \rightarrow H_2O + 2e$

　　　　或 $O^{2-} + CO \rightarrow CO_2 + 2e$

正极反应：$O_2 + 4e \rightarrow 2O^{2-}$

总反应：$H_2 + 1/2O_2 \rightarrow H_2O$　　　　　　　　　　(2 – 47a)

　　　　或 $CO + 1/2O_2 \rightarrow CO_2$　　　　　　　　　(2 – 47b)

亦可将 ZrO_2（CaO 或 Y_2O_3）固体电解质做成管材，在管内外涂上多孔 Pt 形成正负极，同样进行上述反应。电池开路电势为：

$$E_0 = \frac{RT}{4F} \ln \frac{P_{O_2(空气)}}{P_{O_2(燃料)}} \qquad (2 – 48)$$

工作时：$E = E_0 - IR_i - V_p$　　　　　　　　　　(2 – 49)

式中：R_i——电池内阻，V_p——电极极化损失。

目前电导率最高的稳定氧化锆为掺杂 Sc_2O_3 的 ZrO_2，而应用最广的是8%（mol）Y_2O_3 稳定化的 ZrO_2，其优点是在很宽的氧分压范围内性质稳定，氧迁移数接近1。这种电解质的缺点是低温下电导率低，这种电解质燃料电池要在 1000 ℃ 左右温度下操作。目前研究较多的中温电解质为掺杂的 CeO_2，掺杂的镓酸镧等钙钛矿结构的电解质，以及 Bi_2O_3 系列电解质。

阴极材料应该具有多孔性，以增大电极的反应活性区域；要有高的电子导电率，以减小电极电阻；与电解质同样高的化学及热相容性，确保电池的稳定性及电极/电解质界面的电化学活性；氧还原的高催化活性，减少电极极化电阻，提高电池效率。Pt 是研究最多的阴极材料，但价格昂贵，高温稳定性较差，主要用于基础研究。目前实用性的阴极材料是钙钛矿型复合氧化物 $Ln_{1-x}A_xMO_3$（Ln 为稀土元素，A 为碱土金属，M 为过渡金属），如

$La_{1-x}Sr_xMnO_3$，$La_{1-x}Sr_xCo_{1-y}Fe_yO_3$。

阳极材料同样要求具有多孔性、高电导率、与电解质的热相容性及化学相容性，还必须具备还原气氛下的稳定性及对燃料氧化反应的高催化活性。目前最成熟的阳极材料是镍，原料充足、价格便宜，在还原气氛下具有高的电导率和良好的催化活性。在镍中掺其他元素的复合镍阳极、$La_{0.8}Sr_{0.2}MnO_3$ 等钙钛矿型混合导体材料也有研究，但总的来说还是 Ni 电极较为理想。

2.4.5.3 电显色器

固体电解质显色材料是在外电场下或通电流时颜色发生可逆变化的物质，其特点是，当电子注入或抽出时，亦即在化合价改变时，伴随着颜色变化。因此固态电显色器材料应是电子—离子混合导体。电子可向固体输入或从其中迁出，伴随着电子迁移，离子亦需快速迁移以避免空间电荷积聚并维持电中性。最早发现的电显色材料是钨青铜。当电子注入 WO_3 时由无色变成蓝色：

$$WO_3(无色) + xH^+ + xe \rightleftharpoons H_xWO_3(蓝色) \quad (2-50)$$

这一过程称为电子—质子双注入过程。

近来阳极氧化铱膜为较受关注的新的电显色材料。其优点是化学稳定性较 WO_3 好，显色/褪色速度较 WO_3 快，其显色机制也可能属双注入机制：

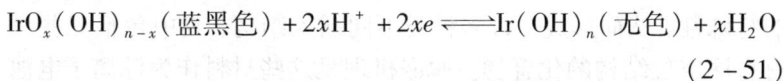

$$IrO_x(OH)_{n-x}(蓝黑色) + 2xH^+ + 2xe \rightleftharpoons Ir(OH)_n(无色) + xH_2O$$
$$(2-51)$$

2.5　锂离子电池材料

有一类离子导体，在固态时不仅具有高离子传导性，还具有高电子传导性，是一种混合导体。这类物质目前已被广泛应用于二次电池，尤其是作为锂离子电池的阴极材料或阳极材料，称之为嵌锂化合物，主要以过渡金属氧化物为主。

随着现代各种各样便携式电子设备的发展，作为其电源的二次电池变得越来越重要。在众多的可充电式电池中，锂离子电池具有举足轻重的地位。从目前小型二次电池的主要使用领域，如便携式计算机、移动电话等来看，其使用的电源已基本上采用了锂离子电池。在不久的将来，作为电动汽车(Electric Vehicle，简称 EV)或电力贮存用的大型电源，锂离子电池也备受人们的关注，并寄予其很大的期望。

在锂离子电池中，正负极均采用锂离子能可逆插入和脱出的电极材料，这类材料称之为宿主材料。在锂离子的插入或脱出过程中，伴随着宿主材料中某些元素的得失电子而发生氧化/还原反应。由于正负极的电极电势的差异而产生电动势，导致外电流。

锂离子电池的阴阳极材料与电解质是构成电池的基本要素，它们性能的好坏直接影响了锂离子电池的性能。以下将对锂离子电池阴极材料的发展历程以及每种材料的结构特征等作简要阐述。

2.5.1 插入化合物

在插入化合物中，石墨中的锂、金属中的氢都被称之为脱嵌元素，它们占据宿主材料晶格中的某些位置，而其他一些位置保持空的状态。由于这些被插入的晶格位与脱嵌原子之间相互作用的特殊性，从而形成了许多种类不同插入结构，其中包括一些具有有序空位结构的化合物。脱嵌机理是这些材料作为锂离子电池电极材料的基础。在材料的内部，脱嵌原子以扩散的方式进出晶格，而扩散方式按空间分类，可分为一维通道扩散(1D)，二维通道扩散(2D)以及三维通道扩散(3D)。以 1D 方式扩散的原子只能沿一维线性方向进出，而 2D 方式扩散的原子可以在一个平面上作二维运动进出晶格。最有利于原子进出晶格的方式是 3D，因为原子可以在三维空间中运动。按照扩散维数将插入化合物进行分类，见表 2 - 4。

表 2 - 4　根据扩散通道分类的插入化合物

维数	化合物
1D(纤维状)	Na_xWO_3，Li_xKFeS_2
2D(层状)	石墨、焦炭、硬炭
3D(框架结构)	Li_xTiS_2，Li_xMoS_2 $Li_{1-x}CoO_2$，$Li_{1-x}NiO_2$ $Li_{1-x}Mn_2O_4$，$Li_4Ti_5O_{12}$ $Li_xV_2O_5$，$Li_{1+x}V_3O_8$

2.5.2　作为锂离子电池正极材料的插入化合物

很多插入化合物可以脱嵌锂，如图 2 - 15 所示。作为锂离子电池的材料，必须满足如下条件：

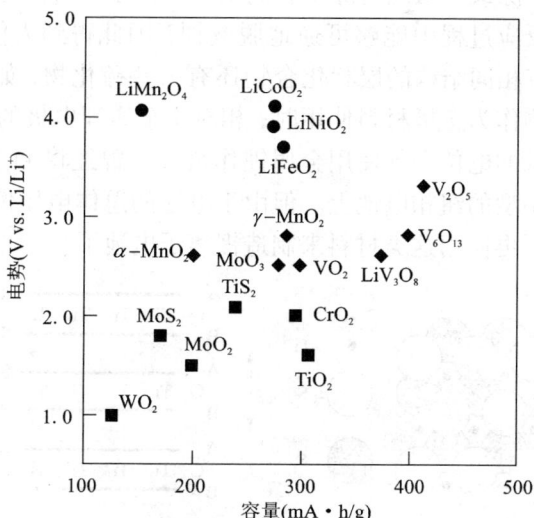

图 2 - 15　不同插入化合物的电极电势与比容量

①放电时反应的吉布斯自由能具有较大的负值；

②分子量小，具有较大的能量密度；

③锂离子在晶格中有较大的扩散速率；

④晶格在脱嵌过程中的体积变化小；

⑤材料应具有稳定的化学特性，无毒性、制备容易、且价廉。

因此，只有为数不多的插入化合物能够应用在实际的锂离子电池中。下面分别对一些具有实用性的插入化合物进行讨论。

2.5.2.1 具有 CdI_2 结构的材料

在 20 世纪 70 年代后期，Whittingham 等提出了 TiS_2/Li 电池体系。TiS_2 是一种具有 CdI_2 结构的层状化合物，如图 2-16 所示。在 TiS_2 结构中，TiS_6 八面体以共边的方式形成层状结构，而层与层之间以范德华力结合在一起。在充/放电过程中，锂离子可以插入层间空隙或从层间空隙中脱离出来。由于 TiS_2 作为正极材料在电化学反应过程中能够可逆地脱嵌锂，因此得到人们的重视。与 TiS_2 具有相同结构的层状化合物还有一些硫化物，如 MoS_2 等。金属硫化物作为正极材料使用时，相对于金属锂电极的电势仅约 2V，这样低的电位必须使用金属锂作负极。曾经将 Li_xTiS_2/Li 体系应用到小型的纽扣电池上。但由于电池的总体电压偏低，因此现在已经不再使用这类材料来制造锂离子电池了。

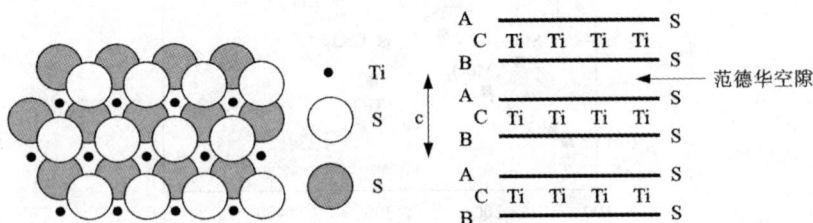

图 2-16　TiS_2 的结构

2.5.2.2　具有 α – $NaFeO_2$ 结构的材料

1980 年, Goodenough 等人发现了 $LiCoO_2$ 可以可逆地插入和脱出锂离子, 从而引起对这类材料的广泛与深入的研究。目前商品化使用的锂离子电池用的正极材料是具有 α – $NaFeO_2$ 结构的 $LiCoO_2$, 其他一些化合物, 如 $LiNiO_2$, $LiCrO_2$ 和 $LiVO_2$ 也具有与之相同的结构。这类化合物的结构如图 2 – 17 所示。这些化合物的一个共同特点是, 含有 3 价过渡金属离子, 且离子的半径小于 3 价锰离子。在这种结构中, 氧离子

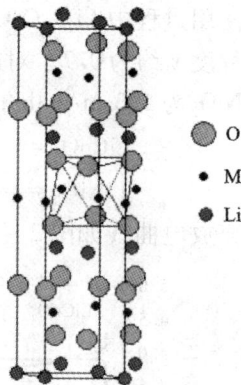

$\bigcirc$ O
$\bullet$ M
$\bullet$ Li

图 2 – 17　$LiMO_2$ 结构
（α – $NaFeO_2$）

子是以立方密积的排列方式形成一个网状结构, 而 Li 与 3 价过渡金属 M 离子沿着(111)交替地排列在这个网状结构的八面体空隙中, 由于(111)面有轻微的畸变而使整个晶胞呈六方对称性。$LiCoO_2$ 具有 $R\bar{3}m$ 空间群, 其晶格常数为 $a = 2.82Å$, $c = 14.08Å$。$LiCoO_2$ 实际上可以认为是由 Co 和 O 构成的八面体层, 而层与层之间的作用力很弱, 仅相当于范德华力, 锂离子在充/放电过程中能够可逆地插入或脱出该晶格层。

$LiMO_2$ 是否能够形成 α – $NaFeO_2$ 层状结构取决于 M 离子的半径。对于第四周期的过渡金属, 离子半径较大的 Sc 和 Ti 不能形成层状结构, 离子半径较小的 V, Cr, Co 和 Ni 可以形成这种结构, 而处于边缘的 Mn 与 Fe 则依赖于合成时使用的方法, 通常的固相反应不能制备出层状的结构, 但可以通过离子交换的方法获得。

Ni 和 Co 是位于周期表中同周期相邻的两个元素, 它们具有

相似的性质。$LiMO_2$（$M = Co$，Ni）的理论容量为 $275 \ mA \cdot h/g$，但实际使用过程中 $Li_{1-x}CoO_2$ 发挥的程度是 $x = 0.5$，而 $Li_{1-x}NiO_2$ 发挥的程度 x 约为 0.7。对应的容量分别是 $LiCoO_2$ 为 $140 \ mA \cdot h/g$，而 $LiNiO_2$ 为 $193 \ mA \cdot h/g$。充放电电极反应分别为

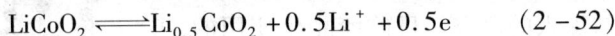

$$LiCoO_2 \Longrightarrow Li_{0.5}CoO_2 + 0.5Li^+ + 0.5e \qquad (2-52)$$

$$LiNiO_2 \Longrightarrow Li_{0.3}NiO_2 + 0.7Li^+ + 0.7e \qquad (2-53)$$

充放电曲线如图 2-18 所示。

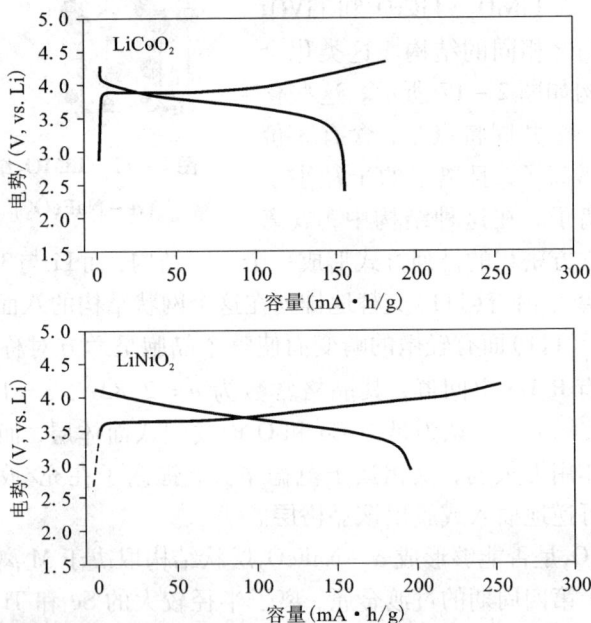

图 2-18　$LiCoO_2$ 和 $LiNiO_2$ 电极充放电的典型曲线

　　尽管 Ni 和 Co 的化学性质非常相似，但 $LiCoO_2$ 与 $LiNiO_2$ 作为正极材料在电池循环使用过程中的寿命特性却大不相同。$LiCoO_2$ 具有非常优异的循环性能。而 $LiNiO_2$ 却表现出相当差的循环寿命，这主要是因为 Ni 在高氧化态下热稳定性差。原因可能来自

于低自旋的 Ni^{3+} 易发生 Jahn - Teller 畸变。有研究表明，脱出一半锂的 $Li_{0.5}NiO_2$ 如果被加热到 $300℃$，则会转变成立方相的尖晶石结构 $LiNi_2O_4$。因此，目前 $LiNiO_2$ 还不具有实用性。

$LiCoO_2$ 尽管具有很好的使用寿命，但 Co 在地球中的贮量少，价格昂贵，因此 $LiCoO_2$ 只能应用在小型的电器设备中，而作为动力电池使用几乎是不可能的。另一方面，$LiCoO_2$ 仅使用了一半的理论容量，为了获得更大比能量，有必要进行深入研究，得到容量更大的材料。

为了克服 $LiNiO_2$ 寿命的问题，目前研究已取得不少进展。以异种金属部分取代镍，或者进行表面修饰，都可以提高 $LiNiO_2$ 的循环性能。由于 $LiNiO_2$ 可以发挥出更高的容量，且 Ni 比 Co 廉价得多，如果其循环寿命的问题得到解决，$LiNiO_2$ 有可能成为小型电池的正极材料。

2.5.2.3　具有尖晶石结构的材料

作为锂离子电池正极材料且具有尖晶石构造的典型化合物是 $LiMn_2O_4$。1983 年 Thackeray 等人发现 $LiMn_2O_4$ 能够可逆地插入或脱出锂离子。$LiMn_2O_4$ 氧化物的结晶构造如图 2 - 19 所示。

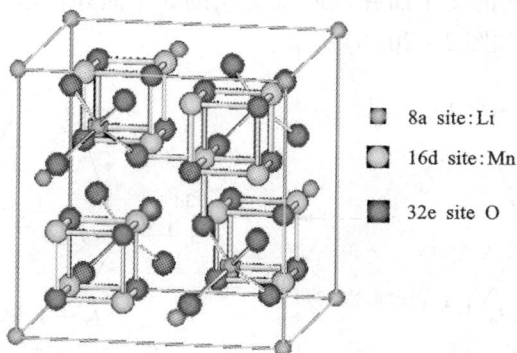

8a site : Li
16d site : Mn
32e site O

图 2 - 19　尖晶石 $LiMn_2O_4$ 的结构

在一个 $LiMn_2O_4$ 的晶胞中，有 32 个氧原子，占据 32e 位置，形成立方密积结构。在由面心立方的氧原子形成的点阵中，有 64 个四面体和 32 个八面体间隙位（16c 和 16d）。8 个锂离子占据 1/8 的四面体间隙位（8a），16 个 Mn 离子占据 1/2 的八面体间隙位，所有的 16d 位置全部占据 Mn，而 16c 位置全空。

$LiMn_2O_4$ 结晶构造的空间群为 $Fd\overline{3}m$，为正尖晶石结构。每个四面体外围包含 4 个八面体。与含有锂离子的四面体相邻的八面体间隙中无 Mn 离子，也就是说，这四个八面体间隙属于 16c 位置。锂离子在扩散时，从 8a 位置跃迁到 16c 空位，然后再从 16c 空位跃迁到下一个 8a 位置。因此，锂离子扩散采取 8a→16c →8a 跃迁路径。由于与 8a 相邻有 4 个空的 16c 位置，锂离子可以在三维方向上运动，使得 $LiMn_2O_4$ 可高倍率充放电。从结构来看，$LiMn_2O_4$ 应具有比层状 $LiMO_2$ 更好的大电流充放电性能。

纯 $LiMn_2O_4$ 的结构是不稳定的。当温度接近 0℃ 时，$LiMn_2O_4$ 发生一级相变，由立方相转变成四方相。进一步的研究表明，这种相变可能生成对称性更小的正交相。相变可能与高自旋的 Mn^{3+} 有关。高自旋的 Mn^{3+} 的能级如图 2 – 20(a) 所示。当外界条件变化时，e_g 的 2 个简并轨道以及 t_{2g} 的 3 个简并轨道发生细微的能级分裂，如图 2 – 20(b) 所示。

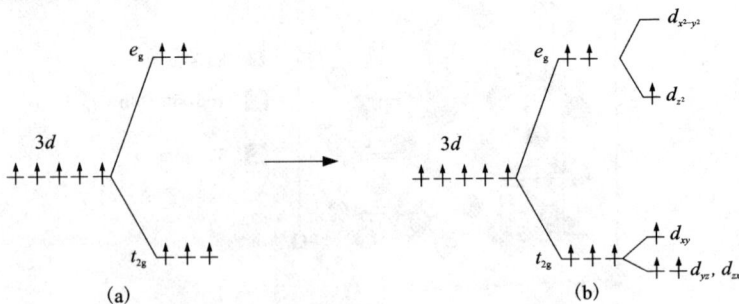

图 2 – 20 高自旋 Mn^{3+} $(3d^4)$ 的 3d 能级图

t_{2g} 的能级分裂很小，但 e_g 的能级分裂不可忽视，e_g 是高能级轨道（相对于 t_{2g}），它们直接指向邻近配位氧离子。带一个电子的 d_{z^2} 轨道导致指向该轨道的金属离子—配位离子的键长增大，而另外四个键则收缩，晶体结构发生变化，如图 2 - 21 所示，这种变化称 Jahn - Teller 效应。

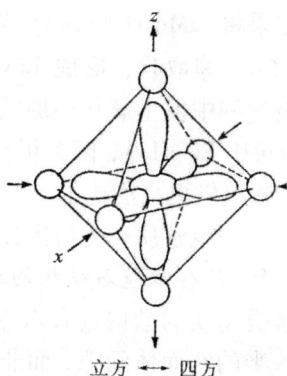

图 2 - 21　MnO_6 八面体的 Jahn - Teller 畸变

抑制 Jahn - Teller 畸变的方法是改变 Mn 离子的平均价态，也就是说，降低 Jahn - Teller 离子 Mn^{3+} 的浓度。$LiMn_2O_4$ 中 Mn 的平均价态正好处于产生 Jahn - Teller 畸变的临界值。因此，只要掺杂少量非 Jahn - Teller 离子以取代部分 Mn^{3+}，则可以抑制相变的发生。已有研究表明，部分 Mn^{3+} 被 Co^{3+}，Cr^{3+}，Al^{3+} 或 Ni^{2+} 等取代后，可拟制 MnO_6 八面体的 Jahn - Teller 畸变，循环性能得到明显改善。

$LiMn_2O_4$ 循环性能差的另一个原因是在电解液中 Mn^{3+} 发生歧化反应。

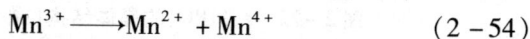

$$Mn^{3+} \longrightarrow Mn^{2+} + Mn^{4+} \qquad (2 - 54)$$

Mn^{2+} 溶于电解液，加速了歧化反应的速率。掺杂同样有利于抑制该反应的进行。另外，还可以通过表面修饰的方法来改变表面结构，抑制 Mn 的溶出。

$LiMn_2O_4$ 具有较高的放电电位（3.9~4.1 V），而且快速充放电性能好，尤其重要的是其价格低廉，且容量适中（100~120 mA·h/g），因此，对于动力电池而言，具有较大的吸引力。$LiMn_2O_4$ 将有可能成为制造锂离子动力电池的首选材料。

如果将 $LiMn_2O_4$ 中 Mn^{3+} 全部用其他过渡金属离子，如 Ni^{2+}，Cr^{3+}，Co^{3+} 等取代，形成 $LiNi_{0.5}Mn_{1.5}O_4$，$LiCrMnO_4$，$LiCoMnO_4$，则电极过程中发生氧化还原的物质是 Ni，Cr，Co，电极电势接近 5V（相对于 Li^+/Li），因此可作为 5V 级锂离子电池的正极材料使用，能够提供更高的比能量。但由于目前还没有与之对应的抗高氧化电位的电解质，这类化合物的应用还有待于进一步的探讨。

2.5.2.4 具有橄榄石结构的正极材料

这类物质的结构具有六方密积的氧离子点阵，其中金属元素占据一半的八面体间隙，而非金属占据 1/8 的四面体间隙。具有橄榄石结构的锂离子电池正极材料有 $LiFePO_4$，$LiCoPO_4$ 和 $LiMnPO_4$ 等。它们的结构如图 2 - 22 所示。

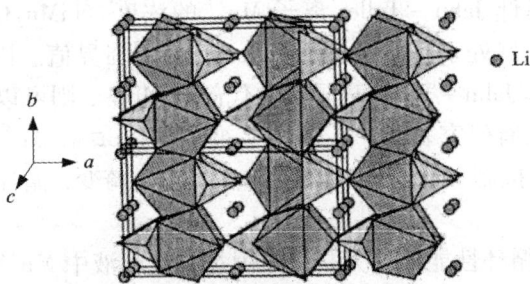

图 2 - 22　$LiMPO_4$ 的晶体结构（橄榄石型）

在 $LiMPO_4$ 结构中，Li 与 M 均占据八面体间隙，但以两种不同的方式存在。在 $a - c$ 面上，每隔一层由被锂占据的八面体以共边方式形成线性链，而 M 所占据的八面体也处于 $a - c$ 面，且每隔一层以之字形状排列。位于 $a - c$ 面的 Li 离子的扩散虽然与 $LiMO_2$（M = Ni，Co）类似，均可以在二维方向上扩散，但由于 PO_4 四面体位于相邻的两个铁层之间，减少了 Li 离子运动的空间。

因此 $LiFePO_4$ 表现出很差的扩散性能。另一方面，正由于 PO_4^{3-} 隔离了相邻的两 FeO_6 八面体，使得 $LiFePO_4$ 的电子导电性也很差。

为了提高 $LiFePO_4$ 的电导率与锂离子的扩散速率，目前一般采用两种方法。一种方法是加入导电性很好的炭黑，并减小粒径，以提高粒子之间的导电性，并缩短锂离子的扩散路径，达到加速锂离子扩散的目的。另一种方法是进行体相掺杂。

$LiFePO_4$ 电极放电电势约 $3.4V(vs. Li^+/Li)$，在小电流充放电下曲线表现得非常平稳，而且循环性能也不错。为了进一步提高比能量，人们研究了 $LiCoPO_4$ 和 $LiMnPO_4$。发现 $LiCoPO_4$ 和 $LiMnPO_4$ 分别具有 $4.8V$ 与 $4.1V$（$vs. Li^+/Li$）的电势平台，因此其能量密度将大大高于 $LiFePO_4$。

$LiFePO_4$ 是一种性能价格比很有优势的材料，有可能成为制造动力电池的潜在材料。

2.5.3　展望

锂离子电池工业的发展有十多年了，目前应用的主要正极材料仍然是价格昂贵的 $LiCoO_2$。为了开发动力电池，人们把希望寄予在价格低廉的 $LiMn_2O_4$ 上，因此预计不久的将来 $LiMn_2O_4$ 将会在动力电池的制造中得到应用。至于 $LiFePO_4$，由于目前还有相当多的问题，如大电流充放电性能等有待于提高，离实际应用还有较长时间。

除了这些体系外，人们还在努力寻找新的高能量密度的正极材料。如 $Li_{1.5}Na_{0.5}MnO_{2.85}I_{0.12}$，在 $1.5 \sim 4.3\ V$ 的电势范围内放电容量高达 $260\ mA \cdot h/g$。纳米结构的 V_2O_5 也具有非常高的容量。这些材料目前正在研究中，虽然容量高，但放电时无稳定的平台造成使用上的困难，仍有待于进一步的研究。

参考文献

[1] 吴辉煌. 电化学. 北京：化学工业出版社，2004.

[2] 王常珍. 固体电解质和化学传感器. 北京：冶金工业出版社，2000.

[3] 蒋汉瀛. 冶金电化学. 北京：冶金工业出版社，1989.

[4] Fischer W A, Janke D, 吴宣方译. 冶金电化学. 沈阳：东北工学院出版社，1991.

[5] 史美伦. 固体电解质. 重庆：科学技术文献出版社重庆分社，1982.

[6] 邝生鲁. 应用电化学. 武汉：华中理工大学出版社，1994.

[7] Subbarao E. C. Solid Electrolytes and Their Applications. New York and London：Plenum Press，1980.

[8] 李英，王林山. 燃料电池. 北京：冶金工业出版社，2000.

[9] 杨辉，卢文庆. 应用电化学. 北京：科学出版社，2001.

[10] 衣宝廉. 燃料电池. 北京：化学工业出版社，2000.

[11] 杨水池. 固体电解质的电化学. 化学通报，1981，(6)：348.

[12] 王常珍，叶树青，张鑫. $Y_2O_3 \cdot Cr_2O_3$($YCrO_3$)复合氧化物热力学性质的研究. 中国稀土学报，1985，34(8)：1017.

[13] 万雅亮，杨赤，胡培青等. 铜液中氧含量的连续检测. 有色金属，1993，(3)：10.

[14] 哈根穆勒等，陈立泉等译. 固体电解质，一般原因、特征、材料和应用. 北京：科学出版社，1984.

[15] Peres J P, Weill F, Delmas C. Solid State Ionics. 1999, 116：19.

[16] Stambouli B, Traversa E. Renewable and Sustainable Energy

[17] Kharton V V, Margues F M B. Solid State Ionics. 2001, 140：381.

[18] Janke D, Fischer W A. Arch. Eisenhuttenwes. 1977, 48(6)：311.

[19] Davies H. Smiltzer W W J. Electrochem. Soc, 1974, 24(4)：543.

[20] Kumar R V, Fray D J. Solid State Ionics. 1994, (70~71)：588.

[21] Julien C, Pereira – Ramos JP, Momchilov A. Intercalation compounds for energy storage. New trends in intercalation compounds for energy storage.

Kluwer Academic Publishers, 2002, 1 – 8.

[22] Whittingham M S. Role of ternary phases in cathode reactions. Journal of the Electrochemical Society, 1976, 123(3): 315 – 320.

[23] West A R. Basic solid state chemistry (2nd edition). John Wiley & Sons, Ltd, 1999, 48 – 53.

[24] Miki Y, Nakazato D, Ikuta H, Uchida T, Wakihara M. Amorphous MoS_2 as the cathode of lithium secondary batteries. Journal of Power Sources, 1995, 54(2): 508 – 510.

[25] Mizushima K, Jones P C, Wiseman P J and Goodenough J B. Li_xCoO_2 (0 < $x \leqslant 1$): A new cathode material for batteries of high energy density. Material Research Bulletin, 1980, 15: 783 – 789.

[26] Wakihara M. Recent developments in lithium ion batteries. materials Science and Engineering R33, 2001, 109 – 134.

[27] 小九见善八(Z. Ogumi), 最新二次电池材料技术(The latest technologies of the new secondary battery materials), 株式会社シーエムシー, 1999, 15 – 29.

[28] Guilmard M, Croquennec L, Delmas C. Thermal Stability of Lithium Nickel Oxide Derivatives. Part II: $Li_xNi_{0.70}Co_{0.15}Al_{0.15}O_2$ and $Li_xNi_{0.90}Mn_{0.10}O_2$ (x =0.50 and 0.30). Comparison with $Li_xNi_{1.02}O_2$ and $Li_xNi_{0.89}Al_{0.16}O_2$. Chemistry of Materials, 2003, 15(23): 4484 – 4493.

[29] Delmas C, Croquennec L. Layered Li(Ni, M)O_2 systems as the cathode material in lithium – ion batteries. Material Research Bulletin, 2002, 27 (8): 608 – 612.

[30] Perton F, Biensan P, Peres J P, Broussely M, Delmas C, Effect of magnesium substitution on the cycling behavior of lithium nickel cobalt oxide. Journal of Power Sources, 2001, 96(2): 293 – 302.

[31] Cho J, Kim T, Kim Y, Park B, High – performance ZrO_2 – coated $LiNiO_2$ cathode material. Electrochemical and Solid – State Letters, 2001, 4(10): A159 – A161.

[32] Thackeray M M, David W I F, Bruce P G, goodenough J B. Lithium insertion into manganese spinels. Material Research Bulletin, 1983, 18: 461

  -472.

[33] Yamada A, Tanaka M. Jahn – Teller structural phase transition around 280 K in LiMn$_2$O$_4$. Materials Research Bulletin, 1995, 30(6): 715 – 721.

[34] Oikawa K, Kamiyama T, Izumi F, Chakoumakos BC, Ikuta H, Wakihara M, Li J, Matsui Y. Structural phase transition of the spinel – type oxide LiMn$_2$O$_4$. Solid State Ionics, 1998, 109: 35 – 41.

[35] Wakihara M, Yamamoto O. Lithium ion batteries. Kodansha Ltd., Tokyo, and Wiley – VCH verlag GmbH, Weinheim, 1998, 30 – 31.

[36] Li G, Ikuta H, Uchida T, Wakihara M. The spinel phases LiM$_y$Mn$_{2-y}$O$_4$ (M = Co, Cr, Ni) as the cathode for rechargeable lithium batteries, Journal of the Electrochemical Society, 1996, 143(1): 178 – 182.

[37] Song D, Ikuta H, Uchida T, Wakihara M. The spinel phases LiAl$_y$Mn$_{2-y}$ O$_4$ (y = 0, 1/12, 1/9, 1/6, 1/3) and Li(Al, M)$_{1/6}$Mn$_{11/6}$O$_4$ (M = Cr, Co) as the cathode for rechargeable lithium batteries, Solid State Ionics, 1999, 117: 151 – 156.

[38] Kawai H, Nagata M, Tukamoto H, West A R, High – voltage lithium cathode materials, Journal of Power Sources, 1999, 81 – 82: 67 – 72.

[39] Amatucci G, Blyr A, Sigala C, Alfonse P, Tarascon J M. Surface treatments of Li$_{1+x}$Mn$_{2-x}$O$_4$ spinel for improved elevated temperature performance, Solid State Ionics, 1997, 104: 13 – 25.

[40] Park S C, Han Y S, Kang Y S, Lee P S, Ahn S, Lee H M, Lee J Y. Electrochemical Properties of LiCoO$_2$ – Coated LiMn$_2$O$_4$ Prepared by Solution – Based Chemical Process, J Electrochemical Soc, 2001, 148(7): A680 – 686.

[41] Kannan A, Manthiram M. Surface/Chemically Modified LiMn$_2$O$_4$ Cathodes for Lithium – Ion Batteries. Electrochemical and Solid – State Letters, 2002, 5(7): 167 – 169.

[42] Hwang B J, Santhanam R, Huang C P, Tsai Y W, Lee J F. LiMn$_2$O$_4$ Core Surrounded by LiCo$_x$Mn$_{2-x}$O$_4$ Shell Material for Rechargeable Lithium Batteries. J Electrochemical Soc, 2002, 149(6): A694 – A698.

[43] 王志兴, 邢志军, 李新海, 郭华军, 彭文杰. 非均匀成核法表面包覆氧

化铝的尖晶石 $LiMn_2O_4$ 研究. 物理化学学报, 2004, 20(8): 790 – 794.

[44] Sun Y, Wang Z, Chen L, Huang X. Improved electrochemical performances of surface – modified spinel $LiMn_2O_4$ for long cycle life lithium – Ion batteries. Journal of the Electrochemical Society, 2003, 150(10): A1294 – A1298.

[45] Kawai H, Nagata M, Kageyama H, Tukamoto H, West A R. 5V lithium cathodes based on spinel solid solutions $Li_2Co_{1+x}Mn_{3-x}O_8$: $-1 < x < 1$. Electrochimica Acta, 1999, 45: 315 – 327.

[46] Kawai H, Nagata M, Tukamoto H, West A R. A novel cathode $Li_2CoMn_3O_8$ for lithium ion batteries operating over 5 volts. Journal of Materials Chemistry, 1998, 8(4): 837 – 839.

[47] Padhi A K, Nanjundaswamy K S, Goodenough J B. Phospho – olivines as positive – electrode materials for rechargeable lithium batteries. Journal of the Electrochemical Society, 1997, 144(4): 1188 – 1194.

[48] Amine K, Yasuda H, Yamachi M. Olivine $LiCoPO_4$ as 4.8V electrode material for lithium batteries. Electrochemical and Solid – State Letters, 2000, 3 (4) 178 – 179.

[49] Li G, Azuma H, Tohda M. $LiMnPO_4$ as the cathode for lithium batteries, Electrochemical and Solid – State Letters, 2002, 5 (6): A135 – A137 ~2002.

[50] Andersson A S, Thomas J O. The source of first – cycle capacity loss in $LiFePO_4$. Journal of Power Sources, 2001, 97 – 98: 498 – 502.

[51] Arnold G, Garche J, Hemmer R, Strobele S, Vogler C, Mehrens M W. Fine – particle lithium iron phosphate $LiFePO_4$ synthesized by a new low – cost aqueous precipitation technique. Journal of Power Sources, 2003, 119 – 121: 247 – 251.

[52] Chen Z, Dahn J R. Reducing carbon in $LiFePO_4/C$ composite electrodes to maximize specific energy, volumetric energy, and tap density. Journal of the Electrochemical Society, 2002, 149(9): A1184 – A1189.

[53] Huang H, Yin S C, Nazar L F. Approaching theoretical capacity of $LiFePO_4$ at room temperature at high rates. Electrochemical and Solid – state

Letters, 2001, 4(10): A170 -172.

[54] Chung S Y, Bloking J T, Chiang Y M. Electronically conductive phospho - olivines as lithium storage electrodes. Nature Materials, 2002, 1: 123 -128.

[55] Kim J, Mathiram A. A manganese oxyiodide cathode for rechargeable lithium batteries. Nature, 1997, 390(20): 265 -267.

第3章　离子液体及其应用

3.1　离子液体概述

3.1.1　电解质的分类

可以说化学反应和电化学反应都离不开电解质。人们最熟悉和最常用的电解质是水溶液电解质、熔盐，还有固体电解质和非水溶液电解质。

从电化学沉积的角度考虑，最常用的是水溶液和熔盐，例如从 $CuSO_4$ 水溶液中电积铜（包括 Cu 的电解精炼），$ZnSO_4$ 水溶液中电积 Zn，$CoCl_2$ 酸性溶液中电积钴等，Al，Mg 的熔盐电解，这都是人们所熟知的，也都是传统的电解工业。

而固体电解质也已获得广泛应用，特别是在电池、传感器等方面的应用广泛。

近年来，离子液体作为新兴的绿色溶剂迅速地发展起来。离子液体（Ionic Liquid）是室温离子液体（Room Temperature Ionic Liquid）的简称，又称室温熔盐（Room Temperature Molten Salt）。在这里我们着重介绍一下离子液体的一些基本知识。因为电解质水溶液和熔盐大家都比较熟悉，固体电解质也已作了详细介绍。

3.1.2　离子液体的组成和分类

离子液体主要由烷基吡啶、二烷基咪唑和季铵盐等阳离子和有机或无机阴离子组成。

因此其分类方法一般也分两种，一种是按阳离子分类，一种是按阴离子分类。按阳离子分类可将离子液体分为四类：烷基咪唑类、烷基吡啶类、季铵盐类和季磷盐类，其分子式大致可表示如下：

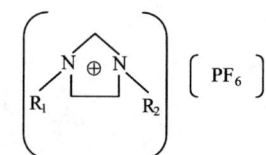

R_1: CH_3 R_2: C_2H_5, C_3H_7, C_4H_9

（烷基咪唑类）

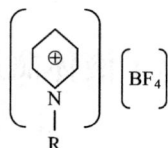

R : CH_3, C_2H_5, C_3H_7, C_4H_9

（烷基吡啶类）

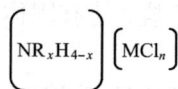

R: C_2H_5, C_3H_7, C_4H_9

（季铵盐类）

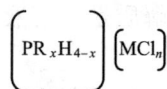

R: C_2H_5, C_3H_7, C_4H_9

（季磷盐类）

1,3 – 二烷基取代的咪唑离子简写为 $[R_1R_3im]^+$，若 2 位上还有取代基 R_2，简写为 $[R_1R_2R_3im]^+$，烷基吡啶离子简写为 $[RPY]^+$，烷基季铵盐离子写为 $[NR_xH_{4-x}]^+$，烷基季磷离子写作 $[PR_xH_{4-x}]^+$。

离子液体的种类按阴离子分可分为：

（1）$AlCl_3$ 型（亦可称为卤代盐型）

自 1982 年 Wikes 等发现 N – 乙基 – N′甲基咪唑 [EMIM] Cl – $AlCl_3$ 以来，$AlCl_3$ 型离子液体开始被重视，它主要用于电化学和化学反应中，可同时作溶剂和催化剂。$AlCl_3$ 型离子液体中 Cl 可被 Br 取代，Al 可被其他类似元素替换，组成不是固定的，电化学窗口随组成变化，但其热稳定性和化学稳定性较差，且不可遇水，空气中有水蒸气也不行，需要在真空和惰性气体保护条件下操作，使用不方便。

（2）非 AlCl$_3$型（也称为新离子液体）

1992 年 Wikes 等发现了对水、大气稳定的且组成固定的 [EMIM]BF$_4$离子液体，熔点为 12℃，其后人们对离子液体的研究迅猛发展，品种已达到几百种，其中研究较多的负离子有 BF$_4^-$，PF$_6^-$，CF$_3$SO$_3^-$，N(CF$_3$SO$_2$)$_2^-$ 等，电化学窗口一般大于 3 V，有些甚至在 6 V 以上。

（3）其他

人们还在不断合成一些性能特殊或成本较低的离子液体。如有报道合成了[EMIM]F－2.3 HF，298 K 导电率高达 10 S/m，还有负离子为 N(CN)$_2$的离子黏度低，有的还具有低成本、低熔点等特点。用过渡金属铌（Nb）和钽（Ta）制得的 [EMIM]NbF$_6$和 [EMIM]TaF$_6$可用于金属的沉积或作催化剂。

3.1.3　离子液体的特点

室温离子液体（RTILs）主要是由有机阳离子和无机或有机阴离子构成，在室温或接近室温下呈液态。离子液体具有许多特殊的优点。

（1）离子液体中巨大的阳离子与相对简单的阴离子具有高度不对称性，造成空间位阻，使阴阳离子微观上难以紧密堆积，从而阻碍其结晶，因而熔点低，一般在室温或室温附近，可通过调节组成改变。液态温度范围宽，可在 －90℃～300℃，这使人们有更多机会通过控制温度来控制反应，且由于离子液体的熔点在室温附近，较低的熔点可避免分解、歧化等副反应发生。

（2）离子液体物理化学性质可通过对阳离子的修饰或改变阴离子进行调节。还可设计合成出多种符合需要的离子液体。

（3）离子液体有高的热稳定性和化学稳定性，无可燃性，无着火点，不易燃烧和爆炸，热容量相对较大，蒸气压极小，在使用和贮藏中不挥发，毒性小，离子液体溶解性能好，是多种无机盐、有机物和高分子材料的优良溶剂。

（4）一般具有高的离子密度，离子迁移速度快，因此电导率高，导电性好，导电率一般可达 10^{-3} s/cm 以上。导电性与黏度、密度和分子量有关，黏度影响最大，黏度越大，导电性越差，密度越大，导电性越好，离子和分子量小，导电性好。

（5）电化学窗口（电解时阳极极限电势与阴极极限电势之差）宽，可达 3～5 V，说明离子液体电化学稳定性好，为部分金属电沉积，能量转换和材料合成提供了更多机会。例如在室温下即可得到许多在水溶液中电沉积无法得到的轻金属和难熔金属，如锂、硅、锗、铝、钛等，且能耗低，设备腐蚀性小。由于沉积中不释放氢气，所以产物质量和纯度更好。

（6）离子液体可通过简单的物理方法再生并循环使用，易回收，不易造成环境污染。

3.1.4 离子液体的合成方法

离子液体的合成方法大体上分为两种，一是两步法，二是一步法。

3.1.4.1 两步法

多数离子液体的合成采取两步法，第一步由叔胺类与卤代烷合成季铵的卤化盐，再将卤离子交换为所要的负离子。

如：第一步 mim（叔胺）+ EtBr（卤代烷）→[EMIM]Br（季胺的卤化盐），反应要有有机溶剂，过量的卤代烷，加热回流数小时，反应结束后蒸发数小时，除去有机溶剂和剩余的卤代烷。也有人改在微波炉中进行，反应物不过剩，不用有机溶剂，反应时间仅 1h。

第二步为离子交换。将季铵盐的卤化物盐与 $AlCl_3$ 按要求的摩尔比混合反应，即可合成 $AlCl_3$ 型离子液体。非 $AlCl_3$ 类离子液体的离子交换可采用银盐法（AgCl）、非银盐（LiCl，HCl）等。第二步也可在微波炉中进行。第二步反应应尽可能进行完全，以确保离子液体的纯度，以免影响离子液体的物理化学性能和应用。

3.4.1.2　一步法

通过酸碱中和反应或季铵化反应可一步合成离子液体，操作简便经济。Hirao 等用叔胺与酸反应生成离子液体，称为中和法。反应一步完成，无副产物、产物提纯简单，但季铵离子上少一个烷基多一个氢，用这种方法已合成 100 多种离子液体，如合成了 (mim)BF_4，熔点为 $-5.9℃$。还有用叔胺与酯反应生成季胺类离子液体：

$$mim + ROTf \rightarrow (Rmin)OTf$$

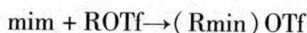

又如硝基乙胺离子液体由乙胺的水溶液与硝基反应制备。制备过程为：中和反应后真空除去多余的水，再将其溶解于乙腈或四氢呋喃有机溶剂，活性炭处理，再真空除去有机溶剂，得到纯净硝基乙胺离子液体。

一些常用的离子液体在一些欧美国家能够买到，但太贵。合成离子液体的原料如 mim 和 HPF_4 也很贵，这是离子液体走向工业化应用和进一步研究的障碍。如何采用一些简单的方法合成离子液体，提高纯度，缩短反应时间，以降低成本，显得特别重要。据报道中科院过程研究所成功开发出了国内第一套规模化制备离子液体的清洁工艺技术，解决了小规模制备原料成本高、合成工艺复杂、溶剂和原料循环利用差、污染严重、转化率低等严重问题。

3.2　离子液体的应用

由于离子液体有上述特殊的性质，它被认为与超临界 CO_2 和双氧水一起构成三大绿色溶剂，而具有广泛应用前景。近年来已应用于萃取分离，有机反应，电化学，催化剂等众多领域。

3.2.1 在化学反应中的应用

离子液体在化学反应中有显著特点：收率高，选择性好，反应条件温和，产品易分离，无需其他有机溶剂，催化效率高，催化剂不流失，离子液体和催化剂可循环使用，可进行传统溶剂不能进行的反应。另外产物分离容易，因为离子液体无蒸气压，液体温度范围宽，可采用倾析、萃取、蒸馏等多种方法分离反应产物。

离子液体作为溶剂可以有几种相态反应系统：①催化剂和反应基质溶解于离子液体中形成单相反应系统；②离子液体既作为溶剂又作为催化剂的单相反应系统；③催化剂溶解于离子液体、反应基质和产物在另一相中的两相反应系统；④离子液体的负离子作为均相催化的配体形成的单相或两相反应系统；⑤离子液体、水、有机溶剂组成三相系统；⑥固定化离子液体催化技术（如先在硅胶等表面固定离子液体基团——如咪唑阳离子，然后在表层附着含催化剂的多层离子液体，已成功用于1-己烯的氢甲酰化反应）。

目前在应用方面研究较多，主要是有机反应，如加氢和重排反应；C-C、C-O键的断裂反应；C-C、C-杂原子键的偶合反应。还有聚合反应，杂环化合物的还原反应、醇解、胺解、氧化氢解、酯交换反应、不对称合成和生化反应等。这里就不作详细介绍了。

3.2.2 在分离过程中的应用

传统液-液分离中使用有机-水相两相分离，有毒、易燃、挥发的有机相导致安全投入大，而且残留的有机物带来环境污染，处理难度大。离子液体的优良特性使其在分离过程中受到重视。

液 – 液萃取：用离子液体萃取挥发性有机物时，因离子液体无蒸气压又耐热，萃取结束后可通过加热萃取相将萃取物除去，离子液体可循环使用。

用普通的离子液体萃取水中的金属离子，金属离子在离子液体中的分配系数小于 1，为了提高在离子液体中的分配系数，目前有两种方法：一是在离子液体阳离子的取代基上引入配位原子或配位结构；二是在离子液体中加入萃取剂，以提高萃取效率。

气体的吸收分离：许多离子液体有吸湿性，可以从气体混合物中有效去除水蒸气；CO_2 在离子液体中溶解度非常大，可以利用离子液体 [BMIM] PF_6 从天然气中除去 CO_2。

3.2.3　在电化学中的应用

作为新型电解质的离子液体由于与水溶液相比，电化学窗口有所增大，不挥发，不燃，又具有较宽的液态温度范围，有些金属如锂、钠会与水反应，而不能从水溶液中电解沉积，但不会与离子液体反应。因此离子液体在电化学中的应用备受关注和重视。

3.2.3.1　电池

目前已有报道，开发成功了 Al | $AlCl_3$ – BpyCl | Pan 二次电池（其中 BpyCl 为氯化丁基吡啶，Pan 为聚苯胺），电解液为 $AlCl_3$（摩尔比分数 66%）和 BpyCl（摩尔分数 33.3%）。

还有报道 [EMIM] Cl（氯化 N – 乙基 – N′ – 甲基咪唑）– $AlCl_3$ 用于锂离子二次电池及其电极也取得了较好的效果。人们一直在寻求具有高锂离子导电性的固体电解质材料，有人设计出离子液体为塑晶网格、可将锂离子掺杂其中，锂离子可快速移动，导电性好，有很好的应用前景。以吡啶阳离子为基础的 1，2 – 二甲基 – 4 – 氟吡啶 – 四氟化硼（$DMFPBF_4$）作为锂子电池的电解液，热稳定温度为300℃，电化学窗口约4.1 V，氧化电位大于5 V(vs. Li/Li$^+$)，以此离子液体装配的 LiMn$_2$O$_4$/Li 电池，显示了很高的可逆性(>96%)。

另外在太阳能电池、双电层电容器方面离子液体也有很好的应用前景。

3.2.3.2 金属电沉积

作为金属电沉积的电解质前面已说过水溶液和熔盐是常用的，但是它们都有缺点，水溶液电化学窗口受到限制，因为容易析出氢，对电位较负的金属电沉积，由于析氢不仅电流效率低，导致能耗高，而且会导致产品夹杂氢引起物理性能不好(如氢脆)，表面不平整，有针孔，有的金属则不可能在水溶液中电沉积。而熔盐则温度高，导致能耗高，成本高。而离子液体具有热稳定性、不挥发、不燃烧、离子电导率高，电化学窗口宽，很好地克服了水溶液和溶盐的上述缺点，在室温下即可得到许多在水溶液中无法沉积到的轻金属和难熔金属，而且沉积过程不释放氢气，产物的质量和纯度更高。在 20 世纪八九十年代主要是 AlCl$_3$型离子液体的应用研究，其后由于非 AlCl$_3$型离子液体的发展，使用更加方便，在电化学沉积中的应用研究也就以非 AlCl$_3$型离子液体为主。

目前，室温离子液体中的金属电镀大多使用 AlCl$_3$型离子液体。它已进行了多种碱金属(Li, Na)、碱土金属(Al)、过镀金属(Fe, Ni, Cu, Ag, Zn, W, Sb 等)以及多种金属合金(Ni－Al, Co－Al, Ga－As, Co－Zn 等)的电镀和电沉积。在其他离子液体中也进行了 Zn, Co, Ni, Cu 及 Ti, Pd, Tl, La, Hg, Sn, Bi, Au 电化学沉积研究。表 3－1 列出了近年来以离子液体为电解质电化学沉积各种金属的电解液体系、电极和温度。

表 3 – 1　以离子液体为电解质电化学沉积各种金属的电解液体系电极和温度

沉积金属	离子液体电解质溶液体系			温度 /℃	极板
	离子液体种类	比例	其他成分		
Al	[EMIM]Cl – AlCl$_3$	1:2		60	W,Al
Al		2:3		25	低碳钢、Mg 合金
Al		2:3		100	Cu
Zn		2:3	含 Zn^{2+} 25 mmol/L	40	
Ag		1:2	含 Ag$^+$ 0.9 mmol/L	40	Au,Pt,W
Tl		1:2	含 TlCl$_3$ 17 mmol/L	30	C
Au		0.556:0.444	含 AuCl$_2$ 20.9 mmol/L	40	W
Pb		1:2	含 PbCl$_2$ 20.9 mmol/L	40	C
Ga		2:3	含 GaCl$_3$ 21.6 mmol/L	30	C
Hg		0.556:0.444	含 Hg$_2$Cl$_3$ 63.1 mmol/L	40	C
Te		0.556:0.444	含 TeCl$_4$ 25 mmol/L	30	C
Zn	[EMIM]Cl – ZnCl$_3$	3:2		90	W
Zn		<1:2		130	Pt,Ni
Cu			含 CuCl 200~300 mmol/L	80	W,Ni
Co			含 CoCl$_2$ 0.54%(质量分数)	80	W,Ni,Cu
Mg	[EMIM]BF$_4$	3:2	含 Mg(CF$_3$SO$_3$)21 mmol/L	25	Ag
Li			0.2 mol/L LiBF$_4$ + 40 mmol/L H$_2$O	25	Pt
Ag			含 21 mmol/LAgBF$_4$	25	Pt
Cd			含 CdCl$_2$37.3 mmol/L	30	Pt,W,C
Cu			含 Cu$^+$ 19 mmol/L	30	W
Zn			ZnCl$_2$ 饱和	25	Au
Ge	[EMIM]PF$_6$		GeBr$_4$ 饱和	25	Au
Ge			Ge Cl$_4$ 饱和	25	Au,Si(Ⅲ):H
Al	[BMIM] – AlCl$_3$	0.42:0.58		18	Si(Ⅲ):H
Al		1:2		103±2	Cu

续表

沉积金属	离子液体电解质溶液体系			温度/℃	极板
	离子液体种类	比例	其他成分		
Al		45:55		25	C(玻璃碳)
Sb	[Bpy]Cl – AlCl$_3$	1:2	含 Sb 719 mmol/L	40	C
Bi		1:2	含 BiCl$_3$ 1 mmol/L	80	C
Ni		1:2	含 NiCl$_2$ 2.04 mmol/L	40	C
Sn	[Bpy]Cl – SnCl$_3$	2:1		130	Pt
Al	[TMPA]Cl – AlCl$_3$	1:2		90	W, Al
Ag	[BMIM]PF$_6$		由电解产生的 Ag$^+$	25	Au
Al	[EMIM]Tf$_2$N		含 AlCl$_3$ 1205 mmol/L	25	Au
Al			AlCl$_3$ 饱和	100	Au
Ti			含 TiCl$_4$ 0.24 mol/L	25	Au
Al	[BMP]Tf$_2$N		AlCl$_3$ 饱和	100	Au
In			含 InCl$_3$ 0.1 mol/L	25	C
Si			SiCl$_4$ 饱和	25	HOPG
Cu			含电解产生的 Cu$^+$ 60 mmol/L	25	Au
Zn	[B$_3$MN]Tf$_2$N		含 Zn^{2+} 0.2 mol/L	80	Pt, Au
Cs			含 Cs$^+$ 27.8 mmol/L	30	Hg
Mn			含 Mn^{2+} 0.2 mol/L	80	Pt, W

由表 3－1 可见，AlCl$_3$ 型离子液体中电沉积金属研究较多，这种离子液体中 Cl 可被 Br 取代，Al 也可被其他类似元素取代，组成是可变的。AlCl$_3$ 型离子液体中研究最多的是 [EMIM]Cl － AlCl$_3$。这类离子液体可通过调整有机物盐与 AlCl$_3$ 的比例调整路易斯酸性。当 AlCl$_3$ 的摩尔分数 $n = 0.5$，为中性离子液体，负离

子主要是 $AlCl_4^-$；当 $n > 0.5$，为酸性离子液体，负离子的主要形式为 $Al_2Cl_7^-$；当 $n < 0.5$，为碱性离子液体，负离子的主要形式为 $AlCl_4^-$ 和 Cl^-。随着组成的变化，其理化性质如熔点、密度、电导率和电化学窗口等也随之变化。表 3-2 列出了 $AlCl_3$ 型离子液体中若干氧化还原电对的电极电势，参比电极为 Al/Al(Ⅲ)。表 3-3 列出了若干 $AlCl_3$ 型离子液体室温下的电化学窗口。

表 3-2　$AlCl_3$ 型离子液体中氧化还原电对的电极电势

	电极反应	$x AlCl_3$ /%	阳离子	E/V[vs. Al /Al(Ⅲ)]
酸性离子液体	$Ga^+ + e \rightarrow Ga$	60.0	EMI	0.473
	$Sn^{2+} + 2e \rightarrow Sn$	66.7	EMI	0.55
	$Pb^{2+} + 2e \rightarrow Pb$	66.7	EMI	0.40
	$Cu^{2+} + 2e \rightarrow Cu$	66.7	BP	1.825
	$Cu^+ + e \rightarrow Cu$	66.7	BP	0.784
	$Co^{2+} + 2e \rightarrow Co$	60.6	EMI	0.71
	$Ni^{2+} + 2e \rightarrow Ni$	66.7	BP	1.017
	$Zn^{2+} + 2e \rightarrow Zn$	60	EMI	0.322
	$Ag^+ + e \rightarrow Ag$	66.7	EMI	0.844
	$Bi_5^{3+} + 3e \rightarrow 5Bi$	66.7	BP	0.925
碱性离子液体	$Sn^{2+} + 2e \rightarrow Sn$	44.4	EMI	-0.85
	$Cu^{2+} + 2e \rightarrow Cu$	42.9	BP	0.046
	$Cu^+ + e \rightarrow Cu$	42.9	BP	-0.647
	$PbCl_4^{2-} + 2e \rightarrow Pb + 4Cl^-$	44.4	EMI	-0.230
	$HgCl_4^{2-} + 2e \rightarrow Hg + 4Cl^-$	44.4	EMI	-0.370
	$AuCl_4^{2-} + e \rightarrow AuCl_2^- + 2Cl^-$	44.4	EMI	0.374
	$AuCl_2^- + e \rightarrow Au + 2Cl^-$	44.4	EMI	0.310

表3-3　　AlCl₃型离子液体室温下的电化学窗口

电解质	$n(MCl_x):$ $n(RCl)$	阳离子	阴离子	工作电极	电化学窗口/V
AlCl₃ - [EMIM]Cl	2:3	[EMIM]$^+$	AlCl₄$^-$/Cl$^-$	W	2.8
	1:1	[EMIM]$^+$	AlCl₄$^-$	W	4.4
	55:45	[EMIM]$^+$	Al₂Cl₇$^-$/AlCl₄$^-$	W	2.9
AlCl₃ - [PMMIM]Cl	2:3	[PMMIM]$^+$	AlCl₄$^-$/Cl$^-$	GC	3.1
	1:1	[PMMIM]$^+$	AlCl₄$^-$	GC	4.6
	3:2	[PMMIM]$^+$	Al₂Cl₇$^-$/AlCl₄	GC	2.9
AlCl₃ - [Bpy]Cl	1:1	[Bpy]$^+$	AlCl₄$^-$	W	3.6
GaCl₃ - [EMIM]Cl	48:52	[EMIM]$^+$	GaCl₄$^-$/Cl$^-$	W	2.4
	1:1	[EMIM]$^+$	GaCl₄$^-$	W	4.0
	51:49	[EMIM]$^+$	(Ga₂Cl₇)$^-$/GaCl₄$^-$	W	2.2
ZnCl₂ - [EMIM]Cl	1:3	[EMIM]$^+$	(ZnCl₄)$^{2-}$/Cl$^-$	GC	3.0
	1:2	[EMIM]$^+$	(ZnCl₄)$^{2-}$/(ZnCl₃$^-$)/Cl$^-$	GC	2.0
	1:1	[EMIM]$^+$	ZnCl₃$^-$/(Zn₂Cl₅)$^-$	GC	2.0
	2:1	[EMIM]$^+$	(Zn₂Cl₅)$^-$/(Zn₃Cl₇)$^-$	GC	2.0
	3:1	[EMIM]$^+$	(Zn₂Cl₅)$^-$/(Zn₃Cl₇)$^-$	GC	2.0

　　研究表明，AlCl₃ - BpyCl离子液体中黏度较大，电导率较低，熔点较高，已有研究将其用于Al, Ni, Sn, Bi和Cu及其合金的电沉积，但Bpy$^+$易分解，导致电化学窗口变窄。有研究者在AlCl₃ - [EMIM]Cl(或[BMIM]Cl)离子液体中进行了Al, Zn, Au, Tl, Ga的电沉积研究。这类离子液体电化学窗口宽，沉积物硬度和耐蚀性好，但价格昂贵，难以制备。

　　AlCl₃ - TMPAC(或BTMAC)离子液体对水敏感性相对较小，易提纯，价格低，研究表明铝沉积层均一无缝，与基体结合良好，也有人利用其进行了Ag, Cu, Pd, 铝合金的电沉积研究。

　　氧铝酸盐离子液体对水和空气非常敏感,须在惰性气氛下操作,很不方便,因此研究者力图采用活性较低的过渡金属盐代替,酸性下降,但与作为碱的水发生的副反应消失,得到对水稳定的 Lewis 酸性离子液体,例如有人采用 $ZnCl_2$ – [EMIM]Cl 离子液体对 Zn 的电沉积进行了研究,取得较好效果。

　　总的来说,$AlCl_3$ 型离子液体中可以沉积得到纯度较高的金属,电流效率也很高,但大多数对湿气敏感,操作不方便,尤其是形成离子液体的有机阳离子,在更正的电位下优先于 $AlCl_4^-$ 在阴极还原,电化学窗口窄,金属沉积只能在酸性条件下进行。因此研究人员在非 $AlCl_3$ 型离子液体中电沉积金属也进行了广泛的研究。非 $AlCl_3$ 型离子液体室温下的电化学窗口列于表 3 – 4。

表 3 – 4　非 $AlCl_3$ 型离子液体室温下的电化学窗口

电解质	阴极极限 /V	阳极极限 /V	电化学窗口 /V	工作电极	参比电极
[EMIM]BF_4	– 1.6	1	2.6	Pt	Ag/Ag^+(DMSO 中)
	– 2.1	2.2	4.3	Pt	Ag/AgCl
	1	5	4.0	Gc	Li/Li^+
[BMIM]BF_4	1.2	5	4.8	Gc	Li/Li^+
	– 1.6	4.5	6.1	W	Pt
	– 1.6	3	4.6	Pt	Pt
	– 1.8	2.4	4.2	Pt	Ag/Ag^+(DMSO 中)
[BMIM]PF_6	– 1.1	2.1	3.3	Pt	Ag
	– 2.1	>5		W	Pt
	– 2.3	3.4	5.7	Pt	Pt
	– 1.9	2.5	4.4	Pt	Ag/Ag^+(DMSO 中)
[EMIM]Tf_2N	– 1.8	2.5	4.3	Pt	I/I_3^-

续表

电解质	阴极极限 /V	阳极极限 /V	电化学窗口 /V	工作电极	参比电极
	-2	2.1	4.1	Pt	Ag
	-2	2	4.0	Pt	Ag/Ag$^+$ (DMSO 中)
	-2	2.5	4.5	Pt	Ag/Ag$^+$ (DMSO 中)
[BMIM]Tf$_2$N	-2	2.6	4.6	Pt	Ag/Ag$^+$ (DMSO 中)
[M$_3$BN]Tf$_2$N	-2	2.0	4.0	C	
[BMP]Tf$_2$N	-3.0	2.5	5.5	Gc	Ag/Ag$^+$
	-3.0	3.0	6.0	石墨	Ag/Ag$^+$
	-1.8	2.0	3.8	Pt	Ag/Ag$^+$ (DMSO 中)

从表 3-4 可以看出，非 AlCl$_3$ 型离子液体中的电化学窗口一般比 AlCl$_3$ 型离子液体的宽。

BF$_4^-$ 离子液体熔点低、黏度低、离子导电率高，研究人员在 BF$_4^-$ 类离子液体中进行了 Mg，Zn，Ag，Cu，Cd 等多种金属电沉积的研究。PF$_6^-$ 类离子液体空气中稳定，而 Tf$_2$N$^-$ 类离子液体的特点是对水和空气十分稳定，比前两种有更高的稳定性，更小的黏度，在后两种离子液体中也进行过多种金属电沉积研究，如 Al，Ni，Cu，Ag 等金属的电沉积，都取得了一定的成果。

此外，研究人员还采用 AlCl$_3$ 型与非 AlCl$_3$ 型结合的离子液体进行 Pr，Ps，Na 及 Co 合金，Zn-Sn，Cu(In，Ga)Se$_2$ 等合金的电沉积研究。这类离子液体的特点是电化学窗口不够宽，一些活泼金属难以直接沉积，只能以合金析出，阴极副反应多，电沉积机理和规律有待进一步研究。

从离子液体中电沉积金属的研究来看，对金属铝和铜的研究较多。

铝的电解目前主要使用熔盐电解法，其特点是产量大，产品质量高，但是存在操作温度高，能量消耗大，环境污染严重，优质炭消耗量大等严重缺点。人们也研究过利用有机溶剂电解铝，主要体系有 $NaF_2Al(C_2H_5)$ – 甲苯、$Al(C_2H_5)_3$ – NaF – $C_6H_5CH_3$、$AlBr_3$ – 二甲苯等，虽然这些体系电解温度低，但电化学窗口窄，电导率低，电解液具有挥发性和易燃性，未能实现工业化，利用离子液体进行铝电解沉积已受到人们广泛的关注和重视。其优点是：低能耗、低电极材料消耗、低污染物排放（无 CO、CF_4、Al 渣、废电解池等）、低操作成本等。目前研究得比较多的有三种体系：一种是铝酸盐 – 烷基吡啶型离子液体 [$AlCl_3$ – EPB（溴代乙基吡啶）、$AlCl_3$ – BPC（氯代正丁基吡啶）]；二是铝酸盐 – 烷基咪唑型离子液体 [$AlCl_3$ – EMIC（氯化 1 – 乙基 – 3 甲基 – 咪唑）、$AlCl_3$ – BMIC（氯化 1 – 丁基 – 3 – 甲基 – 咪唑）]；三是 $AlCl_3$ – TMPAC。在这三种体系中第一种不稳定，电化学窗口窄；第二种稳定，导电率较高，但合成时放热，部分分解，影响离子液体纯度及产品质量、价格；第三种制备简单，纯度高。总的来说，后两种具有很高的工业应用价值。

在碱性离子液体（AlX_3: $MX < 1:1$，X 代表 Cl，Br，M 代表有机鎓离子）中，阴离子为 X^-，AlX_4^-，铝电沉积反应可能是 AlX_4^- 在阴极放电：$AlX_4^- + 3e \rightarrow Al + 4X^-$。但是这些离子液体中有机阳离子的还原电势都比 AlX_4^- 正，所以在碱性离子液体中不能电沉积出金属铝。在酸性离子液体（AlX_3: $MX > 2:1$）中，阴离子为 AlX_4^-，$Al_2X_7^-$，铝沉积反应是 $Al_2X_7^-$ 的还原：

$$4Al_2X_7^- + 3e \longrightarrow Al + 7AlX_4^- \qquad (3-1)$$

离子液体电解铝的阳极反应为：$7AlX_4^- + AlX_3 \longrightarrow 4Al_2X_7^- + 1.5X_2 + 3e$

$$(3-2)$$

产生的氯气可用于铝土矿的氯化，生产 $AlCl_3$。

离子液体电解精炼铝的阳极反应为：

$$7AlX_4^- + Al \longrightarrow 4Al_2X_7^- + 3e \qquad (3-3)$$

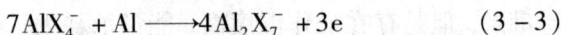

离子液体电解精炼铝的温度从 800℃ 以上降至室温,可大大降低能耗,减少设备腐蚀,简化生产流程。

有些研究者用 $AlCl_3$ 型离子液体电解铝和电解精炼铝的部分实验数据与现有工业电解技术进行了比较,见表 3-5,可以看出各项技术经济指标均优于传统高温熔盐电解。

表 3-5 离子液体和高温熔盐电解铝的技术经济指标比较

参数 \ 电解方法	电解铝生产		铝电解精炼	
	离子液体电解	熔盐电解	离子液体电解	熔盐电解
槽电压/V	3.0~3.4	4.2~5.0	1.0	5.0~6.0
能耗/(kW·kg^{-1})	9.5~10.6	13.2~18.7	2.5~3.0	15~18
电流密度/(mA·cm^{-2})	40	—	30	—
极间距/mm	5~10	100	20	—
温度/℃	25~150	850~1000	25~100	800~1000
CO 排放/(kg/t Al)	0	340	—	—
CF$_4$ 排放/(kg/t Al)	0	1.5~2.5	—	—

许多人研究了离子液体中电沉积铜,发现在吡啶类、季铵类和咪唑类离子液体中均可以电沉积铜。研究发现采用不同的电极其成核机理是不一样的,如铜在 Pt 电极上电沉积过程是在欠电位条件下进行的,而在 W 电极上和玻碳电极上电沉积则需要成核过电位的存在才能进行。

铜通常是以铜的氯化物形式或者是以阳极溶解的方式加入到离子液体中,经氧化还原过程后最终以 Cu^+ 的形式存在于离子液体中。

采用吡啶盐类和咪唑盐类离子液体可以电沉积得到致密铜沉积层。如在 BMIC(1 - 丁基 - 3 - 甲基咪唑，物质的量浓度33%) - AlCl$_3$(物质的量浓度66%)离子液体中金电极和 EMIC(1 - 乙基 - 3 - 甲基咪唑，物质的量浓度50%) - BF$_4$(物质的量浓度50%)离子液体中铂、钨、玻碳电极上分别得到了光滑致密的铜。

又如有人研究了以[EMIM]Br - ZnBr$_2$ - 乙二醇三元液体为电解液镀锌，即使电流密度高达 300 A/m^2，电流效率也可达到100%，而且沉积的锌表面光滑、呈银白色，状态良好。

3.2.3.3　有机合成

有人研究了一系列电解氟化反应，用耐氧化的离子液体氟化物盐在无其他有机溶剂情况下进行氟化反应。还有人在[EMIM]BF$_4$中研究了二茂铁、四硫富瓦烯的电氧化，在离子液体中电化学活化 CO$_2$，于室温、常压、无催化剂条件下与环氧化合物反应，合成了环状碳酸酯。

另外离子液体在传感器，抗静电剂等及其他方面(如高离子导电聚合物方面)也有应用。

3.2.4　存在问题及发展方向

前面讲到离子液体具有许多优点，人们把它称为走向工业化的绿色溶剂。但是离子液体的大规模应用，还有许多问题需要解决：①要大幅度降低成本，这就需要研究出好的合成方法，选用低成本的离子液体；②离子液体黏度较大，电导率有的还需提高，在电沉积过程中抗氧化、抗水化等问题尚需解决；③需要开发在水及空气中稳定的新型离子液体；④离子液体的传质、传热及其规律、离子液体中金属电沉积机理等方面都需要人们作出更深入的研究；⑤为了降低熔盐的操作温度，往往需要加入 AlCl$_3$或 ZnCl$_2$，而 Al，Zn 可与欲沉积的金属发生共沉积，而影响沉积层的纯度；⑥离子液体中的阳离子在电场作用下也会向阴极表面移动，与欲沉积的金属离子产生竞争，导致双电层中欲沉积金属离子浓度下降，影响其沉积。因此，开发在水及空气中稳定的新型离子液体，降低离子液体合成成本，离子液体中金属沉积机理的研究等方面，需要科技工作者开展更广泛深入的研究。

参考文献

[1] 李汝雄. 绿色溶剂——离子液体的合成与应用. 北京：化学工业出版社，2004.
[2] 邓友全. 离子液体——性质、制备与应用. 北京：中国石化出版社，2006.
[3] 翟秀静，肖碧君，李乃军. 还原与沉淀. 北京：冶金工业出版社，2008.
[4] 尹振，翟玉春. 室温离子液体在电话线沉积中的研究进展. 有色矿冶，2005，21（增刊）：49.
[5] 王晓丹，吴文远，涂赣峰等. 离子液体中电沉积金属研究现状. 材料导报，2008，22（10）：70.
[6] 杨培霞，安茂忠，梁淑敏等. 离子液体中金属的电沉积. 电镀与环保，2006，26（5）：1.
[7] 姜妲，尹振，翟玉春. 离子液体及其研究进展. 材料导报，2006，20（5）：89.
[8] 蒋伟燕，余文轴. 离子液体分类、合成及应用. 金属材料与冶金工程，2008，36（4）：51.
[9] 刘宝友，魏福祥，韩菊等. 离子液体中的电化学有机合成. 化学世界，2007，11：694.
[10] 杨培霞，安茂忠，苏彩娜等. 离子液体中钴的电沉积行为. 物理化学学报，2008，24（11）：2032.
[11] Freyland W, Zell C A, Abedin S L E, etal. Electrochem Acta, 2003, 48：3053.
[12] Li Y N, Yang J, Wu R. Electrochem. Commun, 2005, 7：1105.
[13] Galinski M, etal. Electrochim Acta, 2006, 51：5567.

[14] Wilkes J S, Levisky J A, Wilson R A, etal. Inorg Chem. 1982, 21: 263.

[15] Chen P Y, Lin Y F, Sun I W. Electrochem Soc, 1999, 146(9): 329.

[16] Xu X H, Hussey C L. J Electrochem Soc, 1993, 140(3): 618.

[17] Zhu Q, Hssey C L, Stafford G R. J Electrochem Soc, 2001, 148 (2): c88.

[18] Huang J F, Sun I W. Electrochim Acta, 2004, 49: 3251.

[19] Iwagishi T, Sawada K, Yamamoto H, etal. Electrochemistry, 2003, 71 (5): 318.

第 4 章 电催化与催化电极

4.1 电催化与电催化机理

我们知道，在化学反应中往往加入某种物质，以加快反应速度，而该物质本身在反应中既不会产生，也不会消耗，该物质对反应的这种加速作用称为化学催化作用，所加的这种物质就称为催化剂。而在整个电极反应中既不会产生也不会消耗的物质，对电极反应的加速作用称为电化学催化，能催化电极反应的或者说对电极反应起加速作用的物质称为电催化剂。

电化学催化真正成为专门的研究领域始于 20 世纪 60 年代，近几十年来国际上多次举行电催化专题学术会议并出版论文集，反映了有关的理论进展和技术成果及在电化学能量产生和转换、电解和电合成等工业部门的实际应用。我们这里着重讨论的是电极材料及其表面性质对电极反应速度与机理的决定作用。从而说明如何通过寻找合适的电催化剂和反应条件来减少额外过电位引起的能量损失和改善电极反应的选择性。

电催化反应的共同特点是反应过程包含两个以上的连续步骤，且在电极表面生成化学吸附中间物。显然这些连续步骤的反应速度不可能都是相等的，某些化学吸附中间物的吸附或解吸速度会对反应中间步骤的反应速度产生重要影响，甚至使某个中间步骤反应速度成为整个反应中最慢的步骤，即成为整个电极反应的控制步骤。因此，许多由离子生成分子或使分子降解的重要电极反应均属电催化反应。

4.1.1　电催化的特征

电催化反应与化学催化反应具有某些相似的地方，然而电催化反应具有自身的重要特征，最突出的是电催化反应的速度除受温度、浓度、压力等因素的影响外，还受电极电位的影响，表现在：

①在电化学反应中存在化学吸附中间物，它是由溶液中物种进行电极反应产生的，其生成速度和表面覆盖度，直接与电极电位有关；

②电催化反应在电极/溶液界面上进行，改变电极电位将导致金属电极表面电荷密度的变化，从而使电极表面呈现出可调变的 Lewis 酸 - 碱特征；

③电极电位的变化直接影响电极/溶液界面上离子的吸附和溶剂的取向，进而影响到电催化反应中反应物和中间物的吸附；

④在上述第 2 类反应中形成的吸附中间物通常借助电子传递进行脱附，或者与电极上的其他化学吸附物（如 OH 或 O）进行表面反应脱附，其速度均与电极电位有关。

鉴于电极/溶液界面上的电位差可以在较大范围内随意地变化，通过改变电极材料和电极电位可望方便有效地控制电催化反应的速度和选择性，通常对于接受一个电子的反应，常温下改变 1 V，大致可改变反应速度 $10^7 \sim 10^9$ 倍。电极材料的改变，也会使反应速度发生巨大变化，氢在 Pt 电极上比 Hg 电极上析出速度快 10^9 倍，例如 H_2SO_4 溶液中，Pt 电极上和 Hg 电极上的析氢交换电流密度 i_0 分别为 $10\ A/m^2$ 和 $8 \times 10^{-9}\ A/m^2$，而氧在 Ru 电极上析出的速度将是 Au 电极上的 10^7 倍（0.1M NaOH 中，Ru 电极和 Au 电极上析出氧的交换电流密度 i_0 分别为 $1 \times 10^{-4}\ A/m^2$，和 $4 \times 10^{-11}\ A/m^2$）。不仅如此，使用不同的电极材料电解同一种物质时，还可能得到不同的产物。例如乙烯在铂、铑或铱电极上可充分地氧化为 CO_2，而在钯电极或金电极上则发生氧化而生成醛。对同一材料进行适当表面处理，如电极表面嵌入异种离子，金属或化合物，可提高电极的催化性能甚至改变反应途径。电极材料对电极反应速度的影响机理分为两类：一类是电极材料对反应活化能的影响称为主效应，其特点是活化能的变化可使反应速度改变几个数量级，如 Pt 上氢的反应。另一类是电极材料通过改变双电层结构进而影响反应速度，称为次效应，这种影响引起的反应速度的变化只有 1~2 个数量级。自然人们对电催化的研究更注重主效应的研究。

电催化的另一特点是可以使反应在较低的温度下实现，这是很有意义的。特别是许多碳氢化合物燃料电池在接近 150 ℃ 工作时能得到较低的过电位，从而具有较高的能量转换效率。这可通过电催化得以实现。

4.1.2 电催化剂应具备的条件和判别标准

4.1.2.1 电催化剂应具备的条件

电化学反应的催化剂往往是电极材料，在电解的条件下电极应具备如下条件：

①电极结构必须具有物理稳定性和电化学稳定性。即具有一定的机械强度，不易破损脱落，不因电化学反应过早失去催化活性，具有抗腐蚀性和长周期电解的催化活性。电极长期稳定，尺寸不变和长的使用寿命。对电解池设计、使用和维护都十分有利。

②导电率高，具有电子导电性，至少与导电材料（如石墨粉）充分混合后能为电子交换反应提供不引起严重压降的电子通道。

③电催化活性优良。包括对实现目标反应的催化作用和抑制有害副反应。要求催化剂有较大的比表面积，在基体/活性层、

活性层/溶液界面上具有稳定的长周期活性，即低的电化学反应活化能和气体以小气泡析出。

④对反应具有高的选择性，并且能耐受杂质及中间产物的作用而不致较快地中毒失效。

⑤成本低廉、易得、具有安全性。

第③点是降低过电位的主要途径，是评价电极性能的重要指标，第①和第②点也非常重要，高导电性可以降低欧姆极化，高稳定性可保证电极材料的长寿命。

某些电极材料在电极反应前或电极反应中可以活化，从而在相同电势下可以产生高的反应速度，即高电流密度。活化可以通过多种方式进行，如利用交流脉冲，以产生新鲜、清洁的电极表面；还可以利用超声波辐射，这种作用机理可能是由于从金属表面消除吸附的阻挡层，使新的金属原子与反应剂直接接触。

4.1.2.2　电极的催化活性的判据

电极的催化活性可以利用以下参数进行比较和判别。

①交换电流密度 i_0。对于一个含单一速度决定步骤的复杂电极反应，其宏观动力学方程一般可表示为：

$$i_a = nFk_a C_A^a C_B^b \exp(\beta nFE/RT) = i_0 \exp(\beta nF\eta_a/RT) \qquad (4-1)$$

$$i_k = nFk_k C_A^a C_B^b \exp(-\alpha nFE/RT) = i_0 \exp(\alpha nF\eta_k/RT) \qquad (4-2)$$

式中：i_a 和 i_k 分别为阳极反应和阴极反应的电流密度；β 和 α 分别为阳极反应和阴极反应的电子传递系数；η_a 和 η_k 分别为阳极反应和阴极反应的过电位；k_a 和 k_k 分别为阳极反应和阴极反应的速度常数；E 为极化电位；a 和 b 为反应式中相应物质浓度的指数，C 为电极反应物或生成物的浓度。

由式(4-1)和式(4-2)可以看出，在同样过电位下，i_0 越大，反应速度越大，催化活性越好。当然 i_0 也是反应物浓度的函数。反应物浓度越大，i_0 越大，反应速度也越大。

②活化能 W。活化能越低，反应在相同电位下速度越快。

③塔费尔方程式中的斜率 b。塔费尔公式表示了反应速度和过电位的关系：

$$\eta_a = -\frac{2.3RT}{\beta nF}\lg i_0 + \frac{2.3RT}{\beta nF}\lg i_a = a + b\lg i_a \qquad (4-3)$$

$$\eta_k = -\frac{2.3RT}{\alpha nF}\lg i_0 + \frac{2.3RT}{\alpha nF}\lg i_k = a + b\lg i_k \qquad (4-4)$$

由式(4-3)，式(4-4)可见，斜率 b 越大，在相同电流密度（即相同反应速度）下过电位越高，也即是在相同过电位下，斜率 b 越大，反应速度越小。

4.1.2.3　常用的电催化剂

电化学反应中常用的电催化剂有以下几类：①金属，如贵金属、钼、铱和镍；②合金，如甲醇氧化用的钼锡合金，镍钼合金释氢活性阴极，电积铜、锌等用铅银阳极等；③半导体型氧化物，如 RuO_2、$Ni(OH_2)$ 及混合氧化物，如尖晶石型 $NiCo_2O_4$ 等；④金属配合物，如过渡元素金属的酞菁化物和卟啉等。

这些催化剂多数为过渡元素及其化合物。设计电化学催化剂的主要任务往往就是选择适当的过渡金属中心原子，以及使原子具有适应的周围环境，致使催化剂的导电性、稳定性和催化活性均得到兼顾。过渡金属原子的突出催化活性显然与这些原子中存在可用于形成化学吸附键的空 d 电子轨道有关。d 轨道中有不成对电子，这种电子可与吸附物分子或原子中的未成对电子配成对而产生化学吸附，d 能带中不成对电子数越多，吸附热越大。另外，过渡金属的 d 能带的分数越大，则电子逸出功也越大。对中等过电位一类金属的电子逸出功增大，i_0 值也增大。

4.1.3　电催化作用机理

为了了解、预示和控制电催化反应，必须研究确定电极反应机理。电极反应机理需要经过大量实验工作方能确定，包括：①确定总反应方程式,包括反应物、产物、反应电子数;②反应物种的吸附研究,如中间物的化学本质,形成与消失过程;③通过动力学分析确定反应由哪些基元步骤组成,它们的先后顺序,并确定速度决定步骤,测定动力学与热力学参数;④反应机理的辅助性验证。

关于电催化的作用机理,由于有多种多样的反应,牵涉到的反应机理也会各不相同。这里只讨论已为一系列反应所证实的两种理机,且具有某种预测电催化活性的可能性。这两种机理是吸附机理和氧化 – 还原机理。

4.1.3.1　吸附机理

吸附机理可分为两类:

①离子或分子通过电子传递步骤在电极表面上产生化学吸附中间物,随后化学吸附中间物经异相化学步骤或电化学脱附步骤生成稳定的分子,例如某氧化反应:$2R - 2e \rightarrow O_2$,其反应机理可写作:

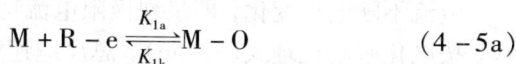

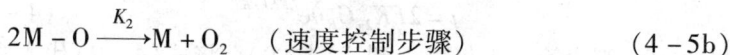

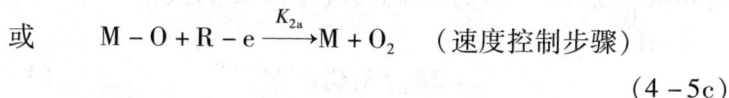

$$M + R - e \underset{K_{1k}}{\overset{K_{1a}}{\rightleftharpoons}} M - O \tag{4 - 5a}$$

$$2M - O \xrightarrow{K_2} M + O_2 \quad （速度控制步骤） \tag{4 - 5b}$$

或　　$$M - O + R - e \xrightarrow{K_{2a}} M + O_2 \quad （速度控制步骤）$$

$$\tag{4 - 5c}$$

式中:R——还原态(反应物),O_2——氧化态(产物);M——电极基体。

由上面的反应方程式可以得出反应可以按化学脱附式(4 - 5b)和电化学脱附式(4 - 5c)两种不同脱附机理的动力学公式进行。

对两种脱附机理,反应第一步式(4 - 5a)是相同的,也是可逆的,其速度平衡方程式可以写作:

$$K_{1a} C_R (1 - \theta) e^{\beta F \Delta E / RT} = K_{1k} \theta e^{-\alpha F \Delta E / RT} \tag{4 - 6}$$

按化学脱附机理，由控制步骤式(4-5b)得出总反应速度为：

$$i = 2FK_2\theta^2 \tag{4-7}$$

当 $\theta \to 0$，即中间物的吸附度很小，则式(4-6)可以写作

$$K_{1a}C_R e^{\beta F\Delta E/RT} = K_{1k}\theta e^{-\alpha F\Delta E/RT} \tag{4-8}$$

$$\theta = \frac{K_{1a}}{K_{1k}}C_R e^{(\alpha+\beta)F\Delta E/RT} = K_1 C_R e^{F\eta/RT} \tag{4-9}$$

将式(4-9)代入式(4-7)可以得出：

$$i = 2FK_2 K_1^2 C_R^2 e^{2F\eta/RT} = i_0 e^{2F\eta/RT} \tag{4-10}$$

$$\therefore \eta = -\frac{2.3RT}{2F}\lg i_0 + \frac{2.3RT}{2F}\lg i \tag{4-11}$$

因此，按化学脱附机理，当吸附度很小时，反应动力学方程符合塔费尔方程，塔费尔斜率为 $2.3RT/2F$。

若 $\theta \to 1$，则总反应速度即式(4-7)可以近似表示为

$$i \approx 2FK_2 \tag{4-12}$$

电流不随电位变化，即呈现极限电流特征。

按电化脱附机理式(4-5c)，总反应速度方程可以写作

$$i = 2FK_{2a}C_R\theta e^{\beta F\Delta E/RT} \tag{4-13}$$

当 $\theta \to 0$，则由第一步仍可得到式(4-9)，将式(4-9)代入式(4-13)有，

$$i = 2K_{2a}FK_1 C_R^2 e^{(1+\beta)F\eta/RT} \tag{4-14}$$

$$\therefore \eta = -\frac{2.3RT}{(1+\beta)F}\lg i_0 + \frac{2.3RT}{(1+\beta)F}\lg i \tag{4-15}$$

仍符合塔费尔方程，但是塔费尔斜率为 $\dfrac{2.3RT}{(1+\beta)F}$，与化学脱附不同。

若 $\theta \to 1$，则反应速度方程式(4-13)变为：

$$i = 2K_{2a}FC_R e^{\beta F\eta/RT} \tag{4-16}$$

$$\therefore \eta = -\frac{2.3RT}{\beta F}\lg i_0 + \frac{2.3RT}{\beta F}\lg i \tag{4-17}$$

因此，按电化学脱附步骤，$\theta \to 1$ 和 $\theta \to 0$ 都符合塔费尔方程，只是塔费尔方程式的斜率不同。

上述吸附机理的典型例子，可以用析氢反应加以说明，在酸性溶液中析氢总反应是 $2H^+ + 2e \to H_2$，反应实际历程可以写作：

$$H^+ + M + e \to M - H \qquad (4-18a)$$
$$2M - H \to H_2 + 2M \qquad (4-18b)$$

或 $$M - H + H^+ + e \to H_2 + M \qquad (4-18c)$$

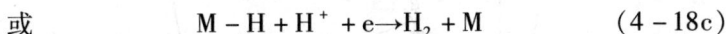

在碱性溶液中可以写作：

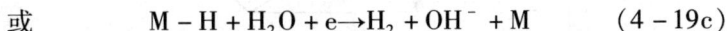

$$H_2O + M + e \to M - H + OH^- \qquad (4-19a)$$
$$2M - H \to H_2 + 2M \qquad (4-19b)$$

或 $$M - H + H_2O + e \to H_2 + OH^- + M \qquad (4-19c)$$

O_2 和 Cl_2 的析出反应及羧酸根的电氧化反应（Kolbe 反应）等属于此种类型。

用现场光谱技术和循环伏安法技术，对上述机理研究都获得了确切的证明。同时表明在某些金属特别是 Pt 上生成了吸附氢原子，在这类金属上析氢反应的交换电流密度相对甚高；而在另一些金属（如汞、镉和铅）上交换电流密度甚低，而析氢过电位高。H_2O，H^+ 和 H 在电极 M 表面上相对位置的改变对系统能量的影响如图 4-1 所示。

图 4-1 中曲线 1 是金属 M（电极）与原子 H 间距离变化时 H 原子的位能曲线，曲线 2 是双电层内 H^+ 和水分子之间的距离改变时 H^+ 的位能曲线。两条曲线的交点（B）到曲线 2 的最低点（C）处的能量差 ΔW_1 为 H^+ 脱离水分子成为吸附在金属上的氢原子所必须克服的能峰，即 H^+ 还原步骤的活化能。而曲线 1 的最低点 A 到交点 B 的能量差为吸附氢原子氧化为 H^+ 所必须克服的能峰，即氢原子氧化的活化能。图 4-2 表示因某种因素变化使 $M-H$ 位能曲线由 1 移动到 $1'$，即表明金属和氢原子之间吸附能增大；则氢原子位能曲线的谷底降低，由 A_1 降到 A_2，放电步骤的

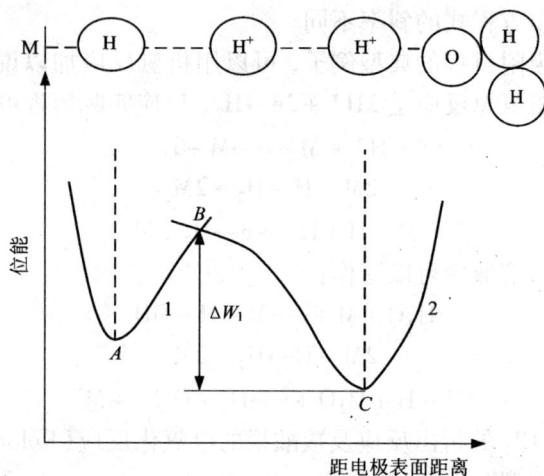

图 4 - 1　H₂O,H 和 H⁺ 在电极表面的位能曲线

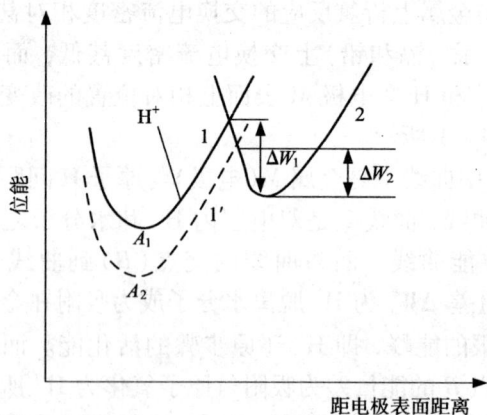

图 4 - 2　M - H 位能曲线改变对放电步骤活化能的影响

活化能变小，由 ΔW_1 变为 ΔW_2，从而使放电步骤的速度加快。相反 H 原子氧化变得困难。

一些金属电极在 1 mol/L H_2SO_4 溶液中析氢反应的交换电流密度如表 4 -1。

表 4 -1　1 mol/L H_2SO_4 溶液中析氢反应的交换电流密度

电极	$i_0/(A \cdot m^{-2})$	电极	$i_0/(A \cdot m^{-2})$
Hg	3.16×10^{-9}	Ni	6.31×10^{-2}
Cd	1×10^{-7}	Ag	3.98×10^{-2}
Pb	6.31×10^{-9}	Au	3.16×10^{-2}
Cu	2.0×10^{-3}	Pd	50.1
Zn	3.0×10^{-7}	Pt	2.51
W	1×10^{-3}	Rh	15.8
Fe	1×10^{-2}	Ru	79.14
Co	6.3×10^{-2}		

吸附的氢写成 M - H，表明材料在决定表面成键性质方面的重要作用。在酸性和碱性溶液中析出 H_2 都要求生成氢键 M - H，并能断裂，因此阴极材料的变更，以使吸附自由能增加，将有利于形成吸附质点，对析氢反应的第一步是有利的，但对反应的第二步，氢键断裂，氢原子复合是不利的，只有在中等的吸附自由能的情况下，既能造成明显吸附 H 原子覆盖率，第二步的困难也不大，可望有最大的析氢速度，这就造成了析氢反应的交换电流密度 i_0 与各种金属阴极上氢原子的吸附自由能（即金属氢键能）之间有"火山形"关系，如图 4 -3 所示。这就是说，对氢原子吸附能力差的金属，析氢反应的交换电流密度 i_0 很小，而且随着吸附热的增加 i_0 逐渐增大；可以认为这类电极上是氢离子放电为控制步骤。对于氢原子具有中等吸附能力的金属，如铂等析氢反应

i_0 最大。吸附氢能力较强的金属，随着吸附热的增加，氢键 M – H 的断裂越来越困难，脱附成为整个析氢过程的控制步骤，因此 i_0 反而随吸附热的增大逐渐减小，这就导致 i_0 与 M – H 键能之间"火山形"关系的形成。早期的 $\lg i_0$ 与吸附自由能 $\Delta G_{\text{ads}}^{\ominus}$ 之间火山型变化规律是基于不同金属材料电极上获得数据提出的。1997 年 Comway B. E. 和 Jerkiewicz G. 等分别获得了氢在铂单晶电极表面的吸附自由熵等热力学函数和交换电流密度等动力学参数，在同种材料不同表面原子排列结构的电极上获得的数据，也验证了电催化中著名的 i_0 与 $\Delta G_{\text{ads}}^{\ominus}$ 之间火山型变化规律。

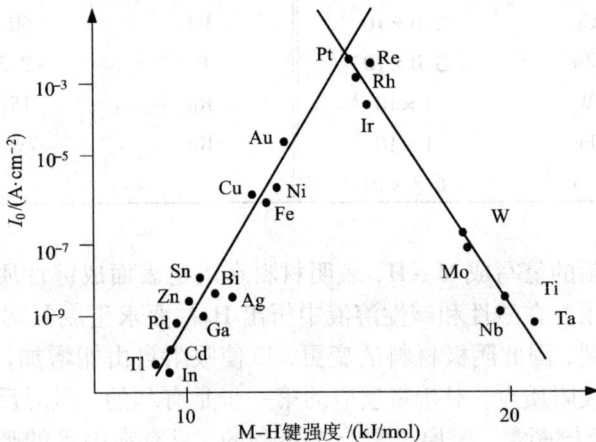

图 4 – 3　析氢反应的 i_0 和氢键强度的关系

　　值得指出的是，原子氢的吸附键主要由氢原子中的电子与金属中不成对 d 电子形成，因此只有过渡金属元素才能显著地吸附氢。金属中 d 电子部分在 dsp 杂化轨道上形成金属键，通常用"金属键 d 成分"表示杂化轨道的 d 电子云成分。价键理论指出，过渡金属 d 能带中不成对的电子数越多，则其 d 能带特性的百分数越小，吸附热越大，如图 4 - 4 所示。

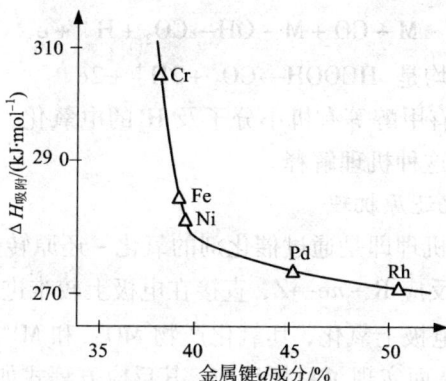

图 4 - 4　氢的吸附热与金属键 *d* 成分之间的关系

对于低电化学过电位（脱附步骤控制）金属，氢与金属间吸附热越小，则氢键越易断裂，其催化活性越强。如果能找到电化学步骤过电位低，M - H 键能也低的电催化剂，就可能取代贵金属而用于生产实际，并推动电催化理论与实践进一步发展。目前已找到酸性溶液用的碳化钨催化剂和非金属氧化物催化剂等。一些研究者探索过渡金属催化剂已取得进展，如 Fe 基、Ti 基、Ni 基上电镀（或化学镀）过渡金属镀层、Co - W，Ni - Mo，Co - Ni，Co - Mo 合金等。

② 反应物首先在电极上进行解离式或缔合式化学吸附，随后吸附中间物或吸附反应物进行电子传递或表面化学反应。如甲酸的电化学氧化，其反应机理如下：

$$HCOOH + 2M \rightarrow M - H + M - COOH \qquad (4 - 20a)$$

$$M - H \rightarrow M + H^+ + e \qquad (4 - 20b)$$

$$M - COOH \rightarrow M + CO_2 + H^+ + e \qquad (4 - 20c)$$

或 $$HCOOH + M \rightarrow M - CO + H_2O \qquad (4-21a)$$

$$M + H_2O \rightarrow M - OH + H^+ + e \qquad (4-21b)$$

$$M - CO + M - OH \rightarrow CO_2 + H^+ + e \qquad (4-21c)$$

其总反应均是 $HCOOH \rightarrow CO_2 + 2H^+ + 2e \qquad (4-22)$

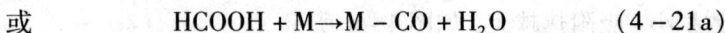

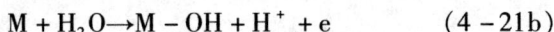

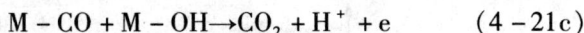

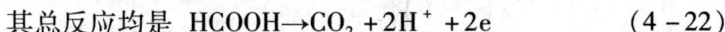

此外，还有甲醇等有机小分子及 H_2 的电氧化，O_2 和 Cl_2 的电还原都可以用这种机理解释。

4.1.4.2 氧化还原机理

氧化还原机理即是通过催化剂的氧化 - 还原转变来实现催化反应，如氧化反应 $R - ne \rightarrow Z$，直接在电极上较难进行，而 MO_x 和 M^{x+} 很容易在电极上氧化，其氧化产物 MO_x^{n+} 和 $M^{(n+x)+}$ 很容易将 R 氧化为 Z，从而实现了目标反应，其反应方程式如下：

$$MO_x - ne \rightarrow MO_x^{n+} \qquad (4-23a)$$

$$MO_x^{n+} + R \rightarrow MO_x + Z \qquad (4-23b)$$

或 $$M^{x+} - ne \rightarrow M^{(n+x)+} \qquad (4-24a)$$

$$M^{(n+x)+} + R \rightarrow M^{n+} + Z \qquad (4-24b)$$

总反应均为 $R - ne \rightarrow Z \qquad (4-25)$

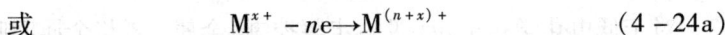

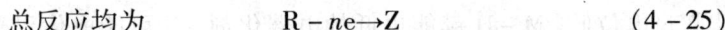

在这里，催化剂 MO_x 和 M^{x+} 氧化 - 还原转变的电位应接近于主要电化学反应的电位，电催化剂的氧化还原反应是以高交换电流密度为特征的，催化剂在整个过程中只是起到了一个催化和桥梁的作用，既没有消耗也没有增加。

例如反应 $1/2H_2O_2 + e \rightarrow OH^-$ 在电极上直接进行还原过电位较高。而 Fe^{3+} 较容易在电极上还原为 Fe^{2+}，可在电解液中加入 Fe^{3+}，实现如下催化反应：

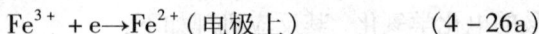

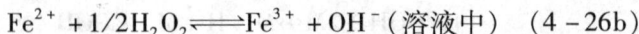

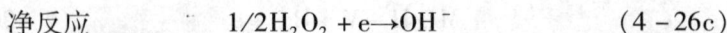

$$Fe^{3+} + e \rightarrow Fe^{2+}（电极上） \qquad (4-26a)$$

$$Fe^{2+} + 1/2H_2O_2 \Longrightarrow Fe^{3+} + OH^-（溶液中） \qquad (4-26b)$$

净反应 $1/2H_2O_2 + e \rightarrow OH^- \qquad (4-26c)$

又如在酸性不强的溶液中（例如甲酸溶液）要直接进行阴极

还原反应 $UO_2^{2+} +2e+H^+ \rightarrow UOOH^+$ 过电位较高，但是通过生成中间产物 UO^{2+} ，实现自催化反应就容易得多：

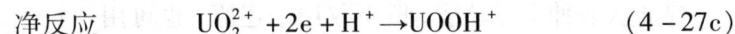

$$2UO_2^{2+} +2e \rightarrow 2UO^{2+} \qquad (4-27a)$$

$$2UO^{2+} +H^+ \rightarrow UO_2^{2+} + UOOH^+ \qquad (4-27b)$$

净反应　　　$UO_2^{2+} +2e+H^+ \rightarrow UOOH^+ \qquad (4-27c)$

大多数催化反应是按氧化还原机理进行的，包括有吸附阶段。然而也有若干反应是吸附了的质点发生氧化还原转变，如前面讲到的甲酸电化学氧化。因此，用对氧有亲和性的成分作为铂的改性添加物(如 Sn)可以加快上述反应。

4.2　化学修饰电极(Chemically Modified Electrodes，CMES)

化学修饰电极是 20 世纪 70 年代中期发展起来的一门新兴的，也是目前最活跃的电化学和电分析化学的前沿领域。化学修饰电极是在电极表面进行分子设计，将具有优良化学性质的分子、离子、聚合物固定在电极表面，使电极具有某种特定的化学和电化学性质，可以有选择地在这种电极上进行所期望的反应，这大大丰富了电化学的电极材料，扩展了电化学的研究领域，目前已应用于生命科学，环境科学、能源科学、分析科学、电子学及材料科学等诸多方面，在电催化、立体有机合成、能量转换和储存、信息显示及传感器和分子电子器件领域取得了显著的应用成果。

4.2.1　修饰的目的

对电极进行修饰的目的是利用化学和物理的方法从分子水平上对其组成和结构进行剪裁，将具有某些特定功能团或化合物修饰在电极表面，使其具有分离、富集和改变电极反应的可逆性等

功能。从而改变或改善电极原有性质,实现电极的功能设计。具体来说是:

①使电极具有更强的反应能力,提供更快的电子转移速度,使电极更稳定,更具有选择性。

②扩大延伸电极功能,既不仅用于还原,也可用于氧化,并且在电催化、光电催化、不对称有机合成、电化学传感器、电色显示、有机及无机分析测定等方面获得应用。

③对电极的功能进行设计,并从分子水平上对其组成和结构进行剪裁,使其达到人们预期的性能,甚至赋予新的功能。

4.2.2 化学修饰电极的制备和类型

4.2.2.1 化学修饰电极的分类

化学修饰电极按表面上微结构的尺度分类,有单分子层(包括亚单分子层)和多分子层(以聚合物薄膜为主),此外还有组合型等。电极表面的修饰方法也有许多种,制备单分子层的主要方法有共价键合法、吸附法、欠电位沉积法和近年来提出的 LB(Langmuir – Blodgett)膜法和 SA(Self – Assembling)膜法。制备多分子层修饰电极的主要方法是聚合物膜法、气相沉积法。化学修饰电极的分类和制备示意如图 4 – 5。

4.2.2.2 化学修饰电极的制备和改性方法

化学修饰电极的制备是开展这个领域研究的基础。修饰方法的设计,操作步骤等的合理与否及优劣程度对化学修饰电极的活性、重现性和稳定性有直接影响。进行化学修饰的电极材料一般为碳电极、金属电极和半导体电极。电极的修饰改性从性质上可分为物理改性和化学改性。

(1)物理改性

物理改性有两种方法。

①电极表面的物理改性。电极表面的物理改性主要是用物理

化学修饰电极

单分子层　　　　　多分子层　　聚合物型及其他

共价键合　　吸附　　聚合物薄膜　　气相沉积

碳系　金属、半导体系　　不可逆吸附　欠电位沉积　LB膜 SA膜　　单体　　聚合物

键合基化　硅烷化

表面有机合成

化学聚合　电化学聚合　等离子体聚合　辐射聚合　蘸涂　滴涂　旋涂　电积

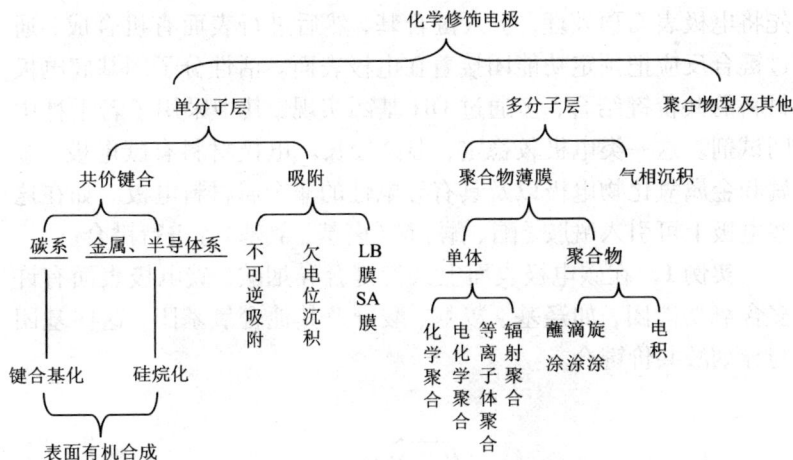

图4-5　化学修饰电极的分类和制备

的方法增加电极表面的粗糙度，以增多表面活性中心数目，从而提高电极的活性。还可以通过物理方法改变活性中心的类型、排列及其在电极表面的分布，从而改变电极的选择性。

②电极附近物理环境的改善。通过采用电化学反应工程学的原理，以改变电极附近的空间-时间关系。因为一个电极反应不仅有电子转移而且还发生化学反应，当这种化学反应在靠近电极的反应层中发生，并且参与物的浓度随对流条件改变时，可能导致生成不同的反应产物。

（2）电极的化学改性

电极的化学改性实质是将具有一定功能的活性物质接着在电极表面，现介绍几种。

①共价键合法

这是最早用来对电极表面进行人工修饰的方法，导致了化学修饰电极的命名和问世。其作法是将固体电极经清洁处理后，首

先将电极表面预处理，引入键合基，然后进行表面有机合成，通过键合反应把预定功能团接着在电极表面。活性分子同基底电极材料的共价键结合，多通过 OH 基团实现，其中采用了若干种中间试剂。这一类电极较稳定，寿命较长。电极材料有碳电极、金属和金属氧化物电极以及具有导电性的非金属材料电极。如在这些电极上可引入酰胺、酯、酮、醚(卤基、氧基)等进行键合。

实例 1 在碳电极表面上共价键合异烟酸，碳电极表面有许多含氧功能团，如羟基、羧基、酸酐及其他含氧基团，这些基团与异烟酸共价键合。

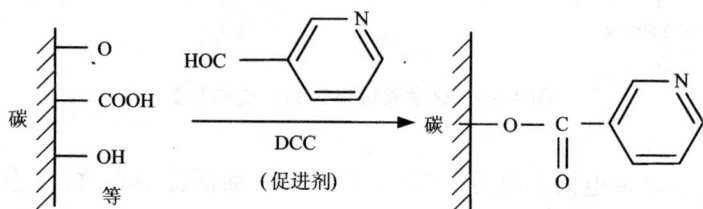

异烟酸接着后，可用电活性物质，如 $Ru(NH_3)_5OH_2^{2+}$ 再与其吡啶基配合，得到电活性的电极表面。

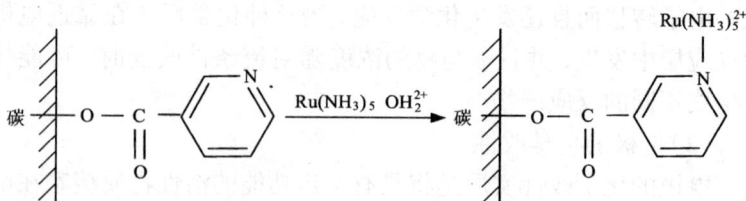

实例 2 在 SnO_2 表面上共价键合罗丹明 B(HOOCRhB)

第一步硅烷化引入 $-NH_2$：

第二步键合上罗丹明 B：

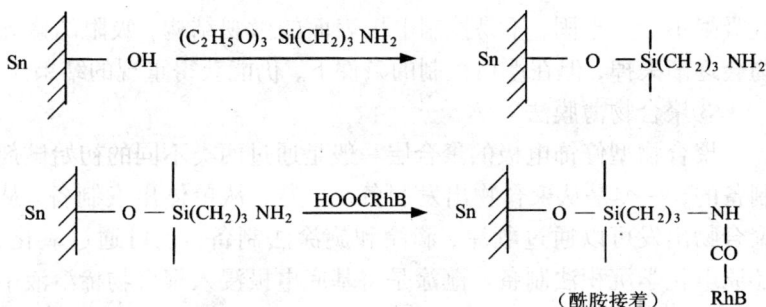

或

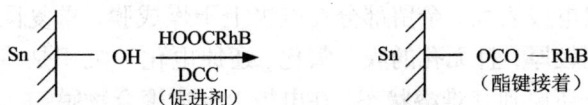

②吸附接着法

这是利用基体电极的吸附作用将修饰物修饰在电极上，是最简单和方便的一种改性方法。当电极浸到溶液中时就发生吸附，这是固体/溶液界面的一种自然现象。吸附作用由基底电极材料和被吸附物的化学性质所决定，多为不可逆化学吸附。修饰物通常为含有不饱和键，特别是含有苯环等共轭双键结构的有机试剂和聚合物，因其 π 电子能与电极表面交迭、共享而被吸附，并且吸附强度随苯环数目的增大而加强。早期有关吸附的研究大部分在 Pt 表面上进行。以后所用电极材料多集中在热解石墨和玻碳上，近年发展了有关在单晶和多晶金属表面上吸附的定量研究。

实例：8 - 羟基喹啉玻碳修饰电极的制备：玻碳电极为基体，先用 Al_2O_3 悬浮液抛光，然后依次用稀硝酸、丙酮、蒸馏水超声波清洗、烘干后，在 0.05 mol/L 8 - 羟基喹啉 - 乙醇溶液中浸涂和烘干即成。这种方法简单、直接，主要问题是吸附层不重现，而且吸附不十分牢固，不易控制电极表面的微观结构，吸附的修饰物会逐渐失掉，但在严格控制的条件下，仍能获得重现的结果。

③聚合物薄膜法

聚合物型修饰电极的聚合层一般是通过两类不同的初始试剂制备的，一类是从聚合物出发制备，一类是从单体出发制备。从聚合物出发可以通过蘸涂、滴涂和旋涂法制备，也可通过氧化、还原电化学沉积法制备。蘸涂是将基底电极浸入聚合物稀溶液中足够时间，靠吸附作用自然形成膜；滴涂是取数毫升聚合物稀溶液，滴加到电极表面上，并使其挥发成膜；旋涂是用微量注射器取少许聚合物稀溶液，滴加到正在旋转的圆盘电极中心，过多的溶液抛出电极表面，余留部分在电极上干燥成膜，重复同样的操作可得到较厚，且无孔的膜。氧化、还原电化学沉积是将聚合物膜氧化或还原到其难溶状态，在电极上形成聚合物膜。

从单体出发制备可以通过电化学聚合法（即通过电解的方法将某些有机物在电极表面聚合成膜，或将不溶性氧化体或还原体沉积在电极表面制成修饰膜），等离子体聚合法（等离子体是物质存在的第四态，是由电子、离子、各种激发态和基态分子或原子组成的呈电中性的集合体）制备聚合物修饰电极。

④组合法

组合法是将化学修饰剂与电极材料简单地混合以制备组合修饰电极。典型的例子是化学修饰碳糊电极（CMCPE）。它是将修饰剂，炭粉和黏液三者适量混合，是应用最广的制备 CMCPE 方法，若修饰剂能强吸附于炭粉上，可预先把修饰剂溶于挥发性溶剂（如苯、乙醇等），加入炭粉形成碳浆，待溶剂挥发后，加入黏液（如石蜡油、医用润滑油等），可获得均匀 CMCPE。这称为直接混合法。还有溶解法，将修饰剂直接溶解在黏液中，再加入炭粉混合制备。新制备好的 CMCPE 的电化学活性低而且响应不稳定，还必须经过活化处理才能应用，一般采用电化学方法、化学方法以及两者结合的方法处理。如将新的 CMCPE 在空白溶液或待测溶液中恒电位电解或电位循环扫描多次，再清洗后使用。

4.2.3　化学修饰电极的电催化

在电场作用下，电极表面的修饰物能促进或抑制在电极上发生的电子转移化学作用称为化学修饰电极的电催化。基体电极只是一个电子导体，而电极表面的修饰物除了传递电荷外，还能对反应物进行活化或促进电子的转移速率。化学修饰电极电催化的实质就是通过改变电极表面修饰物来改变反应的电位和反应速率，使电极既有传递电子的功能，又能对电化学反应进行某种促进与选择。

化学修饰电极电催化可以使催化剂与反应物、产物容易分开，可以随意调节电极电势的大小和正负，方便地改变电化学反应的方向，速度和选择性。化学修饰电极比化学催化节省催化剂，并且电极表面仍具有高活性中心，还可以人为地控制催化剂用量。

化学修饰电极电催化的机理根据催化剂的性质可以分为氧化还原和非氧化还原电催化。氧化还原型电催化是指固定在电极表面的催化剂在催化过程中发生了氧化还原反应，成为反应物的电荷传递媒介，促进反应物的电子转移。例如电化学还原反应 A + $ne \rightarrow$ B，可用示意图 4 – 6 表示。

由图 4 – 6 可以看出，首先固定在电极表面的催化剂进行还原反应：

$$O + ne \rightarrow R \qquad (4-28a)$$

然后催化剂的还原态将反应物氧化：

$$R + A \rightarrow B + O \qquad (4-28b)$$

净反应：

$$A + ne \rightarrow B \qquad (4-28c)$$

其实质是电极表面修饰物的氧化态 O 很容易接受电子成为还原态 R，R 又很容易将反应物 A 还原为目标产物 B，而本身又

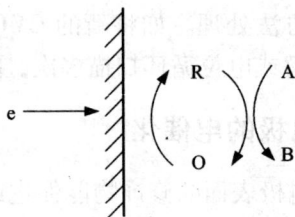

图4－6 化学修饰电极氧化还原电催化示意图

A—反应物（氧化态）；B—生成物（还原态）；O—催化剂氧化态；R—催化剂还原

恢复成 O，从而实现了对目标反应的电催化。非氧化还原型化学修饰电极电催化是指固定在电极表面的催化剂本身在催化过程中并不发生氧化还原，只是起到一活性中心的作用，与传统贵金属电催化过程类似。对于电化学还原反应 A + ne→B 的电催化，可用

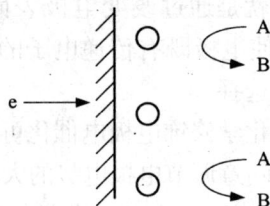

图4－7 非氧化还原型化学修饰电极电催化示意图

图4－7 表示。由图4－7 可以看出，在非氧化还原催化中，表面修饰物（即催化剂）O 一是起到向反应物 A 传递电子的作用，二是起到电子与反应物结合加速的作用，即降低反应过电位，加速电化学反应的作用。

4.2.4 化学修饰电极的应用

目前化学修饰电极的应用主要集中在三个方面：

（1）电催化

许多物质在普通电极（空白电极）上表现为反应迟缓、过电位大、可逆性差，而将含有氧化还原活性中心的物质修饰于电极表面，就能大大降低电极反应的自由能，加快反应速度，增加反应

的可逆性。如在分析 NADH 时,研究发现在石墨电极上修饰亚甲绿可降低过电位 500 mV。

(2)选择富集分离

当修饰剂选择具有离子交换、配合富集能力的有机物或聚合物时,修饰电极便可用于溶出伏安法、电位溶出法中的工作电极。电极表面接着的活性基团与溶液中的待测物有四种相互作用:①离子交换;②配合作用;③离子交换配合协同作用,即可将某些配位试剂与离子交换剂混合制成修饰剂,也可利用溶液中的协同配合作用;④选择性吸附。在电分析化学中正是由于这些作用使被测物选择性地分离、富集,提高了分析的灵敏度。

(3)在化学传感器中的应用

近年来化学修饰电极广泛应用于 pH 传感器、电位传感器、电流传感器、离子敏感电子器件、生物物质和药物等的传感电极中。很多情况是利用修饰膜的选择透过特性及催化特性等。例如 pH 传感器,是将一些含羟基、N 原子的芳香化合物经聚合到电极表面后,使电极具有 pH 响应功能。董绍俊等研究了聚合物掺杂阴离子传感器,对 Cl^-、Br^-、ClO_4^-、NO_3^- 等呈现 Nernst 响应。另外利用吸附法、化学沉积法、共价键合法、聚合物包埋法、组织切片法等制备生物、组织传感器也取得显著成效。

4.3 形稳阳极(Dimensionally Stable Anode, DSA)

1965 年 H. Beer 发明了金属氧化物涂层催化阳极,后来简称为形稳阳极(DSA)。这种阳极首先应用于氯碱工业,替代了传统的石墨阳极,显著降低了电解槽的能耗,使电解槽的设计概念和操作条件发生了重大变化,极大地促进了氯碱工业的发展。此后,经过深入研究和进一步发展,DSA 被广泛应用于其他工业,如湿法冶金中的金属电沉积、电镀、无机化工、有机合成、环境保护等。

4.3.1 金属氧化物的催化活性

在化学领域中,金属氧化物的催化活性早为人们所熟悉。金属氧化物及金属混合氧化物在国内外被广泛用来作为有机合成反应的催化剂,在聚合、解聚、水合、异构化、脂化、加水分解、烷化、非均相化、缩醛化、胺化、裂化、脱氢、氢化等反应中用作催化剂。

在这里特别介绍铂族金属氧化物的电催化活性。

铂族金属中原子序数为 44 至 46 的为钌(Ru)、铑(Rh)和钯(Pd),原子量约为 100,密度约为 12 g/cm^3,属轻铂族金属;原子序号为 76 至 78 的锇(Os)、铱(Ir)和铂(Pt),原子量约为 190,密度约为 22 g/cm^3,属重铂族金属。铂族金属的标准电极电位值都为正,他们的氧化物和氢氧化物溶度积都很小。铂、铱和铑置于溶液中,在表面会生成氧化物保护层,这种氧化物保护层,即使在酸性溶液中溶度积也极小。特别是铂,它所生成的氧化物层很薄,导电性很好,因此实验室中被作为稳定的阳极材料。

铂族金属中耐久性最好的是铂,但其催化活性不是很理想。耐久性比铂差一些的是铱和铑,以及他们的合金,其电催化活性也不能令人十分满意。钯、钌和金一样,生成的阳极氧化层厚,保护性不好,即使使用金属耐久性也不够好。图 4-8 和 4-9 表示铂族金属和铂族金属氧化物电极析氯的电流效率。铂电极上析氯过电位较大,但析氧过电位更大,铑电极上析氧过电位小,但析氯过电位更小,所以这两个电极对析氯选择性都不很好。但铱析氯效率高一些。PdO 电极氯过电位小,氧过电位较高,故对析氯选择性好,析氯电流效率高达98%,表明 PdO 涂层显示对析氯的最好催化活性。氧化铱、氧化铑和氧化钌电极,尽管氯过电位也小,但氧过电位没有氧化钯电极高,故在低盐浓度时,明显降低氯的电流效率。

把单一组分组合成二元组分或多元组分，电极性能可能得到很好的改善。途层中添加非导电组分，可使导电氧化物稳定，更适合于实际使用，如 TiO_2，Ta_2O_5 和 ZrO_2 早已被使用，这些氧化物属半导体型。

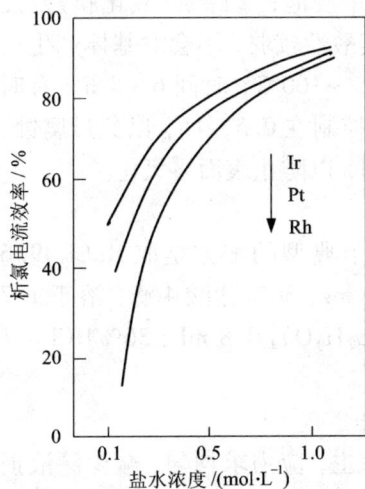
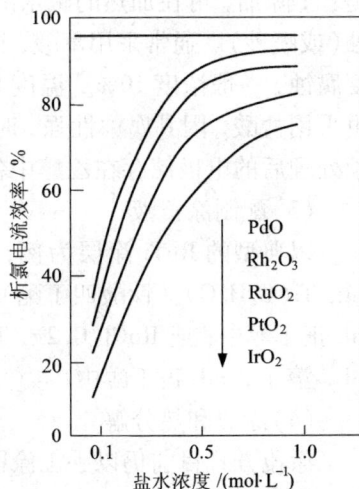

图 4 - 8　铂族金属电极的析氯
电流效率图($0.1\ A/cm^2$，$25\ ℃$)

图 4 - 9　铂族金属氧化物电极的析氯
电流效率图($0.1\ A/cm^2$，$25\ ℃$)

4.3.2　DSA 的制备

4.3.2.1　DSA 的制备方法

DSA 电极通常采用热分解氧化法制备，即将含有电催化剂及其他组分的涂布液涂覆在钛基体表面，经高温热分解氧化，得到氧化物涂层。其工序包括钛基体预处理，配制涂布液、涂覆、热分解等步骤。

（1）基体的选择

基体主要选择耐电化学腐蚀，具有一定机械强度，便于加工, 导电性良好, 表面易形成钝化膜的金属, 如 Ti, Ta, Zr, W, Al 等, 目前应用最广泛的是 Ti。

（2）钛基体预处理

目的是获得粗糙的表面, 使涂层具有牢固的结合力。其工序是: ①除油, 可在加热的碱水溶液中浸泡; ②除锈（氧化膜）及浸蚀（或喷砂）。通常采用草酸, 因其酸性较弱, 不会对基体产生过度腐蚀, 一般浓度 10%, 温度 80℃ ~ 100℃, 时间 6 ~ 8 h。有时也采用盐酸, 因其腐蚀性强, 时间控制在 0.5 ~ 1h, 以免过腐蚀。预处理后的电极储存在乙醇中备用, 以防止表面再氧化。

（3）配制涂覆液

以典型的 RuTi 涂层为例, 一个典型的配方是取 $RuCl_3$ 49.6 mg, $Ti(C_4H_9O)_4$（钛酸四丁酯）204 mg, 36% 盐酸 4 滴, 溶于 1.7 mL 正丁醇中; 或 $RuCl_3$ 0.2g, $Ti(C_4H_9O)_4$ 0.8 mL, 36% HCl 0.1 mL, 溶于 2 mL 正丁醇中。

（4）涂覆和热分解

涂覆方式目前仍以手工涂刷为主, 应力求均匀, 减少涂液损失。也有采用机械滚涂的, 热分解与涂覆交错进行。每涂刷一次后, 在 100℃ ~ 120℃（干燥箱中或红外加热）干燥 5 ~ 10 min, 然后在 300℃ ~ 500℃（高温炉中）加热氧化 10 ~ 20 min, 如此反复多次（一般 10 ~ 20 次）, 将预先按电极表面积及一定配方配制的涂覆液涂完, 最后加热 1 h 高温氧化即可, 电极表面形成金红石型结构的 RuO_2 和 TiO_2 固溶体。一般 Ru 的用量为 8 ~ 12 g/m^2, $RuO_2 : TiO_2$ 为 1 : 2（物质的量比）。

4.3.2.2　制备工艺对 DSA 性能的影响

①溶液体系的影响——实践证明有机溶剂分散性好, 浸润性强, 所得涂层表面均匀性好, 通常有机体系所得涂层真实表面积比水溶液体系的增大 2 ~ 3 倍;

②制备温度的影响——低温度区随热分解温度升高电极活性

增强，超过某一临界温度，随温度升高活性下降，因为达到临界温度以后氧化物聚集生长，晶粒长大，活性表面积减小；

③涂层厚度——多孔性涂层，厚度增加，电化学活性面积增大，活性提高，阳极寿命也随厚度增加而延长；

④基体的影响——基体材料不同和预处理工艺都会影响氧化物涂层外貌，甚至还影响涂层氧化物的附着量和附着力，从而影响涂层阳极的活性和寿命。因此基体选择非常重要。

4.3.3　DSA 的应用

4.3.3.1　DSA 的应用领域

DSA 已广泛应用于无机合成(氯碱、氯酸盐、次氯酸盐、高氯酸盐、过硫酸盐等)、有机合成、有色金属电解提取、废水处理、电镀等。其具体应用范围概括如下：

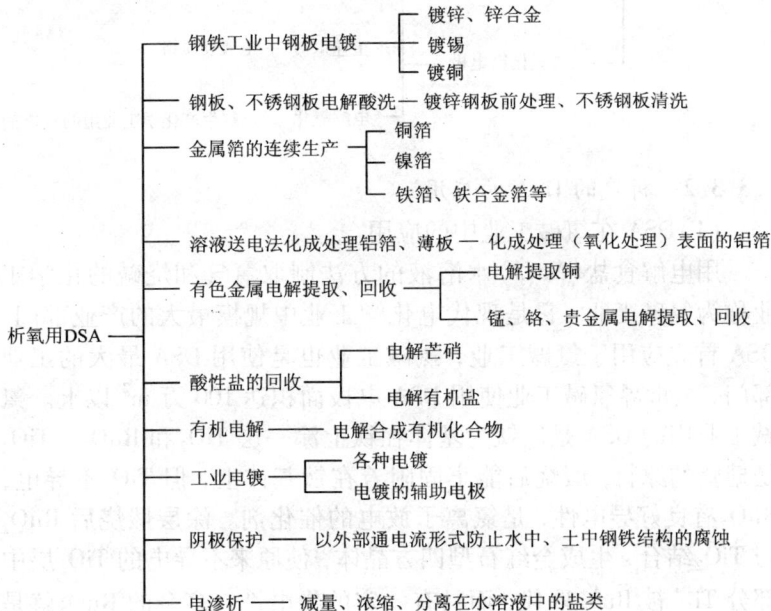

析氯用DSA
- 碱电解工业
  - 生产苛性钠
  - 生产苛性钾
  - 氯酸钠生产
  - 次氯酸钠生产
- 碱以外电解工业
  - 电解提取有色金属
  - 海洋

功能电极
- 铂族金属涂层电极
  - 工业电镀 — 镀硬质铬
  - 酸碱离子水 — 酸碱离子水发生器
- 二氧化铅电极
  - 钢铁工业中的钢板电镀 — 无锡薄钢板生产
  - 工业电镀 — 电镀硬质铬
  - 电解氧化 — 电解生产化学工业用的氧化剂

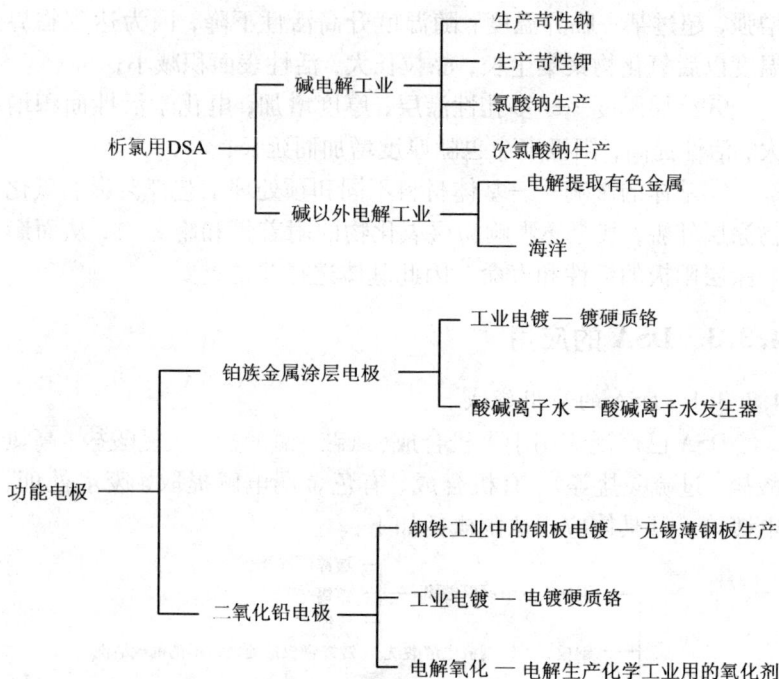

4.3.3.2　析氯的 DSA 的应用

（1）DSA 在氯碱工业中的应用

用电解食盐（NaCl）水溶液的方法制取氯气和烧碱的化学工业称为氯碱工业，它是现代电化学工业中规模最大的产业部门。DSA 首先应用于氯碱工业，氯碱工业也是使用 DSA 最大的工业部门，全世界氯碱工业使用 DSA 电极面积达 100 万 m^2 以上。氯碱工业用的 DSA 是以钛为基体在钛上涂一层 TiO_2 和 RuO_2。TiO_2 是搪瓷的原料，煅烧后能牢固附着在钛基体上，但 TiO_2 不导电，RuO_2 有良好导电性，是氯离子放电的催化剂。涂层煅烧后 RuO_2 与 TiO_2 结合，生成金红石型四方晶体，使原来不导电的 TiO_2 层中部分 Ti^{4+} 被 Ru^{4+} 取代，而具有一定的导电性。多余的 RuO_2 就是析氧催化剂。

NaCl 电解过程的主要反应为：

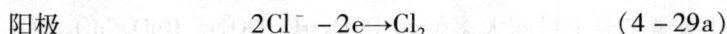

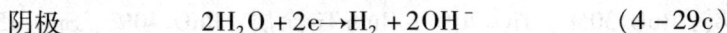

阳极　　　　　　　　　$2Cl^- - 2e \rightarrow Cl_2$　　　　　　　（4 – 29a）

阳极副反应　　　$H_2O - 2e \rightarrow 1/2O_2 + 2H^+$　　　　（4 – 29b）

阴极　　　　　　$2H_2O + 2e \rightarrow H_2 + 2OH^-$　　　　（4 – 29c）

　　　　　　　　　$Na^+ + OH^- \rightarrow NaOH$　　　　　　（4 – 29d）

　　阳极副反应不仅白白消耗电能，而且会导致产品氯气不纯，因此应尽量减少副反应。由上述反应可以看出，阳极经常直接与化学性质极活泼的湿氯气、新生态氧、盐酸、以及氯酸等接触，对电极的腐蚀性很强。过去一直使用石墨阳极。钛涂层阳极与石墨阳极相比有突出的优点：①RuO_2/Ti 阳极不发生钝化，没有严重的溶解，尺寸形状稳定；②析氯过电位大幅度降低，能耗低；③产生的氯气气泡容易脱离电极表面，在电解液中不滞留；④RuO_2/Ti 阳极不被汞（氯碱工业一般使用汞作阴极）所润湿，可缩短阴阳极之间距离，从而有利于降低能耗。

　　有人测定 RuO_2/TiO_2 阳极代替石墨阳极，使氯碱电解槽上阳极过电位仅减少 0.1 V（$i = 10$ kA/m^2 时），但槽电压共减小了 1.07 V，其中 0.2 V 是因减小阳极和阴极的距离而节约下来的，余下 0.77 V 是因氯气气泡直径减小而迅速脱离电极表面逸出液面获得的。有人测定在电流密度 10 kA/m^2 下电解涂层阳极气泡直径为 1 mm，而石墨阳极上为 3 mm，可见槽电压减小 90% 来自电极性能，特别是表面性质。一些金属氧化物析氯反应的交换电流密度由大到小的秩序为下：

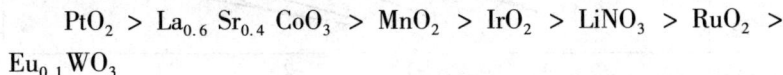

$PtO_2 > La_{0.6} Sr_{0.4} CoO_3 > MnO_2 > IrO_2 > LiNO_3 > RuO_2 > Eu_{0.1}WO_3$

　　但 RuO_2 电极对氧过电位不高，在高电流密度时，也会析氧，经长期使用后对反应的选择性变差，使氯气纯度下降，也使电极寿命缩短。研究发现 IrO_2 上析氧电极电位高，而 SnO_2 为金红石型结构，可以和 RuO_2 形成固溶体。因此在 RuO_2 涂层中添加 IrO_2，SnO_2 后可保 DSA 有高的析氯电流效率，降低氯气中含氧量。因此氯碱工业中目前大多使用 $RuO_2 IrO_2 TiO_2$ 或 $RuO_2 SnO_2 TiO_2$ 三元组分混合涂层。氯碱工业用钛阳极涂层的典型配比是：RuTi 涂层：RuO_2 30%，TiO_2 70%；RuSnTi 涂层：RuO_2 40%，SnO_2 15%，TiO_2 45%；RuIrTi 涂层：RuO_2 13.15%，IrO_2 13.15%，TiO_2 73.7%。

后来又发明了寿命更长的钛基纳米级 RuO_2 涂层新型阳极及其他涂层氧化物阳极，如 $RuO_2 : TiO_2 : ZrO = 60 : 30 : 10$（物质的量比）等。目前也有人在研究廉价的不溶性阳极如 $Ti \mid MnO_x$，$Ti \mid SnO_2 - MnO_x$，$Ti \mid Co_3O_4$，$Ni \mid Co_3O_4$，$Fe \mid Co_3O_4$ 等非钌金属阳极。

若干金属氧化物电极上析氯的过电位与电流密度对数值的关系表示于图 4 – 10，可供选择涂层组成时参考。

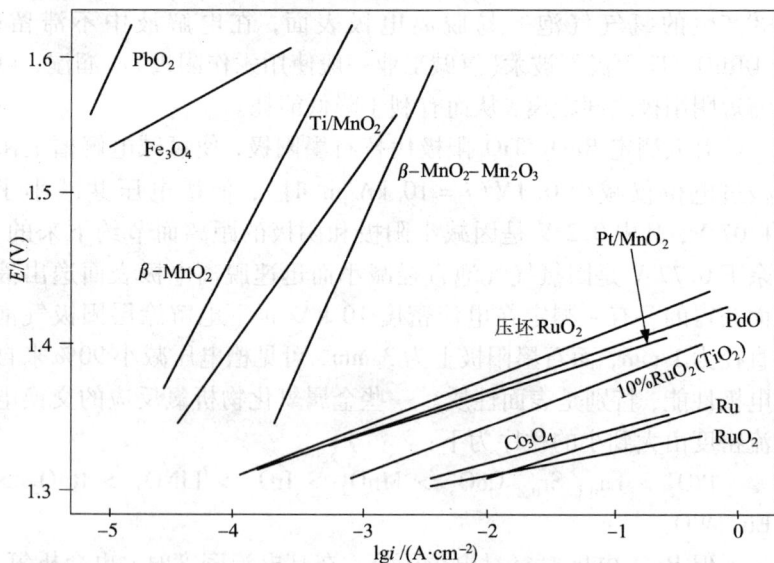

图 4 – 10　若干金属氧化物电极上析氯时的 E – $\lg i$ 曲线图

（2）DSA 在冶金中的应用

电解法提取金属是冶金工业中常用的方法，这种方法的一大困难也是选用合适的阳极材料。这种方法要求阳极稳定、耐蚀、寿命长，有良好的催化活性，以降低阳极反应的过电位和槽电压，从而减少能耗。冶金工业中电解提取金属通常使用的电解液体系和阳极种类如表4-2。

表4-2　电解提取金属的电解液体系和阳极

电解液体系	阳极产物	阳极
氯化物	Cl_2	石墨
硫酸盐	O_2	铅基合金
氯化物 - 硫酸盐	Cl_2 , O_2	石墨
碱性溶液	O_2	铁及其合金
硝酸 - 硫酸盐		铜硅铁合金

表中所列阳极有的对反应选择性差，有的阳极反应过电位高，有的耐蚀性差，使用寿命短，所以近些年来也已开始广泛用涂层钛阳极，因此冶金工业成为第二个大规模使用钛阳极的工业部门。

受氯碱工业的影响和启发，人们在氯化物湿法电冶金中已经使用了钛基涂贵金属氧化物的 DSA，日本住友金属矿业公司和挪威某公司都先后报道用工业规模的 DSA 从氯化物体系中电积 Ni 和 Co。据报道原来在硫酸盐体系中电积 Ni 平均槽电压为 3.5 V，而氯化物体系中采用 Ti 基贵金属氧化涂层阳极槽电压仅为 3.0 V，可节电 14.3%。

氯化物体系中提取金属，传统的阳极是石墨阳极，其缺点是电阻大，电能消耗大；强度低，易损耗，寿命短，污染产品，很难获得高纯度的金属。我国福州冶炼厂采用氯化钴溶液电积钴，原来使用石墨阳极，寿命只有几个月，所试用钛涂层阳极，寿命可达 4 年，且槽电压从用石墨阳极时的 4.1 V 降低到 3.7 V，电流效率从 91.5% 提高到 94.0%，节电 400 kW·h/t Co，即 11%。浙江义乌冶炼厂生产实践证明，使用石墨阳极产品 Co 中含 C 量高，一级品率仅为 42%，而改用涂层钛阳极产品金属钴的一级品率达到 100%。

4.3.3.3 析氧的 DSA 的应用

许多电化学过程（包括电解、电镀）是在硫酸盐体系中进行的，通常都是使用铅银合金阳极，阳极反应是析出氧，而且一般情况下氧被放入大气中，没有被利用，而且铅银阳极上氧的过电位较高，因此消耗了大量电能，增加了生产成本。阳极在电解过程中还会缓慢溶解，既消耗了阳极材料，影响阳极寿命，而且溶解的铅容易在阴极析出，使阴极产品金属中杂质铅含量升高，难以达到高纯金属标准，因此在电沉积金属生产中，降低析氧过电位，减少电能消耗，提高产品纯度，一直是电化学工作者追求的目标。

（1）用于硫酸盐溶液中电积 Ni 的催化阳极

硫酸盐溶液中电解阳极主要是析出氧。$RuO_2 \mid Ti$ 涂层阳极虽然析氧过电位较低，但是它容易钝化，使用寿命短，不如铅银阳极，人们一直在寻找改进的配方，如 $RuO_2 - TiO_2 \mid SbO_x - SnO_2 \mid Ti$，$MnO_2 \mid SbO_x - SnO_2 \mid Ti$，$RuO_2 - TiO_2 \mid$ 石墨，$RuO_2 - TiO_2 \mid$ 陶瓷，$Sn - Ru - IrO_x \mid Sn - Sb - RuO_x \mid RuO_2 - TiO_2 \mid Ti$ 等涂层阳极在电积 Ni 中取得了实验成果。

在 0.5 mol/L H_2SO_4 溶液中，60℃ 下测得的不同镀层 DSA 上析氧的 Tafel 斜率（b）和交换电流密度（i_0）值列于表 4-3 中。

表 4 – 3　不同表面镀层阳极上析氧的 i_0 和 b 值

表面层	$i_0/(mA \cdot cm^{-2})$	b/mV
Ru	3.0×10^{-3}	65
RuO_2	8.3×10^{-4}	48
Ru – Ir	5.9×10^{-4}	46
Ir	2.8×10^{-5}	64 ~ 135
Pd	6.5×10^{-5}	198
Pt	4.2×10^{-7}	114
Au	1.2×10^{-7}	64

表中数据表明 RuO_2 和 Ru – Ir 阳极的催化性能最好。实验证明，Ru – Ir｜Pd｜Ti 电极的使用寿命可达 2000h 以上。研究还表明，镀覆一层贵金属(如 Pt，Pd，Ir)中间层，能起到保护 Ti 基体不遭氧化的作用，由此可以大大提高电极的使用寿命，在 Ni 电积场合下，可提高使用寿命 5 ~ 8 倍。在中间镀层上再镀覆 RuO_2，还可以减少高电流密度电积场合 RuO_2 的溶解损失。

据文献报道，张招贤研究出了适用于在 $NiSO_4$ 溶液中电积镍的新涂层钛阳极，其涂层为以 Ir 为主要成分的三元或四元组分。据测定 $NiSO_4$ 溶液中 Pb – Ag 阳极的 i_0 值为 1.79×10^{-6} A/cm^2，而 RuTi 涂层阳极为 3.85×10^{-5} A/cm^2，新涂层钛阳极为 2.34×10^{-4} A/cm^2，新涂层钛阳极与 Pb – Ag 阳极相比，槽电压下降 0.5 V，每吨 Ni 可节电 485.7 kW·h(约节电 17.54%)。

(2)用于硫酸溶液电积 Zn 的催化阳极

Zn 电积通常也是用 Pb – Ag(0.75% ~ 1%)阳极，实际是氧化铅膜电极，在工业电流密度下过电位为 1V 左右，因此能耗高，且产品有受 Pb 污染的危险，优点是电极能经受硫酸溶液电解液腐蚀，一般能工作数年，且易于加工。Zn 电积用催化阳极的研究，特别是在低 pH 值下面临两大障碍，一是使用寿命不长，二是成本过高。所以要求找到可用于高酸条件下能稳定，并且在经济上能被冶金工业接受的电催化剂和基体材料。

析氧过电位较低的物质一般还是贵金属氧化物，一些贵金属氧化物在 $0.5M\ H_2SO_4$，60℃，$i = 500\ A/m^2$ 的析氧过电位和 5000 A/m^2 电流密度下的使用寿命 τ 比较如表 4 – 4。

表 4 – 4　一些氧化物阳极在 $0.5M\ H_2SO_4$ 溶液中的过电位和寿命

氧化物	IrO_x	PtO_x	RuO_x	PdO_x	AuO_x
$\eta(V)$	0.47	0.62	0.24	0.52	0.84
$\tau(h)$	480	254	3	23	0.45

由表 4 – 4 可见，RuO_x 上析氧过电位最低，IrO_x 次之，但 RuO_x 使用寿命最短，而 IrO_x 在所列氧化物中使用寿命最长。

目前实验室研究成功的，接近生产要求的 DSA 有几种：

Ⅰ. $RuO_2 – TiO_2\ |\ SbO_x – SnO_2\ |\ Ti$

Ⅱ. $MnO_2\ |\ SbO_x – SnO_2\ |\ Ti$

Ⅲ. $RuO_2 – TiO_2\ |\ 石墨$

Ⅳ. $RuO_2 – TiO_2\ |\ 陶瓷$

Ⅴ. $Sn – Ru – IrO_x\ |\ Sn – Sb – RuO_x\ |\ RuO_2 – TiO_2\ |\ Ti$

其制备方法是选定一定尺寸的 Ti 丝或 Ti 片、光谱纯石墨棒和化学陶瓷棒作电极基体材料，经去脂洁净处理，而后镀覆中间层（Ⅰ，Ⅱ），为提高基体耐腐蚀性有时先打底层（Ⅴ），再涂中间层，经适当热处理后在电极表面上涂覆活性层，再经过烧结或专门热处理而获得具有电催化功能的 DSA。几种电积 Zn 的 DSA 和 Pb – Ag 阳极析氧反应动力学比较列在表 4 – 5。

表 4-5　电积锌用阳极动力学参数比较

阳极类型	a/V	b/V	i_0 /(mA·cm^{-2})	电流密度范围 /(A·cm^{-2})
RuO$_2$ - TiO$_2$ ｜SbO$_x$ - SnO$_2$｜Ti	0.45	0.095	1.8×10^{-5}	$6.4 \times 10^{-3} \sim 6.3 \times 10^{-2}$
RuO$_2$ - TiO$_2$｜石墨	0.39	0.132	1.1×10^{-3}	$3.0 \times 10^{-3} \sim 1.0 \times 10^{-2}$
RuO$_2$ - TiO$_2$｜陶瓷	0.2	0.120	2.2×10^{-2}	$3.0 \times 10^{-3} \sim 1.0 \times 10^{-2}$
PbO$_2$｜MnO$_2$ - Sb$_2$O$_3$ - SnO$_2$｜Ti	0.201	0.272	9.75×10^{-5}	
IrO$_2$ - PAN｜Ti	0.402	0.0895	3.22×10^{-5}	
Pb - Ag(~1%)	1.18	0.134	1.6×10^{-9}	$3.0 \times 10^{-3} \sim 1.78 \times 10^{-1}$

注：a，b 分别为塔费尔方程式中的常数和斜率。

最近刘晓霞等人研究了一种据说可用于电积 Zn 的节能阳极。其作法是将含聚丙烯腈（PAN）及 H$_2$IrCl$_6$（和 RuCl$_2$）的均匀涂液刷在 Ti 片上，200 ℃左右，在空气中烧结，几分钟后取出冷却，重复几次，然后在 300℃，500℃左右进行热处理，即可使用。其 a、b 和 i_0 值也列于表 4-5，500 A/m^2 时此阳极与 Pb - Ag(1%) 阳极在 150 g/LH$_2$SO$_4$，35℃时的阳极过电位 η 分别为 0.316 和 1.188 V。1000 A/m^2 时，IrO$_2$ - PAN 的阳极过电位也只增加到 0.345 V，与 Pb - Ag 阳极相比分别节能 24.9% 和 24.1%，且使用寿命长。这种阳极每平方米价格为 Pb - Ag (1%) 的 4 倍，但后者使用寿命仅为 730 d，而前者使用寿命长，且钛基体可重复使用。

（3）用于铜箔电积的 DSA

电解沉积铜箔最早是采用纯铜做阳极，阳极溶解 Cu^{2+} 进入电解液，然后在阴极钛滚筒上连续沉积为铜箔。由于阳极铜不断溶解，极间距离不易控制，且阳极表面溶解不均匀，铜箔厚度不易均匀，影响铜箔质量。因此后来采用不溶解阳极，定期向电解液中补加 $CuSO_4$。国内一般采用铅合金阳极。但铅合金阳极也易腐蚀，每年溶解使极间距增宽 $10 \sim 20$ mm，槽压升高，且溶解不均匀，使箔沿宽度方向不均匀，还会产生 $PbSO_4$ 沉淀，影响铜箔质量。

　　某厂采用了 Ti 表面涂铱等贵金属氧化物的 DSA 用于电解铜箔。发现氧过电位低，使用寿命长，不污染产品。阳极尺寸稳定，极间距不用调整，阳极产生的氧气泡激烈搅拌电解液，加速了 Cu^{2+} 向阴极移动，操作电流密度可达 50 A/dm^2，提高了生产率。H_2SO_4 98 g/L，Cu^{2+} 80 g/L 的电解液中，$25℃$ 测得的不同阳极的极化曲线如图 $4-11$。

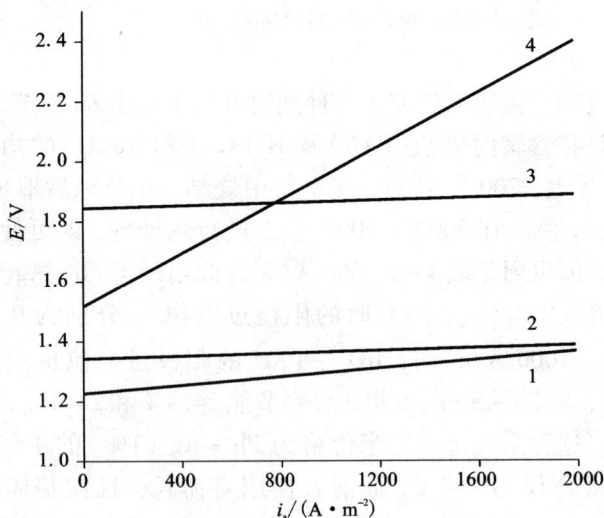

图 4 – 11　各种阳极的阳极极化曲线

1—表面镀 Pt 后涂 IrO_2 的 DSA；2—表面涂 IrO_2 的 DSA；

3—镀 Pt 阳极；4—Pb – Ag(1%) 阳极

由图 4 - 11 可以看出，Ti 基体表面镀 Pt 后涂 IrO_2 的 DSA 和 Ti 基上直接涂 IrO_2 的 DSA 性能都很好，过电位和 Pb - Ag 阳极相比低得多。与 Pb - Ag 阳极相比，槽电压可降低 1V 以上。

（4）其他方面的应用

DSA 在其他领域也获得了广泛的应用，如高层建筑水箱水处理器（电解杀菌）、电解法制取离子水（生产碱离子水，pH 值 > 9.5，酸性离子水 pH 值 ≈3.5）、电渗析法淡化海水、电解杀菌处理水、各种废水处理、ClO_2^- 制取、臭氧发生器、电镀等。

4.3.4　关于金属阳极的改进

由于实际生产是多种多样的，对阳极的要求也各不相同，因此自 DSA 在 1965 年问世以来，对金属阳极进行了大量的研究和改进，取得了不少成果。

4.3.4.1　混合氧化物阳极的发展

IrO_2 和 RuO_2 是酸性体系析氧用电催化活性最好的氧化物，但在高电流密度、较高温度下使用时，使用寿命不再令人满意。掺入一种或几种惰性氧化物可增大涂层稳定性。一般来说惰性氧化物的掺入往往会降低涂层相的真实电化学活性，一是活性氧化物受到屏蔽，二是惰性组元的加入会降低涂层阳极的电导率，但惰性组元的加入可使氧化物电极的表面积增大，提高阳极析氧催化活性；若能与活性氧化物生成固溶体、化合物等合金氧化物相，则可增加涂层氧化物的稳定性。

绝大多数 Ti 阳极仍是围绕 IrO_2，RuO_2 来设计的，例如 Ru + Ti，Ru + Ir，Ru + Sn，Ru + Ti + Ce，Ru + Ti + Sn 等混合氧化物阳极相继开发，Ru + Ti 氧化物阳极已普遍用于氯碱工业。近年来的热点是研究开发 IrO_2 涂层及以此活性物质为基础的涂层阳极，如 Ir + Ta，Ir + Sn，Ir + Pt + Ta，Ir + Ti + Pt，Ir + Pt + Au，Ir + Ru + Ti，Ir + Ru + Ti + Sn 等多元氧化物涂层阳极。目前来看 Ir + Ta 较

为理想，掺入 Ta_2O_5 即能提高 IrO_2 相的稳定性，又对 IrO_2 进行了表面改性，增大活性表面积，从而保持良好的电催化性。其发展趋势是以此为基础寻找合适的第三组元。

中间层的开发也是 DSA 的另一研究热点，在基板和活性氧化物层间插入不同中间层，以提高金属阳极使用寿命，增加导电性。

4.3.4.2 利用稀土引发多孔电极

$RuO_2 \mid Ti$ 电极是由粒子较大的 RuO_2 组成表面催化层，真实表面积较小。科技工作者为了改进 $RuO_2 \mid Ti$ 电极，采用在 Ti 基上热分解 $RuCl_3$ 和 $LaCl_3$（$Ru : La = 7 : 3$）先制取 $RuO_2 - La_2O_3 \mid Ti$ 电极，然后在 H_2SO_4 溶液中溶解掉 La_2O_3，得到多孔的 $RuO_2 \mid Ti$ 电极，稀土氧化物在这里起着孔引发剂的作用。

4.3.4.3 改用非铂族金属为主的涂层阳极

钌 - 钛氧化物涂层为代表的铂族金属涂层阳极，虽然有许多优异的性能，但由于钌资源缺乏，价格昂贵，人们一直在探索使用便宜易得的非铂族金属氧化物为主的涂层阳极。其中 MnO_2，Co_3O_4，SnO_2 等金属氧化物已进入实用化研究阶段。例如尖晶石型氧化钴涂层，Co_3O_4 改性涂层等。其制法是将钴、铜、镁、锌等金属的混合液和金属盐类涂覆到清洁的钛表面，250℃~470℃空气中烘干，热分解生成氧化物。涂覆需反复进行 6~12 次直到涂层符合一定的厚度要求。美国道化公司对非铂族金属氧化物涂层阳极已进行了扩大试验，有望通过进一步改进阳极性能后达到实用要求。

有人研究了有锡锑氧化物中间层的石墨基 MnO_2 涂层阳极，$MnO_2 \mid SnO_2 + SbO_x \mid$ 石墨，在 H_2SO_4 溶液中使用寿命比石墨长，工业电流密度（1000 A/m^2）下达 8000h，塔费尔方程式中 a 值仅为 0.428 V，i_0 值为 1.37×10^{-1} A/cm^2，析氧活化能低（20 kJ/mol）。

4.3.4.4 PbO$_2$阳极的改进

铅是贱金属，价格便宜易得，因此 Pb – Ag 阳极在冶金工业中应用最早，也很普遍，但前面已经指出，它有许多致命的弱点，因此人们一直在设法进行改进。

PbO$_2$有两种晶型，β – PbO$_2$导电性和耐蚀性均较好，α – PbO 不存在电积畸变，O – O 原子间距离处在 TiO$_2$ 和 β – PbO$_2$之间，对两者的结合都较合适。故使用 α – PbO$_2$可提高钛基体和涂层之间的牢固度，避免畸变的产生，还可使表面层中的 β – PbO$_2$分布均匀。在基体选择上，发现钛基体上比铅基体上所制得的 PbO$_2$涂层中 β – PbO$_2$含量高，比表面积大，在此基础上人们对 PbO$_2$阳极也在进行研究和改进，开发了一种所谓新型二氧化铅电极。它是以镀银钛为基体，在其上薄薄沉积一层 α – PbO$_2$，再沉积 1 mm 厚的 β – PbO$_2$。基体镀银后导电性提高 7 ~ 15 倍，PbO$_2$涂层黏结性好，用 11% 的 Ag – Pb 代替纯 Ag 镀层，导电性基本不变，耐腐蚀性大大提高，寿命为镀银层 PbO$_2$ 电极的 13 倍，且价格降低。涂两层 PbO$_2$使镀层致密性更好，电极寿命提高。

Ti – Ag – α – PbO$_2$ – β – PbO$_2$电极对氯碱工业进行了工业化实验，有较好的效果，应用于各种金属电解精炼、废水电解处理、电化学防腐等也很有前途。

有人还制成了 Ti｜SnO$_2$ – Sb$_2$O$_3$｜PbO$_2$阳极，发现使用寿命较长，催化性能较好，在不同温度下硫酸盐溶液中测得塔费尔方程式中的常数 a 和 b 及交换电流密度 i_0 的值与 Pb – Ag 电极上所测值比较列于表 4 – 6。

表 4 – 6   Ti | SnO₂ – Sb₂O₃ | PbO₂ 与 Pb 电极的比较

电极	温度/℃	a/V	b/V	i_0/(mA/cm²)
Ti | SnO₂ – Sb₂O₃ | PbO₂	30	0.313	0.181	1.88×10^{-2}
	60	0.291	0.175	2.173×10^{-2}
	80	0.184	0.172	8.532×10^{-2}
Pb – Ag	60	0.792	0.158	9.705×10^{-6}

由表 4 – 6 可以看出，Ti | SnO₂ – Sb₂O₃ | PbO₂ 阳极的催化性能比 Pb – Ag 阳极好很多，在 Zn，Cu，Ni，Co 等有色金属从硫酸盐溶液中电积，Mn 电解、高氯酸盐生产、有机合成、废水处理等领域有良好的应用前景。

4.3.4.5　研制合金阳极

人们正在通过合金化等途径改善 Pb – Ag 合金阳极，如 Pb – Ca – Ag 合金，锻造 Pb – Ca – Sn 合金等。

Pb – Ca – Sr – Ag 阳极用于 Zn 电积已进入工业实验，原沈阳冶炼厂 20 世纪 80 年代中期开始研制，20 世纪 90 年代后在多家冶炼厂投入工业运行，均取得满意效果。沈冶的试验表明槽电压平均下降 0.31V，可节电 100 kW·h/t Zn，节省 Ag70%，提高电效 0.5%，寿命比 Pb – Ag 阳极提高 1.5 ~ 2.0 倍。

国外某公司研究了一种 Cu/Ta 双金属网组成的阳极，钽抗腐蚀力强，为阳极金属提供了一个连续而致密的覆盖层，使用寿命提高。Cu/Ta 线上涂 PbO₂ 或 Pt 催化层，析氧过电位与 Pb 阳极相同。其结构为一组平行垂直线网，线网有充分空间，有利于气泡上升，电解液流动，电流密度可提高，Cl⁻，NO₃⁻ 存在可安全工作，已获得美国专利。

4.4　铝熔盐电解催化电极研究

4.4.1　碳阳极的改性研究

铝电解时碳阳极上最初产物为 CO_2，整个电解反应如下：

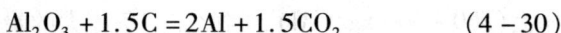

$$Al_2O_3 + 1.5C = 2Al + 1.5CO_2 \qquad (4-30)$$

1000℃下此反应的标准可逆电势 $E_{可逆} = 1.169$ V，实验室中准确测量得该值为 $1.13 \sim 1.18$ V，在生产电解槽上测得的极化电势 $1.65 \sim 1.80$ V，通常阴极过电位仅为 $40 \sim 80$ mV，主要是阳极过电位，其值在 $0.4 \sim 0.6$ V。

刘业翔院士首先提出设想，将某种催化剂加入到碳阳极中以改变阳极材料的性质，增加其表面的反应活性中心，以加速电极反应，从而降低碳阳极的过电位。刘院士和他的合作者陆续研究发现了一批能明显降低碳阳极反应过电位的电催化剂。若干用于铝电解的电催化剂掺杂于碳阳极中与未掺杂的碳阳极相比，在 0.8 A/cm² 电流密度下过电位下降值(mV)如表 4-7。

表 4-7　碳阳极掺杂物导致阳极过电位下降值

掺杂物	K - Ca 盐	Li_2CO_3	Li - Mg 盐	Li - Mg - Ca 盐	Mg - Al 盐	Mg - Fe 盐
过电位下降值 /mV	148	147	80	74	68	54

由表 4-7 可见 Li_2CO_3 的加入，显著降低了阳极过电位，掺有 Li_2CO_3 的阳极糊(通称"锂盐糊")用于铝电解工业，取得了巨大的节能效果和经济效益。1987 年起，掺杂碳阳极的研究成果开始在我国转入工业实验，山东铝厂取得节能 460 kW·h/t Al 的良好效果，后在许多铝厂推广，也都取得了良好的节能效果和可观

的经济效益。1992 年锂盐糊技术获得国家科学技术进步一等奖。

4.4.2　铝电解惰性阳极研究

除了对传统的碳阳极进行改性研究以外，目前还有一个新的研究热点，那就是惰性阳极材料的研究。

因为碳阳极在铝电解中是消耗性的，其缺点是：①优质碳消耗大($500 \sim 600$ kg/t Al)，因此需配备庞大的炭素阳极生产厂，而且阳极要经常更换；②碳阳极不断消耗，极距不稳定，需要复杂的机械装置来调整，工艺复杂；③电解反应产生大量温室气体 CO_2(1.71 t/t Al)和少量 CO 及大量的致癌物质 CF_n 等，严重污染环境。因此，国际国内铝业界高度重视铝电解中的惰性阳极研究。惰性阳极的优点是：①电极在电解过程中不消耗，无需附加的碳素加工厂，降低了成本；②电极不消耗，极距稳定，易于控制，阳极更换次数少，劳动强度降低；③可采用更高的电流密度，提高了电解槽的产能；④阳极析出的是氧气，避免了环境污染，氧气可作为副产品，估计回收的氧可能是原铝产品价值的 3%。由于是高温熔盐电解，对惰性阳极的要求也高：①必须耐受电解质的腐蚀，溶解度小；②能耐受新生态氧的渗蚀；③有良好的导电性(电阻率不大于碳阳极)；④机械强度高，抗热震性强，不易脆裂；⑤容易加工成型，易与金属导体连接；⑥原料易得，价格便宜。这也是目前惰性阳极难以在铝电解中实现工业化的原因。

目前研究的惰性阳极大体分为三类：

(1)金属氧化物陶瓷惰性阳极

金属氧化物陶瓷一般具有较好的抗氧化、抗腐蚀性能，但机械强度和导电性差，如何提高机械强度和导电性是关键。目前国内外研究比较多的是 SnO_2 基阳极(一般为 80% 以上的 SnO_2)，添加其他金属氧化物以改善导电、成型等方面的性能。邱竹贤等添加 ZnO，CuO，Fe_2O_3，Sb_2O_3，Bi_2O_3 等制得了导电性和耐腐蚀性都较高的阳极材料，并成功地进行了100A的扩大试验。另外还有人研究了 CeO_2 涂层阳极，$NiFe_2O_4$，$CoFe_2O_4$，$NiO-Li_2O$，$Cr_2O_3-NiO-CuO$（如分别为62.3%，35.7%，2%）等作为惰性阳极材料。

（2）合金惰性阳极

金属及其合金导电性、导热性优良，强度高，易加工，易与导电杆连接，但在高温电解相对恶劣的条件下易腐蚀，特别是单一金属，因此研究最多的是合金，目前研究较多的是富Cu和富Ni的 Cu-Ni 合金、Ni-Fe-Cu 合金、Ni-Fe 合金、Al-Cu 合金、Ni-Al-Fe-Cu-X 合金（如60%~80%Ni，3%~10%Al，5%~20%Fe，0%~15%Cu，0%~5%的铬、锰、钛、钼等）。合金阳极的关键是如何使生成的氧化物膜达到溶解、生成、扩散间平衡，既能防止阳极腐蚀，又不影响导电性，同时要进一步对合金成分与组织进行优化，对电解过程、电解温度及电解质组成作相应调整。

（3）金属陶瓷惰性阳极

金属陶瓷惰性阳极基体为陶瓷相，添加一定量的金属，高温烧结制得金属陶瓷，金属陶瓷由于具有金属的良好导电性，又具有陶瓷的良好抗蚀性，因此成为研究的惰性阳极之一。目前主要应用的陶瓷相基体材料是 $ZnFe_2O_4$ 和 $NiFe_2O_4$。而 $NiFe_2O_4$ 在电解质熔盐中表现出更好的耐腐蚀性和更低的溶解度而更受重视。例如人们对 $NiFe_2O_4+NiO+Cu$，$NiFe_2O_4+NiO+Cu+Ag$，$NiFe_2O_4+NiO+Ni+Cu$，$NiFe_2O_4+Cu+Co$ 等都有研究。

中南大学、东北大学等对惰性阳极都有研究，但离工业应用还有一段路要走，这主要是制造过程还存在很多困难，阳极材料的耐蚀性、导电性、机械强度、抗热震性等离实际应用都还有差距。

4.4.3　惰性阴极研究

　　现在工业铝电解采用的是碳素阴极，其缺点主要是铝液对碳润湿性不好，这就导致：①电解槽内必须有一层比较深的铝液才能实现正常电解作业，而这一层较深的铝液在电解槽内诱发电磁振动，引起铝液扰动，从而限制了阳极与阴极距离不能降到最小，不是防止短路断电现象；②由于铝液对碳润湿性不好，冰晶石熔体，尤其是其中的钠浸入碳块，促使碳阴极体积膨胀甚至产生裂纹，导致电解槽破损；③电解质还可能渗漏到阴极钢棒，致使阴极产品铝中含铁量升高，降低产品质量。

　　国内外科技工作者在铝电解阴极方面也作了大量的研究工作，目的是找到一种新型的惰性阴极或者称为润湿性阴极，只需要一层薄薄的铝液膜就能保持阴极实现良好的电接触，阴阳极之间的距离达到最小，而不会出现任何短路断电现象，这样槽电压就可下降，能耗即可降低。据报道，将润湿性阴极与惰性阳极相配，可将电解铝的能耗下降25%～30%，但要实现这个目标还要走很长的路。

　　用作惰性阴极的材料主要是难熔硬质金属、合金及其化合物。难熔硬质金属材料主要是元素周期表中第四到第六族过渡金属元素的硼化物、碳化物等。这些材料有很高的熔点和硬度，有较强的导电和导热性，还能被金属液很好润湿，对熔融电解质和金属液有较强的抗蚀性，但它们较脆，对热冲击敏感。因此研究方向是在基体表面涂覆、烧结一层 TiB_2 或粘贴一层 TiB_2 板作为阴极。国内中南大学、东北大学等高校在这方面作了较多的研究工作。TiB_2 阴极的优点是在铝中溶解度很小，具有良好的导电性和热稳定性，对铝液有良好的润湿性，能有效防止电解质熔体和钠的浸蚀，而且 TiB_2 阴极表面不易生成沉淀和结壳，因此使炉膛比较规整，电流分布均匀，减少磁场对铝液的扰动，提高电流效率，改善铝的质量，降低能耗。

生产铝电解工业用的 TiB_2 阴极的方法主要有：熔盐电解法、固相反应法、溶胶－凝胶法、化学气相沉积法。常用的是熔盐电解法(即在碳阴极上电镀 TiB_2 层)，该法成本较低，技术工艺过程简单，经济效益可行。后几种方法成本都甚高。

东北大学采用的电解液组成：KCl 4.8％，KF 55.7％，K_2TiF_6 15.3％，KBF_4 24.2％(质量分数)，电解温度 800℃，电解 3h，电流密度 0.3 A/cm^2。电解过程中定时补加 K_2TiF_6 和 KBF_4，以维持 TiF_6^{2-} 和 BF_4^- 的活度。

电解槽中可能发生的反应为：

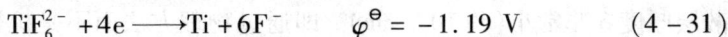

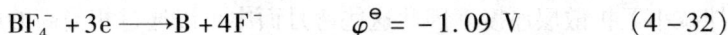

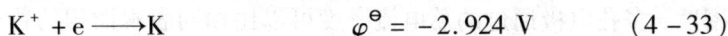

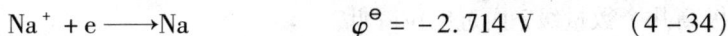

$$TiF_6^{2-} +4e \longrightarrow Ti +6F^- \qquad \varphi^\ominus = -1.19\ V \qquad (4-31)$$

$$BF_4^- +3e \longrightarrow B +4F^- \qquad \varphi^\ominus = -1.09\ V \qquad (4-32)$$

$$K^+ + e \longrightarrow K \qquad \varphi^\ominus = -2.924\ V \qquad (4-33)$$

$$Na^+ + e \longrightarrow Na \qquad \varphi^\ominus = -2.714\ V \qquad (4-34)$$

由反应电位可以看出，Ti 和 B 比较容易析出，K^+ 和 Na^+ 难析出，而且 TiF_6^{2-} 和 BF_4^- 分解电压接近，因此容易实现 Ti 和 B 的共沉积，析出的 Ti 和 B 进一步反应生成 TiB_2 或 TiB：

$$Ti_{(s)} + B_{(s)} \longrightarrow TiB_{(s)} \qquad (4-35)$$

$$Ti_{(s)} + 2B_{(s)} \longrightarrow TiB_{2(s)} \qquad (4-36)$$

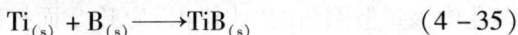

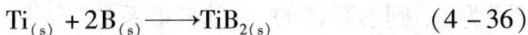

实验中得到了镀层成分均匀，表面平整有金属光泽较为理想的 TiB_2 涂层。目前国内外 TiB_2 惰性阴极均尚未达到工业应用水平。

4.5 其他催化电极

4.5.1 多孔电极

前面讲的电催化作用可以说都是通过“能量因素”起作用。

多孔电极则是通过几何因素起催化作用的典型例子。

同样的设备条件下，要提高生产量，即增大反应速度，对电化学反应来说就是提高电流密度。但是提高电流密度会使过电位升高，增加电能消耗，而且电流密度升高到一定值后，最后会导致浓度极化，达到极限扩散电流，影响产品质量。多孔电极由于真实表面积大，即单位体积反应层中的真实反应表面积大，在同样的电流密度下，多孔电极的真实电流密度要小得多，因此过电位也小得多。

多孔电极中存在大量毛细管，具有无数弯月面，在这些弯月面中液层很薄，相当于扩散电流方程式 $i = nFD(C^0 - C^s)/\delta$ 中扩散层厚度 δ 非常小（约 10^{-5} cm），即通过物理方法而不是机械搅拌减小了扩散层厚度。因此这些弯月面中可以通过相当高的电流密度，多孔电极通过的总电流密度可以比相同表观面积的普通电极高几个数量级，而过电位降低。

多孔电极是一个由多相网络交迭形成的复杂体系，在各相中进行着不同的传质和导电过程，故在这个体系中物质的传输也具有特殊的规律。因此扩散方程式中的扩散系数也应加以修正。设多孔中该扩散网络的"比体积"为 $V_{比}$，而扩散方向的平均"曲折系数"为 β，则多孔体的"有效扩散系数"应为：

$$\tilde{D} = D_i V_{比}/\beta^2 \qquad (4-37)$$

式中：D_i——i 粒子在整体相（单一无孔相）中的扩散系数。（β 为直通孔的 $\beta = 1$，曲折孔 $\beta = 3$）。

当今常用的多孔电极材料根据是否参与电极净反应可分为"惰性"和"活性"两类。前者是作为发生电极反应的场所，后者则自身作为电化学活性物质参加反应。后者例如铅酸电池中的 Pb 和 PbO_2 电极，锌锰电池中的 MnO_2 电极以及碱性锌电池中的 Zn 电极等。若按电极的工作方式分类，则有全浸液多孔电极和气体多孔电极两类。前一类电极的内孔全被电解液所浸没，电极中只含固、液两相；后一类电极工作时部分孔隙充液，同时仍保持有一定数量的气孔，因而电极中存在固、液、气三相。

　　文献报道，在聚氨酯或其他高分子化合物的气氛中加热可制成多孔碳电极、多孔金属或合金组成的电极。多孔金属和合金电极还可用金属粉末烧结法制成，它具有电阻低，机械强度高，化学稳定性好的特点。例如羰基镍粉烧结制成的多孔镍电极用于电解合成 KOH，电极孔隙率达 76%，表面积 $1.44 \times 10^3\ cm^2/cm^3$，电解温度 20℃ ~ 70℃，电流密度 250 ~ 2500 A/cm^2。

　　由于多孔电极具有高的输出性能，在化学电源、工业电解、燃料电池及电化学检测等方面得到了广泛的应用。

4.5.2　膜电极

　　膜电极就是紧贴离子膜两面粘附上粉状活性阴极和活性阳极。阳极的基本组分是铂族金属及其氧化物，因此具有很好的催化活性；阴极涂层主要含铂黑和石墨等，因此具有多孔性，也有很好的催化活性。这种电极的特点是阳极、阴极、膜三者为一体，结构紧凑，因此能得到小设备、大容量、高效、优质、低耗的良好效果。安装这种电极的电解槽称为"SPE"槽。

　　SPE 电解槽最初是 1960 年美国航空宇宙局开发的用于宇宙飞船上的燃料电池，后来又应用于水电解。1976 年美国 GE 公司和意大利德诺拉公司共同开发移植于氯碱生产。采用 Nafion120 全氟离子交换膜，一面是阳极涂层，厚 80 μm，主要是钌、钛氧化物，二者之比为 45∶55，另一面粘附上以铂黑和石墨为主的阴极涂层，厚 50 μm，组分比为 1∶1，电流密度分别为 3000，5000，10000 A/cm^2 时，槽电压相应为 2.7，3.5，5.1 V。这种电极的技术关键是阳极组分中掺杂特殊化合物，所以又称为"特殊阳极"。特点是氧过电位为一般 DSA 的两倍，氯气中含氧少，电极的化学稳定性好，耐酸、碱，导电性好，对离子膜有较好的附着率。

"SPE"技术的开发重点是开发廉价的电催化性好的催化剂和尽量降低贵金属用量,开拓新的应用领域。

4.5.3　流态化床电极

流态化床电极是利用处于流态化状态的导电颗粒做工作电极,因此电极比表面积大、传质速度高。这种电极是20世纪60年代初英国首先开发的一项新技术。它以金属粒子(或涂金属的粒子)作阴极,当处理液(电解液)沸腾时,它与供电棒接触,溶液中的金属离子放电沉积在阴极颗粒上得以回收。1966年英国伦敦国立研究发展公司申请了专利,1975年,荷兰阿克苏公司建立了一套水银法氯碱厂废盐水除汞中试装置。床高1.2 m,采用铜粒子管式沸腾床反应器;1978年联邦德国 Enka 公司从阿克苏公司购置了两套装置,用于处理含铜废酸液,实现了流态化电解技术工业化。

应用这种技术处理工业废液非常经济和有效,还在有机、无机电化学合成、燃料电池、硫化矿氧化、电解金属钴、电解金属铜以及净化隔膜中铁、铅、铜等方面做了研究工作。预计潜在的市场是湿法冶金和低品位矿加工。

悬浮电解(矿浆电解)是一种类似流态化电极的电解过程,示意图如图4-12。

磨细的矿物(如硫化矿)经浆化后加入矿浆电解槽的阳极区,根据不同矿物选择合适的电解液,矿浆电解槽用渗滤性隔膜将阴极反应区与阳极区分开,在阳极区金属矿物悬浮粒子由于电解液不断翻滚带动与阳极接触而被氧化浸出,氧化生成的金属离子透过隔膜进入阴极区并在阴极上析出。阳极区电解过的矿浆经液固分离后,电解液返回矿浆电解槽,渣则弃去,如渣中含有别的有用成分,可进一步处理回收。从阴极电解液中回收沉积的金属粉末。

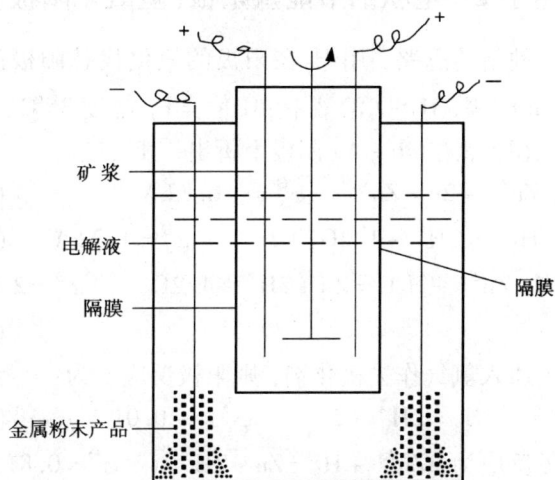

图 4 - 12　悬浮电解(矿浆电解)示意图

电解过程中,阳极反应不在电极表面上进行,而是在矿浆中的矿物粒子表面上进行,通过阳极反应使矿石中的硫化物浸出。

矿浆电解的特点:流程短,能耗低,金属分离效率高,生态环境好,因为一般金属硫化物氧化浸出后生成元素硫,不产生 SO_2 和 H_2SO_4。

矿浆电解历史不长,明确提出这一概念是在 20 世纪 70 年代后。70 年代末以来,北京矿冶研究总院对铜、铅、铋和其他多金属硫化矿等进行了矿浆电解的研究和开发工作,1976 年,中南矿冶学院曾提出过一个硫化铅矿浆电解的流程,并申请了专利。1977 年湖南柿竹园有色金属矿建成并投产了世界上第一个矿浆电解厂,每年产金属铋 200 t。

流态化电解技术的关键是阴极金属粒子和隔膜材料的选择,防止粒子积聚的电解槽结构的设计。

4.5.4　用于 Zn 电积的节能氢阳极(氢氧化阳极)

这是一种新的思路,用 H_2 在阳极的氧化代替阳极的析氧反应。常规 Zn 电积,H_2SO_4 溶液中 pH 值 =1,温度 35℃,Zn 在 Al 板阴极上沉积,氧在 Pb – Ag 阳极上析出,其反应为:

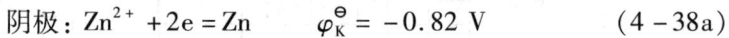

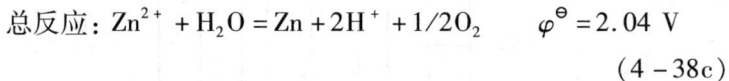

阴极:$Zn^{2+} + 2e = Zn \qquad \varphi_K^{\ominus} = -0.82 \text{ V}$ 　　　(4 – 38a)

阳极:$H_2O = 2H^+ + 1/2O_2 + 2e \qquad \varphi_a^{\ominus} = 1.22 \text{ V}$ 　(4 – 38b)

总反应:$Zn^{2+} + H_2O = Zn + 2H^+ + 1/2O_2 \qquad \varphi^{\ominus} = 2.04 \text{ V}$

$$(4 – 38c)$$

若阳极通入氢气作去极化剂,则阳极反应变为:

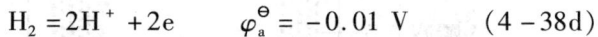

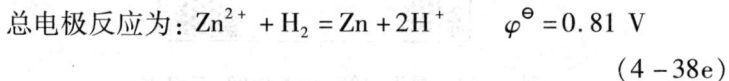

$$H_2 = 2H^+ + 2e \qquad \varphi_a^{\ominus} = -0.01 \text{ V} \qquad (4 – 38d)$$

总电极反应为:$Zn^{2+} + H_2 = Zn + 2H^+ \qquad \varphi^{\ominus} = 0.81 \text{ V}$

$$(4 – 38e)$$

阳极电位减小 1.23 V,同时电解损失的水达到最小,电解槽内产生的热量也减小了。经过多年研究试制,美国某公司研制出一种氢扩散阳极,在 Zn 电积的工厂实验,比原先析氧阳极的槽电压降低 1.8 ~ 2.0 V,电耗可降低为原来的一半以上,而且还可用于其他金属电积和电镀中代替析氧阳极。当然,氢扩散阳极的推广使用还需要从投资费用、电极和电解槽的设计、使用寿命、催化剂的涂覆费用,易损坏部件的修复或敷设费用等多方面进行考虑和改进,并通过长期的运转考核,还需考虑氢气的来源。

4.5.5　阴极的改进

对阴极改进的目的也是降低能耗,延长使用寿命。研究重点是析氢阴极和析氧阴极。

4.5.5.1　低氢过电位阴极

在氯碱工业中阴极上的析氢过电位平均 300 mV,降低氢过电位的方法是活化阴极或采用涂层工艺。金属涂层以 Fe，Co，Ni 及第Ⅷ族贵金属占绝大多数，或在该系金属内再添加 P，S，W，或在 Ni 系金属里添加 Al(或 Zn)等两性金属，再用高浓度碱液处理溶出 Al(或 Zn)而制成雷尼镍系催化剂涂层，其具有巨大的内外表面积(真实表面积比光亮 Ni 的大 2～3 个数量级)。

其次是选用非铁材料为基体，例如粉末钛和粉末镍混合在氢气中加热至 850℃，经过适当处理后，得到的阴极比铁阴极过电位要低 250 mV 左右，这种电极已在工业上应用。意大利德诺拉公司的 SPE 电解槽的阴极，就是选用非金属基体，如合金陶瓷是以 Fe，Ni 掺杂一些贵金属为催化剂，用各种涂镀方法在基体表面上形成膜而制成的。

某些阴极材料在 20% NaOH 溶液中 60℃ 的析氢过电位列在表 4－8 中以供参考。

表 4－8　20% NaOH 溶液中 60℃若干阴极材料析氢过电位/mV

电极材料	电流密度/(mA·cm^{-2})	
	200	500
海绵 Pt	55(80℃)	－
低碳钢	360	440
镀 Ni 钢板(5% Ni)	230(80℃)	－
Ni－Al 合金(雷尼镍)	80	120
Ni－Al－10% Mo	60	90
Ni－Al－25% Mo	44	－

另外纳米粒子由于晶粒尺寸小，表面所占的体积百分数大，表面的键态和电子态与颗粒内部不同，表面原子配位不全等因素

导致表面的活性位置增加，因此具有作为催化剂的条件。而且随着粒径的减小，表面光滑程度变差，形成了凹凸不平的原子台阶，从而增加了反应的接触面，也有利于加速反应的进行。在电化学反应中，采用纳米晶催化电极的研究近些年来逐渐增多。特别是析氢电极的研究更多，一般是采用电沉积法，在电极基体金属表面电沉积一层纳米晶单金属或合金，这不仅大大提高了电极的催化活性，也使电极基体寿命大大提高，耐蚀性、耐高温性增强。例如析氢催化电极方面，电沉积纳米晶单金属 Ni、二元和多元合金 Ni – Co, Ni – Mo – Pb, Ni – W – Mo, Ni – Co – Mo, Ni – Fe – Mo – Co 等都有较好效果。

表 4 – 9 列出了电沉积纳米镍电极与铂丝即普通镍电极在 1 mol/L H_2SO_4 溶液中电化学析氢的动力学参数，以便进行比较。

表 4 – 9　不同镍电极及铂丝电极析氢动力学参数

电极	a/V	b/V	$i_0/(A \cdot cm^{-2})$
纯铂丝	0.233	0.126	3.78×10^{-3}
纳米镍	0.553	0.111	9.62×10^{-4}
粗晶镍	1.097	0.571	1.98×10^{-4}
高纯镍片	0.702	0.142	4.76×10^{-4}
纳米镍 – 钴合金	0.690	0.160	1.47×10^{-3}

从表 4 – 9 可以看出，纳米镍和纳米 Ni – Co 合金电极的催化性能接近贵金属铂的析氢催化性能。

表 4 – 10 列出了 Ni – Co – Mo, Ni – Fe – Mo, Ni – Fe – Mo – Co 纳米合金电极在 30% NaOH 溶液中析氢的动力学参数。可以看出，其中 Ni – Fe – Mo – Co 四元合金的催化性能较好。

表 4 - 10　　不同合金电极上 30%KOH 溶液中析氢的动力学参数

电极	a_1/mV	b_1/mV	i_1^0/(A·cm^{-2})	χ	a_2/mV	b_2/mV	i_2^0/(A·cm^{-2})	χ
Ni - Co - Mo	218.9	93.5	4.56×10^{-3}	0.64	470.7	383.4	6.007×10^{-2}	0.16
Ni - Fe - Mo	180.6	86.8	8.33×10^{-3}	0.69	313.2	222.7	3.920×10^{-2}	0.27
Ni - Fe - Mo - Co	153.5	72.6	7.67×10^{-3}	0.83	279.4	228.9	6.017×10^{-2}	0.26

注：下标 1 表示低电流密度区；下标 2 表示高电流密度区；χ 为电子传递系数。Ni - Co - Mo 的组成为 58.3 : 26.5 : 16.2；Ni - Fe - Mo 的组成为 51.2 : 21.6 : 27.2；Ni - Fe - Mo - Co 的组成为 35.6 : 24.7 : 23.5 : 16.2。

4.5.5.2　析氧阴极

最近出现了一种新型阴极，称为气体扩散电极，以代替氯碱电解槽的阴极析氢反应。其原理是将阴极析氢反应改换为溶氧反应。阴极析氢反应为：

$$2H_2O + 2e \longrightarrow 2OH^- + H_2 \qquad (\varphi^\ominus = -0.827\ V) \qquad (4-39)$$

而溶氧反应为：

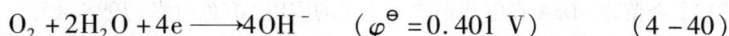

$$O_2 + 2H_2O + 4e \longrightarrow 4OH^- \qquad (\varphi^\ominus = 0.401\ V) \qquad (4-40)$$

由于反应的改变，理论分解电压可比原来析氢阴极降低 1.23 V，相当于节能 900 kW·h/t Cl$_2$。美国大洋公司在 1975 年就开展了氧阴极的研究工作，借鉴了太阳燃料电池的研究成果，现在也已进入工业化实用阶段。

对于氯碱工业，使用空气阴极，槽电压可望下降 28%，在大电流密度下操作，用纯氧比用空气有更高的极化，寿命长。然而根据初期投资和操作费用推算，除了规模足够大的氯碱厂（每天生产能力在 1000 t Cl$_2$ 以上），或者工厂本身能提供大量的氧气外，用不含 CO$_2$ 的空气比纯氧经济。推广氧阴极尚有三个技术难点：一是选择廉价催化剂，二是电极成型，三是电极寿命。

参考文献

[1] 吴辉煌. 电化学. 北京：化学工业出版社，2004.

[2] 阿伦.丁.巴德，拉里.R.福克纳，邵元华，朱果逸，董献堆等译. 电化学方法原理与应用. 北京：化学工业出版社，2005.

[3] 查全性等. 电极过程动力学导论. 北京：科学出版社，2004.

[4] 刘业翔. 功能电极材料及其应用. 长沙：中南工业大学出版社，1996.

[5] 龚竹青. 理论电化学导论. 长沙：中南工业大学出版社，1997.

[6] 李启隆. 电分析化学. 北京：北京师范大学出版社，1997.

[7] 董绍俊，车广礼，谢远武. 化学修饰电极. 北京：科学出版社，1995.

[8] 陈延禧. 电解工程. 天津：天津科学出版社，1996.

[9] 陆北锷. 电极过程原理和应用. 北京：高等教育出版社，1992.

[10] 张招贤. 钛电极工学. 北京：冶金工业出版社，2003.

[11] 张招贤，赵国鹏，胡耀红. 应用电极学. 北京：冶金工业出版社，2005.

[12] 金荣涛. DSA 在电解铜箔生产中的应用. 有色冶炼，1998，(5)：27.

[13] 张招贤等. 氯化物体系电积钴中活性涂层钛阳极的研制. 广东有色金属学报，1992，2 (2)：108.

[14] 龚竹青，欧阳全胜，祝永红等. 钛基形稳阳极的制备方法及其应用. 稀有金属与硬质合金，2005，33(3)：46.

[15] 刘晓霞等. 钛基 RuO_2 – PAN 活性阳极的研制. 东北工学院学报，1990，11(4)：170.

[16] 张玉萍. 锌电积用阳极的研究与发展. 湿法冶金，2001，20(4)：170.

[17] 宋卫峰. 形稳阳极电解处理有机废水的机理研究. 重庆环境科学，2000，22(6)：60.

[18] 梁振海等. Ti｜SnO_2 – Sb_2O_3｜PbO_2 电极的电催化性. 材料科学与工程，1996，14(1)：62.

[19] 康厚林. Pb – Ag – Sr – Ca 四元合金阳极在电解锌生产中的应用. 有色矿冶，1995，(5)：25.

[20] 周雅宁，万亚珍，刘金盾. 二氧化铅电极的制备与应用现状. 无机盐

工业, 2006, 38(10): 8.

[21] 邓姝皓, 龚竹青, 陈文汩. 电沉积纳米晶体电催化电极的制备及性能. 中南大学学报, 2002, 33(6): 571.

[22] 罗北平, 龚竹青, 任碧野等. 高析氢催化活性和稳定性的纳米晶 Ni - Fe - Mo - Co 合金. 功能材料, 2006, 37(6): 940.

[23] Beer H B. The invention and industrial development of metal anodes. Electrochem soc, 1980, 127(8): 303c - 307c.

[24] Foti G, etal. Characterization of DSA type electrodes prepared by rapid thermal decomposition of the metal precursor . Electrochimica Acta, 1998, 44: 813.

[25] Mousty C, etal. Electrochemical behaviour of DSA type Electrodes prepared by induction heating. Electrochimica Acta, 1999, 45: 451.

[26] Ailton J Terezo, etal. Preparation and characterization of Ti/RuO_2 anodes obtained by sol - gel and conventional routes. Materials Letters, 2002, 53: 339.

[27] Ann Comell, etal. Ruthenium based DSA in chlorate electrolysis - critical anode potential and reaction kinetics . Electrochimica Acta, 2003, 48: 473.

[28] Peterson I, etal. Parametrs influencing the ratio between Electrochemically formed α - and β - PbO_2. Power sources, 1998, 76: 98.

[29] 李劼, 李相鹏, 赖延清等. 采用惰性阳极和可润湿性阴极的新型铝电解槽. 轻金属 2002, (8): 36.

[30] 徐启莉, 石忠宁, 邱竹贤. 熔盐电镀制取铝电解用 TiB_2 惰性阴极. 东北大学学报(自然科学版), 2004, 25(9): 873.

[31] 郭峰. 铝电解用金属基惰性阳极材料的开发与展望. 粉沫冶金材料科学与工程, 2007, 12(3): 134.

[32] 刘业翔. 铝电解惰性阳极与可润湿性阴极的研究与开发进展. 轻金属, 2001, (5): 26.

[33] 王志刚, 黄蔚, 赖延清. 铝电解惰性阳极研究新进展. 轻金属, 2007, (2): 27.

[34] De Nora V. Aluminium electrowining the future . Aluminium, 2000, 76

(12): 998.

[35] Haugsud R. On the influence of non – protective CuO on high – temperature oxidation of Cu – rich Cu – Ni based alloys. Oxidation of Metals, 1999, 53 (516): 427.

[36] Makyta M, Danek V. Electrodeposit of titanium diboride from fused salts. Journal of Applied Electrochemistry, 1996, 26(3): 319.

[37] Neal G. S, et al. Inert anodes for the smelting of aluminium, Iut, Ceram. Monagr 1994(proceeding of the international ceramics conference 1994), 666 – 671.

第 5 章　超微电极
（Ultramicroelectrode）电化学

5.1　超微电极概述

5.1.1　超微电极的分类

20 世纪 60 年代中期，当在旋转圆盘电极的电流 – 时间曲线测定中排除了对流的影响时，人们发现电极反应过程与旋转圆盘电极的半径有关，到 20 世纪 70 年代末，英国南安普敦大学的 Flecischman 指出，减小电极尺寸对反应不仅有量的影响，而且有质的改变。因此从 20 世纪 70 年代开始，超微电极电化学发展成一门新的电化学科学，为人们对物质微观结构的探索提供了一种有力的手段。

超微电极是电化学和电分析化学的前沿领域。当电极的一维尺寸从毫米级降低至微米级和纳米级时，表现出许多不同于常规电极的优良的电化学特性，因此在理论上它比常规电极更适用于电化学反应过程中热力学和动力学研究。

5.1.1.1　常规微电极与超微电极

在电化学和电分析化学中，常用的电极形状有圆盘电极、球形电极、柱形电极、条形电极、圆环电极等，如果这些电极的半径或宽度（简称一维尺寸）属于毫米级，称为常规电极，也有的书和文献上将其称为微电极，或常规微电极。这类电极上的电化学理论主要建立在线性扩散基础上，通常情况下，在这类电极上的电化学反应中的物质扩散接近于半无限的平面扩散，即一维扩散，电流－电势图体现为经典的循环伏安图。其电化学性质许多专门著作已有详尽的论述。

超微电极是指电极一维尺寸为微米（10^{-6} m）或纳米（10^{-9} m）级的一类电极，它的电化学理论建立在多维扩散基础之上，具有常规微电极无法比拟的许多优良电化学特性。反应物的扩散除了通常的轴向扩散外，平行于电极表面的径向扩散也起着重要的作用，其电流电势图呈现稳态的电流－电势曲线，类似于经典的极谱图和旋转电极电流－电势曲线。

5.1.1.2　超微电极的分类

超微电极的种类很多，按材料不同，可分为超微铂、金、汞电极和碳纤维电极；按其形式的不同，可分为微盘电极、微环电极、微球电极和组合式微电极，如图 5-1 所示。

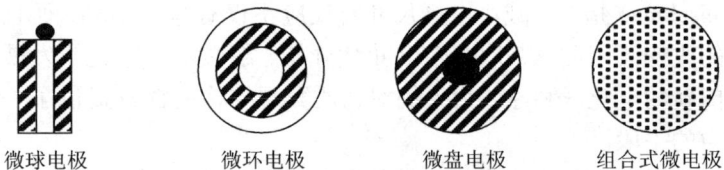

微球电极　　　　微环电极　　　　微盘电极　　　　组合式微电极

图 5-1　超微电极示意图

除了上述类型外还有超微圆柱电极、超微半扁球电极、超微带状电极等。组合式微电极是由众多的微电极组合而成，具有微电极的特征，电流又较大。可用于通常的电化学仪器测定。但经长时间反应后，其中每个支电极的扩散层发生重叠，整个电极的扩散行为最终将转变为平面扩散类型。目前可制作小至 10^{-7} m（1000Å）的微盘电极和 2×10^{-8} m（200Å）的微球电极。

5.1.2　超微电极的制备方法

超微电极的制备方法大致分为以下几种：

（1）密封法。将极细的金属丝（如 Pt，Ag）或碳纤维封入玻璃毛细管中，然后抛光露出盘形端面。

（2）成型法。将低熔点金属（如 In）灌入与金属粘附性较强的玻璃管中，再一起拉成毛细管。

（3）沉积或涂层法。通过蒸发将金属沉积在毛细管内侧，然后将毛细管在某处折断，或者在纤维上沉积或涂上一层金属，再涂上一层玻璃或合适的聚合物，而制成电极。

（4）附着法。将液态金属（如汞、汞齐）直接沉积在基体材料（如碳）的端面上而形成微球电极。

超微电极由于制造工艺上的困难，也限制了它的应用。

5.2　超微电极的基本特征

超微电极由于尺寸很小（ <100 μm，即 $<10^{-2}$ cm），而通常电极表面的扩散层厚度为 $10^{-2} \sim 10^{-3}$ cm，因此超微电极的尺寸常小于其扩散层的厚度，所以具有一系列常规微电极不具备的特征。

5.2.1　易于达到稳定电流

超微电极由于其尺寸小，扩散过程与球形电极非常类似，可近似地用球形电极模型来处理。设有电极反应 O + ne→R，球形电极表面上非稳态扩散过程的电流可以通过解扩散方程（5-1）得到

$$\frac{\partial C_0(r,\,t)}{\partial t} = D_0\left[\frac{\partial^2 C_0(r,\,t)}{\partial r^2} + \frac{2}{r}\,\frac{\partial C_0(r,\,t)}{\partial r}\right] \quad (5-1a)$$

$$\frac{\partial C_R(r, t)}{\partial t} = D_R \left[\frac{\partial^2 C_R(r, t)}{\partial r^2} + \frac{2}{r} \frac{\partial C_R(r, t)}{\partial r} \right] \quad (5-1b)$$

解扩散方程得到 O 的还原电流为：

$$i_k = 4\pi n F D_0 \left[C_0^* - C_0(r_0, t) \left[r_0 + \frac{r_0^2}{\sqrt{\pi D_0 t}} \right] \right.$$

$$= i_{k, d} - 4\pi n F D_0 C_0(r_0, t) \left[r_0 + \frac{r_0^2}{\sqrt{\pi D_0 t}} \right] \quad (5-2a)$$

$$i_{k, d} = 4\pi n F D_0 C_0^* \left[r_0 + \frac{r_0^2}{\sqrt{\pi D_0 t}} \right] \quad (5-2b)$$

式中：C_0^*——氧化态 O 在溶液本体中的浓度；$C_0(r_0, t)$——O 在电极表面的浓度；D_0——O 的扩散系数；i_k——O 的还原扩散电流；$i_{k, d}$——O 的极限还原电流；r_0——球形电极半径。

R 的氧化电流为：

$$i_a = -4\pi n F D_R \left\{ C_R^* - C_R(r_0, t) \left[r_0 + \frac{r_0^2}{\sqrt{\pi D_R t}} \right] \right\}$$

$$= i_{a, d} - 4\pi n F D_R C_R(r_0, t) \left[r_0 + \frac{r_0^2}{\sqrt{\pi D_R t}} \right] \quad (5-3a)$$

$$i_{a, d} = -4\pi n F D C_R^* \left[r_0 + \frac{r_0^2}{\sqrt{\pi D R t}} \right] \quad (5-3b)$$

式中：$i_{a, d}$——O 的极限氧化电流。由式（5-2b）和式（5-3b）可见，极限扩散电流为时间 t 的函数，$i_{k, d}$ 的绝对值和 $i_{a, d}$ 随着 t 的增加而减小，当 $t \to \infty$ 时，i 达到稳态值。

由于超微电极尺寸小，即 r_0 小，很容易满足 $t^{1/2} \gg \dfrac{r_0^2}{\sqrt{\pi D}}$，因此极化时间稍长式（5-2b）中括号内第二项可忽略不计，从而得到 $i_{k, d} = 4\pi n F D_0 C_0^* r_0$，这时电流为稳态电流，由式（5-3b）也可得到同样的结果。因此用超微电极得到的 i—E 曲线呈 S 形，而不呈峰形。正如 5.1 节中指出的常规电极为半无限扩散，电流—电势曲线，呈经典循环伏安图，而超微电极上呈现稳态电流—电势曲线，类似于经典极谱图和旋转电极电流—电势曲线。这归结于常规电极的一维扩散和超微电极的多维扩散。

5.2.2　超微电极时间常数很小

因为电容 $C \propto r_0^2$，而溶液阻抗 $R \propto 1/r_0$，所以时间常数 $RC \propto r_0$。例如，$r_0 = 5 \times 10^{-4}$cm，R 为 10 kΩ，$C_s = 100$ μF/cm^2，$RC = 10 \times 10^3 \times 100 \times 10^{-6} \times \pi (5 \times 10^{-4})^2 = 0.78 \times 10^{-6}$ s。

电位发生阶跃时，电极双电层充电电流与时间的关系为

$$i_t = i^0 \exp\left(-\frac{t}{RC}\right) \tag{5-4}$$

式中：i^0——时间 $t = 0$ 时的充电电流，$i^0 = K\Delta E/R$，K 为常数，ΔE 为阶跃电位幅度。由于超微电极的时间常数 RC 很小，充电电流 i_t 衰减速度快，例如，$r_0 = 5 \times 10^{-4}$cm 的圆盘电极，在 4 μs 时 i_t/i^0 已小于 0.01，若 $r_0 = 2 \times 10^{-4}$ cm 的圆盘电极，0.6 μs 时 i_t/i^0 已小于 0.01。由于超微电极具有较高的法拉第电流密度，同时其充电电流 i_t/i^0 比值衰减又很快，超微电极在短时间内即能达到稳态，电极响应时间很短，因此比常规电极更适用于各种暂态电化学方法如方波伏安法、脉冲伏安法、阶跃电位法、快速扫描伏安法，并可检测出一般电化学方法难以检测的一些半衰期短的反应中间产物。超微电极适用于微量、痕量物质的检测及快速、暂态电化学反应。

5.2.3　可应用于电阻高的溶液

由于超微电极的表面积很小，电流密度虽然很大，相应的各类电流绝对值仍很小。因此，电解池的 IR 降常小至可以忽略不计。在电化学测量和电化学分析中，我们知道，电解池系统的电

阻来自两个方面，一是来自电极自身的电阻，如果 r_0 为微米级，则电阻并不很大。如果达到纳米级，则电阻会相应增加很多；二是来自电极表面溶液的电阻，它与溶剂有很大关系，一般有机溶剂其 ρ_s 达几十或几千欧·厘米。超微电极上的电流密度虽然很大，但其电流强度还是很小的，只有 $10^{-9} \sim 10^{-12}$ A，因此电解池系统所造成的 IR 降还是很小，不会对伏安曲线的性质产生明显的影响。这样，就可将其应用于电阻高的溶液，如某些有机溶剂和未加支持电解质的纯水溶液、气相体系、半固态和固态体系等。这时，可用简单的双电极体系代替为消除 IR 降而设计的三电极体系，在电化学测量和电化学分析中操作更简单方便。

5.2.4　超微电极表面的扩散

在一定的电位下，去极剂在电极上发生氧化或还原反应，于是电极表面产生浓度梯度，促使去极剂从溶液本体向着电极表面的扩散传质。超微电极表面附近的扩散不是线性的，而是非线性的。超微电极表面既有轴向扩散，又有"边缘效应"产生的径向扩散(见图 5 - 2)。"边缘效应"为超微电极表面的重要效应。

"边缘效应"的大小用 σ 表示：

$$\sigma = (D/ar_0^2)^{1/2} \tag{5-5}$$

式中：$a = (nF/RT)\upsilon$，υ 为电压扫描速度。

由式(5 - 5)可见，$r_0 \to \infty$ 时，$\sigma = 0$，为线性扩散，即普通圆盘电极；r_0 越小，σ 越大，即边缘效应越大，当 $\sigma > 10^3$ 时，边缘效应已相当明显，即为超微电极。

例如超微圆盘圆环电极上的扩散方程可表示为：

$$\frac{1}{D}\frac{\partial c}{\partial t} = \frac{\partial^2 c}{\partial r^2} + \frac{1}{r}\frac{\partial c}{\partial r} + \frac{\partial^2 c}{\partial z^2} \tag{5-6}$$

垂直于电极表面方向的扩散称为线性扩散，即上式右边第三项，沿半径方向的扩散作用称为非线性扩散或称径向扩散，即上

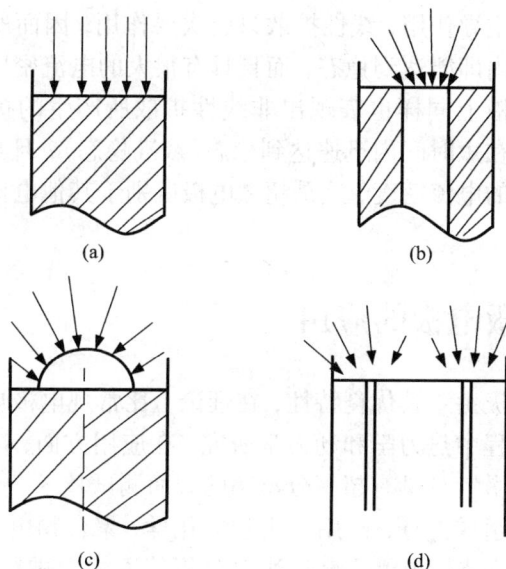

图 5 - 2　电极表面扩散示意图

(a) 大面积平面电极；(b) 微盘电极；(c) 微球电极；(d) 微环电极

式右边第一项、第二项。如果是半径很大的圆盘电极，则线性扩散起主导作用，非线性扩散属次要作用。如果圆盘电极的半径趋于无限大，则该电极上的扩散仅是一个方向，属于一维扩散，其扩散方程式可写作：

$$\frac{\partial C}{\partial t} = D\,\frac{\partial^2 C}{\partial z^2} \qquad (5-7)$$

由线性扩散所产生的电流称为线性扩散电流，其特征为 $i \propto t^{-1/2}$，当 $t \to \infty$，$i \to 0$。实际上对于有限圆盘电极 (即超微电极)，电流经过一定时间衰减后即达到稳态，这个稳态电流来自非线性扩散。研究表明，对于圆盘电极稳态电流密度与电极半径 (r_0) 成反比，如果 r_0 较大，稳态电流密度值较小，半径很小的电极，非线性扩散起主导作用,线性扩散只起次要作用,因而所得扩散电流在短时间内即能达到稳态,而且具有很大的电流密度。其他形式的超微电极上同样也表现出非线性扩散所产生的扩散电流特性。电流能在短时间内迅速达到稳态(或准稳态),且具有比常规电极大得多的电流密度,这是超微电极区别于其他电极的两个重要性质。

5.3　超微电极的应用

超微电极由于其优良特性,在理论上比常规电极更适用于电化学反应过程中热力学和动力学研究,在应用方面,新发展的扫描电化学显微镜是具有超高分辨率的表面测试技术,超微电极是其中的重要组成部分,已用于生物电化学,聚合物电化学,毛细管电泳,高效液相色谱,流动注射分析等方法中进行在线检测。总之,超微电极电化学已渗入到许多高新科学技术领域,具有重要的科学价值和广阔的发展前景。

5.3.1　电化学反应机理的研究

微电极可应用于快速电极反应和电沉积机理的研究。如对于许多 EC,ECE 等反应,由于化学反应的发生,降低了中间体或产物的稳定性,缩短了中间体或产物的寿命,要捕获到这些中间体或产物必须缩短在生成和被检测之间的时间差。采用微电极技术可通过两种途径实现,一是采用单微电极体系,在其上通过高速扫描技术,在中间体未来得及反应之前对其进行检测;二是通过双电极体系,缩短生成电极和捕获电极的间距为微米级的微环盘或阵列电极或其他类似双电极体系,可有效地捕获到中间体或产物,从而为机理研究提供直接信息。

Fleishmann 等人用 0.1 μm 的汞微球电极测定 Hg^{2+}/Hg 体系

的反应速率常数 K 和传递系数 a，并用半径为 0.5 μm 的超微铂盘电极研究了蒽在无水乙腈中电极氧化反应，确定为 ECE 的反应机理，反应式可写作：

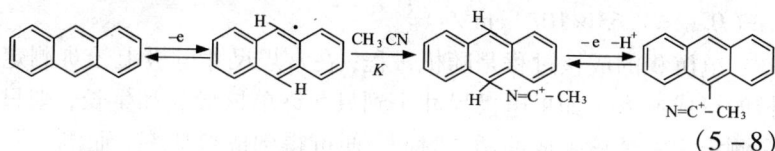

$$(5-8)$$

测得氧化波如图 5-3。并进一步求得 $K = 190 \pm 50$ s^{-1}，与 Hammaerich 等用旋转圆盘电极法测定的结果($K = 125$ s^{-1})相近。

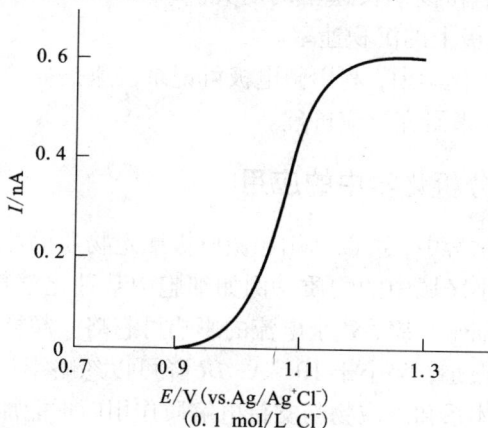

图 5-3　蒽的氧化波

又如有人用微盘铂电极测定三苯胺的氧化反应属于二级 ECE 反应：

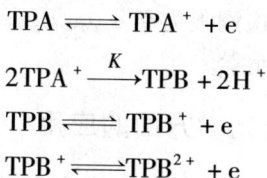

$$TPA \rightleftharpoons TPA^+ + e$$

$$2TPA^+ \xrightarrow{K} TPB + 2H^+$$

$$TPB \rightleftharpoons TPB^+ + e$$

$$TPB^+ \rightleftharpoons TPB^{2+} + e$$

TPA 表示三苯胺, TPB 表示四苯基联苯胺, 测定用的是 r_0 为 10.2 和 15.6 μm 的微盘铂电极, 测得 TPA 在含 0.1 mol/L TEAP 的乙腈中的稳态伏安曲线, 由此求得 $K = 2.44 \times 10^3$ $dm^3/(mol \cdot s)$ ($D_{TPA} = 1.63 \times 10^{-5}$ cm^2/s)。

电沉积的成核过程是随机过程, 在常规尺寸电极上较难测定核的形成速率。如果电极尺寸小到只允许单核形成和生长, 则只需测定第一个核生成的诱导时间, 便可得到成核速率; 而测定随后的电流, 便能确定核的生长速率。微电极接近于上述情况, 可用于成核速率和核生长速率的研究。Fleischmann 等研究了 $\alpha -$ PO_2 在铂微电极上的沉积速率。

在光谱电化学中, 利用微电极可记录快速扫描的电信号和光谱信号, 以此来研究反应机理。

5.3.2　在分析化学中的应用

在分析化学中, 可以利用超微电极测定物质的浓度。它特别适合于测定小区域中的物质。例如细胞中某种化学物质的浓度, 且不会破坏细胞组织, 残余电流的影响可忽略。超微电极由于电流的绝对值很小, 常小于 $10^{-9}A$, IR 降可以忽略不计, 特别适用于有机试剂体系和反应物与支持电解质作用而不能加入支持电解质的高电阻电化学体系, 这为样品的现场检测带来了极大方便。

超微电极的检测限很低, 适用于痕量物质的测定。在生命科学、环境水质分析、食品工业等领域得到较为广泛的应用。如碳纤维电极在无支持电解质条件下测定水中 Pb, 线性响应范围为 10.1 ~ 50.0 $\mu g/L$, 检测限为 0.8 $\mu g/L$, 用超微电极还可检测 As, Cu, Zn, Hg, Sn 等元素。

5.3.3　在生物电化学方面的应用

超微电极由于在生物体研究中不会损坏组织或不因电解破坏

测定体系的平衡，因此被广泛用于研究神经系统中神经传导机理，生物体循环及器官功能等。例如，用铂超微电极测得在血清中抗坏血酸的循环伏安图。如图 5-4 所示。用这种方法测定抗坏血酸在循环系统中的浓度，可确定生物器官中的循环障碍。在狗肾皮层中记录的微电极的伏安图，如图 5-5 所示。可用于监测肾皮层的渗透作用，从而将好肾与坏肾区分开。用微型碳纤维电极植入动物体内进行活体组织的连续测定，例如对血液中氧气的连续测定，监测时间可达一个月之久。将这种微电极用于各种伏安法可测量脑组织中多巴胺及儿茶胺等物质的浓度变化，对脑神经的传导机制等的研究，提供十分有意义的信息。生物细胞的体积小，细胞内的许多物质是微量的，细胞内的生化反应时间在毫秒级，因此细胞分析技术要求满足样品体积小，高选择性，高灵敏度，响应速度快等要求。超微电极可置于细胞周围环境，也可插入细胞内部，在基本不损伤细胞又不影响生理功能的情况下，实时定量地监测单个细胞内的电活性物质及其变化。可见，随着超微电极技术的发展，超微电极将成为诊治的有用工具。

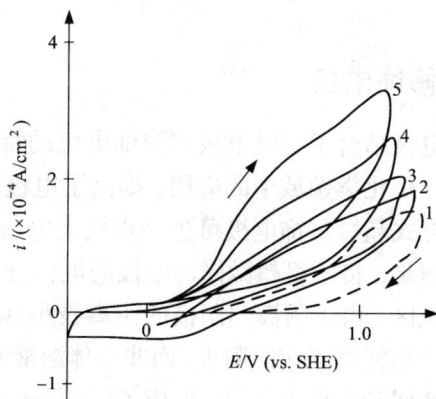

图 5-4 血清中抗坏血酸的循环伏安图

抗坏血酸浓度(mmol/L)：1—无；2—0.5；3—2.5；4—5.0；5—7.5

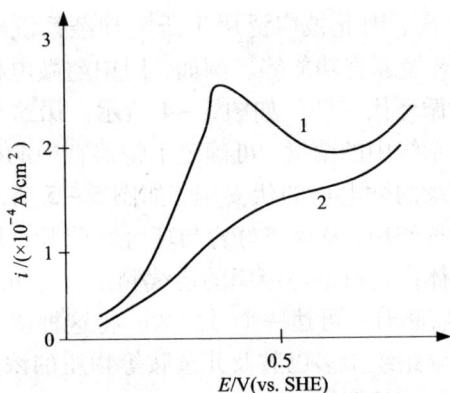

图 5 – 5　狗肾皮层中抗坏血酸伏安图

1—无损伤肾；2—皮层已损坏的肾

　　超微电极还可用于细胞光合作用、呼吸作用的研究，如有人将钼/碳圆环电极用于细胞光合作用研究，监测海洋羽藻叶绿体 O_2 还原电流随光照强度的变化，发现光照强度增加，O_2 还原强度增加。

5.3.4　超微修饰电极

　　超微修饰电极结合了超微电极和修饰电极的特点，拓展了其在电化学和电分析化学领域中的应用，提高了电极的选择性和灵敏度。采用组合式超微修饰电极可进一步放大电信号，提高灵敏度。其方法原理是，将两组超微修饰电极的电位分别置于阴极和阳极的极限电流区，由于阴极和阳极的距离极小（0.1 ~ 10 μm），阴极上还原的产物能够迅速向阳极（而非本体溶液）扩散，在阳极上氧化后又重新回到阴极上还原，形成了"氧化还原循环"，从而使法拉第电流放大，可以在大量不可逆物质存在下分析测定电化学可逆性好的痕量物质。

5.3.5　在扫描探针显微镜中的应用

1982 年，IBM 公司苏黎世实验室的科学家制出了一种新型的表面分析仪器——扫描隧道显微镜（Scanning Tunneling Microscopy，简称 STM），使人们第一次能够观察到单个原子在物质表面的排列方式和与表面电子行为有关的物质化学性质。1989 年美国 Texas 大学针对电化学界面的特点研究和开发了一套新的显微镜——扫描电化学显微镜（Scanning Electrochemical Microscopy，简称 SECM），其装置示意图如图 5 - 6 所示。该系统以超微电极作为针尖，通过针尖靠近浸泡在溶液中的基底时所产生的流经探

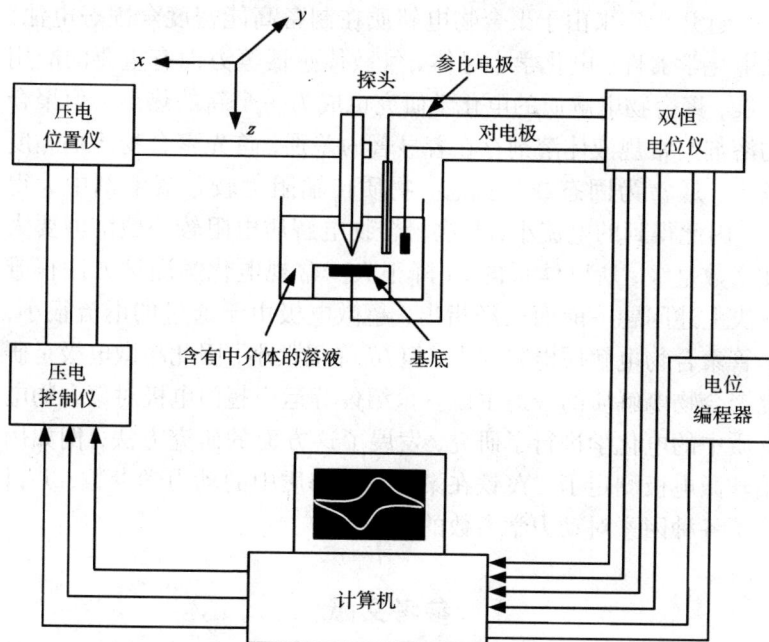

图 5 - 6　SECM 装置示意图

针和基底之间的电流来研究和了解基底的结构特性。STM 是依靠针尖和基底间隧道电流,此时基底和针尖的距离小于 1 nm,表面形貌的解析度也在这个范围之内;而在 SECM 中,电流是通过针尖和基底间氧化还原反应产生,并受界面上的电子转移动力学和溶液中物质的扩散过程控制,故 SECM 中针尖与基底的距离可扩大到 1 nm ~ 10 μm。SECM 是一种强有力的表面分析技术,可用于表征多种类型的样品表面,适用于对电极表面性质和电极过程动力学的研究。

5.3.6　固体电化学中的应用

近几十年来由于聚合物电解质在制备高能密度全固态电池、光电化学器件、电化学半导体、气敏传感器等方面有重要的应用进展,聚合物电解质的电化学研究也成为一个新的热点。但聚合物溶剂与常规液体溶剂存在着显著的差别,首先聚合物溶剂黏度较大,通常为固态或半固态,物质传输阻力较常规溶剂中大得多,因此得到的电流小,其次聚合物电解质电阻较一般溶液要大几个数量级,所以体系的 IR 降很大。常规电化学测试方法很难解决上述问题。前面已经指出,超微电极由于通过的电流很小,尽管聚合物电解质电阻很大,但 IR 降仍很小,因此超微电极是研究聚合物电解质的合适手段。董绍俊等运用超微电极对聚合物电解质中的电化学进行了研究,发展了这方面的研究方法,例如用铂丝微电极测定了二茂铁在聚合物电解质中的动力学参数,并讨论了各种因素对动力学参数的影响。

参考文献

[1] 张祖训. 超微电极电化学. 北京:科学出版社,1998.

[2] 张祖训,汪尔康. 电化学原理与方法. 北京:科学出版社,2001.

[3] 吴辉煌. 电化学. 北京: 化学工业出版社, 2004.

[4] 李启隆. 电分析化学. 北京: 北京师范大学出版社, 1997.

[5] 阿伦. 丁. 巴德, 拉里. R. 福克纳, 邵元华, 朱果逸, 董献堆等译. 电化
学方法原理与应用. 北京: 化学工业出版社, 2005.

[6] 古宁宁, 董绍俊. 超微电极的新进展. 大学化学, 2001, 16(1): 26.

[7] 谢锦春, 崔志立, 薛峰等. 超微电极技术与应用. 分析测试技术与仪
器, 2004, 10(2): 101.

[8] 杨晓辉, 赵瑜, 谢青季等. 扫描电化学显微镜技术近期进展. 分析科学
学报, 2004, 20(2): 210.

[9] Fleischmann M, etal. J. Electroanal. Chem. Interfacial Electrochem, 1984,
177: 115.

[10] Olefirowicz T M, Ewing A G. Capillary electrophoresis in 2and 5 m diame-
ter capillaries: application tovcytor plasmic analysis. Anal Chem, 1990,
62: 1872 – 1876.

[11] Matsue T, Oike S, Abe T, etal. An ultra microelectrode for determination
of intracellular oxygen: light – irradiation – induced in oxygen concentration
in algal protoplast Biochim. Biophy Acta, 1992, 1101: 69.

[12] Maryanne M C, Pedro J Z, Hanming W. etal. Diffusion coefficients of red-
ox probes encapsulated within solgel derived silica monoliths measured with
ultramicroelectrodes. Langmuir, 1999, 15: 662.

[13] Sonia Maria da silva. Determination of lead in the absence of supporting e-
lectrolyte using carbon fiber ultramicroelectrode without mercury film. Elec-
toanalysis, 1998, 10: 722.

[14] Bard A J, Mirkin M V(Eds). Scanning Electrochemical Microscopy. New
York: John Wiley&sons, 2001.

第 6 章　电化学传感器

人的五官就是一种传感器，通过视觉、听觉、触觉，我们可以感受到外界的物理变化。而味觉和嗅觉却必须以带味的化学物质为对象，像这种响应于化学物质的传感叫做化学传感。化学传感器巧妙地利用了电化学测定的原理，因此也可称为电化学传感器。其原理可分为三类：电压传感器、极限电流传感器和库伦传感器。目前应用最广泛的是电压传感器，它是通过能斯特电压与被测物质浓度联系起来的。

电化学传感器在近些年来越来越受到广泛重视和关注，应用领域也十分广泛。其主要应用领域首先是自动过程控制，特别在微电子技术快速发展的今天尤其显得重要；其次是环境保护和控制；第三是生物医学等方面的应用。

电化学传感器一般具有生产成本低、操作简便、免维护和低能耗、与微电子技术兼容、在低浓度下有高灵敏度和选择性等优点和特性。这些特点是传统分析仪器无法比拟的。其中发展比较快的是气敏传感器和生物传感器。

6.1　气敏传感器

气敏传感器大体上可分为三类：固体电解质气敏传感器、定电位电解式传感器和伽伐尼电池式传感器，下面分别进行介绍。

6.1.1　固体电解质气敏传感器

固体电解质气敏传感器的优点是：①固态可使浓差电池的体积变小，容易实现集成电路化；②电解质厚度的减小可使电池的内阻变小，从而降低电池的工作温度；③固态消除了泄露问题，不会造成电解质损失，减少维修费用，降低了成本。

（1）氧离子固体电解质及其电池

1889 年发现了 ZrO_2 掺杂 Y_2O_3 的氧离子导体，氧离子有较高的迁移率和较低的激活能，随后开展了氧浓差电池的研究。1957 年 C. Wagner 发表了用固体电解质原电池测定高温下金属卤化物、氧化物和硫化物标准生成自由能的论文，引起科学家们的极大兴趣。1961 年 Weissbast 做成了第一台氧化锆（ZrO_2）测氧传感器，它具有显示灵敏度高、量程宽、稳定可靠、响应快、结构简单等特点，因而发展迅速，制成了热电厂控制燃烧过程的传感器、钢铁液测氧传感器。后者为钢铁工业赢得了时间和质量，被誉为当时世界钢铁冶金领域中三大重大科研成果之一。

用于制作氧传感器的固体电解质是由多元氧化物组成，如二元氧化物 $(ZrO_2)_{0.9} \cdot (Y_2O_3)_{0.1}$，三元氧化物 $(ZrO_2)_{0.94} \cdot (Y_2O_3)_{0.04} \cdot (Al_2O_3)_{0.02}$。目前用得较多的是 $ZrO_2 \cdot Y_2O_3$，$ZrO_2 \cdot CaO$，$ZrO_2 \cdot MgO$ 等二元氧化物。

（2）氧浓差电池

氧离子固体电解质电池又称氧浓差电池，典型的氧浓差电池为：

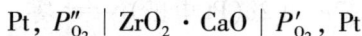

$$Pt, P''_{O_2} \mid ZrO_2 \cdot CaO \mid P'_{O_2}, Pt$$

如图 6 - 1 所示。

这种传感器是将 CaO 或 Y_2O_3 按 10% 摩尔比固溶于 ZrO_2 中得到稳定的氧化锆产物。固体电解质两边涂上多孔铂作为电极，固体电解质是氧离子良导体，因而构成一个浓差电池。电池一边氧

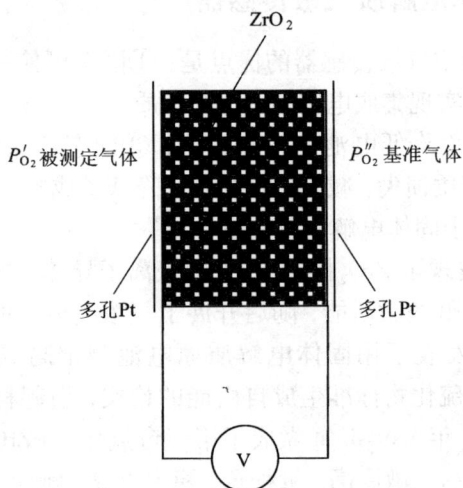

图 6 – 1　ZrO_2 基固体电解质氧浓差电池示意图

分压是固定的(P''_{O_2})，作为基准，另一边是待测氧分压(P'_{O_2})。

P'_{O_2} 一边半电池反应可以分作五步：

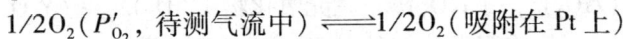

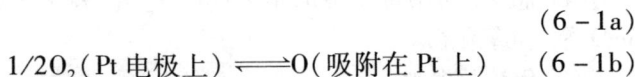

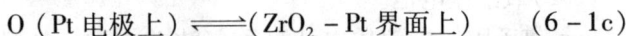

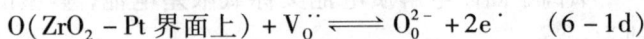

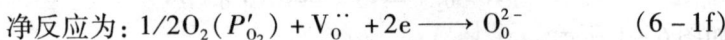

$$1/2O_2(P'_{O_2}, \text{待测气流中}) \Longleftrightarrow 1/2O_2(\text{吸附在 Pt 上})$$

$$(6-1a)$$

$$1/2O_2(\text{Pt 电极上}) \Longleftrightarrow O(\text{吸附在 Pt 上}) \quad (6-1b)$$

$$O(\text{Pt 电极上}) \Longleftrightarrow (ZrO_2-\text{Pt 界面上}) \quad (6-1c)$$

$$O(ZrO_2-\text{Pt 界面上}) + V_O^{\cdot\cdot} \Longleftrightarrow O_0^{2-} + 2e^{\cdot} \quad (6-1d)$$

$$2e^{\cdot} + 2e(\text{Pt 电极}) \Longleftrightarrow \text{零} \quad (6-1e)$$

净反应为：$1/2O_2(P'_{O_2}) + V_O^{\cdot\cdot} + 2e \longrightarrow O_0^{2-} \quad (6-1f)$

式中：$V_O^{\cdot\cdot}$——氧离子空穴；O_0——晶格中氧离子；$e^{\cdot}$——电子空穴；e——电子。

同样 P''_{O_2} 一边半电池反应也可分为五步，净反应为：

$$O_0^{2-} \longrightarrow 1/2O_2(P''_{O_2}) + V_0^{\cdot\cdot} + 2e \qquad (6-2)$$

电池总反应为：

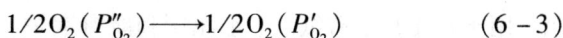

$$1/2O_2(P''_{O_2}) \longrightarrow 1/2O_2(P'_{O_2}) \qquad (6-3)$$

电动势由 Nernst 方程式得到：

$$E = (RT/4F)\log P''_{O_2}/P'_{O_2} \qquad (6-4)$$

若 P''_{O_2} 采用空气（含氧 20.95 %），称参比气体，P'_{O_2} 为待测气体中氧含量，则上式变为：

$$E = 0.04960T(-\ln P'_{O_2} - 0.6789) \qquad (6-5)$$

由电动势的测定可计算出氧含量，这类传感器测量范围为 0.1 ppm ~ 100%，500℃ ~ 800℃ 才符合 Nernst 公式，准确度可达2% ~ 5%。

在测钢液中的氧时，也可以采用 Cr，Cr_2O_3｜Mo 作参比电极，将测量电池作如下设计：

Mo｜Cr，Cr_2O_3｜ZrO_2(MgO)｜[O]$_{Fe}$｜Mo

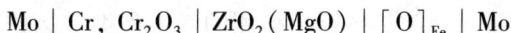

电池电动势可表示为：

$$E = \frac{RT}{F}\ln\frac{P_{O_2(O)Fe}^{1/4} + P_{e'}^{1/4}}{P_{O_2(Cr,\,Cr_2O_3)}^{1/4} + P_{e'}^{1/4}} \qquad (6-6)$$

式中 $P_{e'}$ 是考虑到电子导电而引入的，由厂家给出或自行测定。Cr，Cr_2O_3 的平衡氧分压，可由 Cr_2O_3 的标准生成自由能求得，$\Delta G_{Cr_2O_3}^{\ominus} = -1115750 + 250.45T \pm 1260 = RT\ln P_{O_2}^{3/2}$。

在钢铁冶金中氧传感器已得到广泛的应用，在高炉内、高炉铸床、铁水罐、转炉、电炉、二次精炼、连续中间包及不锈钢冶炼等过程中都可用固体电解质氧传感器监测熔体或气相中的氧含量，一般用 Cr，Cr_2O_3 作参比电极，在有色冶金中，铜的火法精炼过程，也可用固体电解质氧传感器在线、准确、快速监测金属液中氧含量，以保证铜锭、坯、材和丝的质量。在测定中多用空气作参比电极。氧传感器亦可用于镍、钴、银、锡、铅、锌等有色金属和合金中氧含量的测定。

这类传感器也已用于测定惰性气体中氧含量，用于制氧厂、化肥厂、半导体厂、焊接和碱金属加工厂。也制成炉气定氧传感器，用于化工厂、造纸厂、水泥厂和航海锅炉，还用于生物化学、生理学、医学、环境监测、汽车发动机的空气燃烧比控制等广泛领域。

除了氧传感器外，人们还研究开发了多种固体电解质气体传感器，如氢气和水蒸气，SO_x（SO_2 和 SO_3）传感器、NO_x（NO 和 NO_2）传感器、CO_2 传感器、含砷气体传感器等。

6.1.2 定电位电解式传感器

目前已有的各类气体检测方法中，电化学传感器占有重要的地位。特别是近些年定电位电解型（即电流型）气体传感器的开发，由于其体积小，测量精度高，适用于现场直接监测等优点而受到广泛重视。这类传感器可检测的气体种类多达数百种，可检测浓度范围宽，从 10^{-9} 数量级到 10^{-2}，应用范围广。目前商品化的电化学传感器可以检测的气体有 O_2，CO，H_2S，Cl_2，HCN，NO，NO_2，酒精，偏二甲肼等十余种，主要应用领域有安全检测、环境监测等。

其工作原理是通过一隔膜，使扩散到电解液中的被测气体电解来检测气体浓度。电解作用是通过从外部施加特定电压到电极表面上进行的，只要测定加在电极上的电位，即可确定被测气体特有的电解电位。

CO 传感器就是利用这一原理设计成的便携式仪器，我国研制的 3AT-2 型 CO 检测仪原理如图 6-2 所示。

传感器内装硫酸电解液和三个相同的贵金属催化电极：W 为工作电极；C 为对电极；R 为参比电极。参比电极的作用是为了使工作电极电位稳定地控制在 CO 分解的电位上。在该电位作用下，被测的 CO 通过传感器聚四氟乙烯膜扩散到工作电极 W 上，

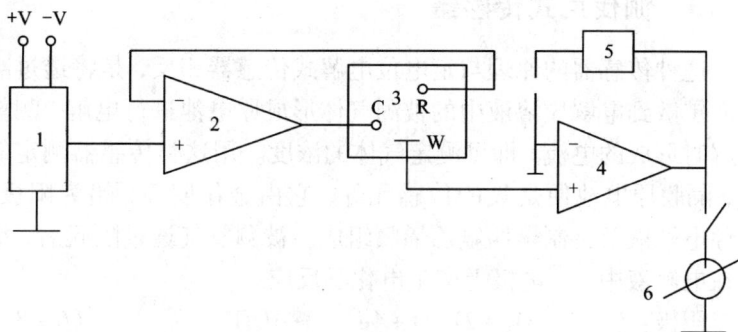

图 6 – 2　3AT – 2 型仪器原理图

1 – 双极性电源；2 – 恒电位环节；3 – CO 传感器；

4 – 放大器；5 – 温度补偿器；6 – 指示电表

并发生氧化反应生成 CO_2，反应为：

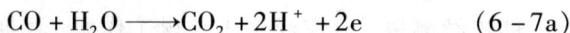

$$CO + H_2O \longrightarrow CO_2 + 2H^+ + 2e \qquad (6-7a)$$

在 C 对电极上进行还原反应：

$$O_2 + 4H^+ + 4e \longrightarrow 2H_2O \qquad (6-7b)$$

电解池的总反应为：

$$2CO + O_2 \longrightarrow 2CO_2 \qquad (6-7c)$$

CO 的电化学氧化是一个比较复杂的反应，由多个步骤组成，但如果选择适当的催化剂和合适的电位，则可保证 CO 在工作电极上电氧化反应的速度受扩散步骤控制，所产生的电流信号大小与 CO 的浓度成正比，电流经放大器 4 放大后，由电表指示 CO 的相应浓度值。上述仪器已用于煤矿、冶金、化工及环保等部门。根据同样原理，我国还研制了 CY – 2 型便携式测氧仪。它是采用外加电源的燃料电池，电解液也用 H_2SO_4，使电极与溶液界面保持一定的电位，进行电解。

6.1.3　伽伐尼式传感器

这种传感器的原理与定电位电解式传感器相反，是将透过隔膜而扩散到电解质溶液中的被测气体形成原电池进行电解，测量电解时形成的电流，即可测定气体的浓度。用这类传感器测定氧气，隔膜原电池便是氧的传感元件，它由金作阴极，铅为阳极，碱性电解液及特制聚四氟乙烯膜组成。被测氧气透过隔膜后，溶解在电解液中，在电极上产生电化学反应：

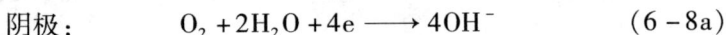

阴极：　　　　　$O_2 + 2H_2O + 4e \longrightarrow 4OH^-$　　　　　(6-8a)

阳极：　　　　　$Pb + 4OH^- - 4e \longrightarrow PbO_2 + 2H_2O$　　　(6-8b)

总反应：　　　　　　$Pb + O_2 \longrightarrow PbO_2$　　　　　(6-8c)

两电极间产生电位差而形成原电池，接通后便产生电流，其电流大小与氧气浓度成正比，因此通过测定电流可得出氧气浓度。这种测量仪器不需外接电源，体积小、重量轻。安全性能好，能连续测量，已广泛用于采煤工作面、瓦斯抽放管道、火灾地区的氧测量，也用于石油化工、隧道、船舶、仓库等类作业环境中的氧监测。

6.2　成分传感器

在冶金过程中，为了实现全智能控制，除了需要监测氧以外，还需要监测所有参与元素的热力学行为。如在钢铁生产中参与元素有锰、铝、铬、钛、钒、锆、稀土、钙、铁等金属元素。还有硅、磷、硫、氢、氮等非金属元素；在有色冶金中参与过程的元素更多，有锂、钠、铯、钙、锑、铜、铬、铁、镓、镍、稀土等金属元素和砷、硫、磷、氮、氢等非金属元素。如果在冶金过程中能迅速测定这些元素的活度或浓度，以及他们随过程的变化，就可以保证产品质量，节省能量。为此需要研究开发除氧传感器以外

的其他元素的传感器，这种传感器我们统称为成分传感器，成分
传感器可以分成三类：辅助电极型成分传感器、三相固体电解质
成分传感器和新固体电解质成分传感器，下面分别作简要介绍。

6.2.1　辅助电极型成分传感器

这种传感器是依靠液态或固态合金组元活度测定而发展起来
的。其方法是将固体电解质部分表面涂覆兼含有待测元素和电解
质导电元素的化合物，形成辅助电极，组成电池时能产生有待测
元素参与的化学反应，从而可测定金属熔体中待测元素的活度。
其电池组成可以写作如下形式：

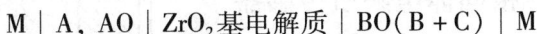

$$\text{M} \mid \text{A, AO} \mid \text{ZrO}_2\text{基电解质} \mid \text{BO(B + C)} \mid \text{M}$$

上述电池中 B 为待测元素，BO 为含有待测元素和电解质导
电元素的化合物，BO 作为辅助电极。

例如不锈钢冶炼时，需要迅速测定 Cr 的含量，国内外对铬传
感器有大量研究。由于 Cr_2O_3 具有电子导电性，不适宜掺入固态
电解质中，而是将 Cr_2O_3 作为独立相良好地附着在固体电解质表
面（称为辅助电极），组成如下形式的电极：

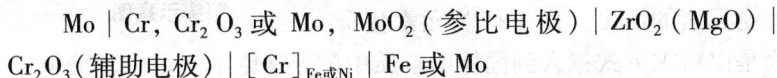

$$\text{Mo} \mid \text{Cr, Cr}_2\text{O}_3 \text{ 或 Mo, MoO}_2 （\text{参比电极}） \mid \text{ZrO}_2 （\text{MgO}） \mid$$
$$\text{Cr}_2\text{O}_3 （\text{辅助电极}） \mid [\text{Cr}]_{\text{Fe或Ni}} \mid \text{Fe 或 Mo}$$

把铬传感器插入含铬金属熔体中，其辅助电极 Cr_2O_3 和含金
属铬熔体界面建立如下平衡：

$$2[\text{Cr}] + 3[\text{O}] = \text{Cr}_2\text{O}_{3(s)} （\text{辅助电极}） \qquad (6-9)$$

$$平衡常数：K = \frac{a_{\text{Cr}_2\text{O}_3}}{a_{\text{Cr}}^2 a_{\text{O}}^3} = \frac{1}{a_{\text{Cr}}^2 a_{\text{O}}^3} \qquad (6-10)$$

由反应的 $\Delta G^{\ominus}$ 可以求得 K，测得 a_{O} 可以计算 a_{Cr}，从而求得
$[\text{Cr}]$。

D. JanKe 采用了塞式结构的铬传感器探头。Cr_2O_3 加黏结剂
涂覆于刚玉管底的内表面如图 6 – 3 所示。又如测定 Ag – Pb 二

元液态合金中 Pb 的活度，可以用 Ni，NiO 做参比电极，PbO 做辅助电极，组成原电池：Pt ｜ Ni，NiO ｜ $ZrO_2(CaO)$ ｜ PbO，(Ag - Pb) ｜ Ir

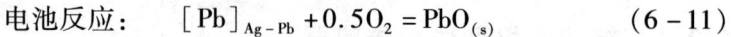

电池反应：　　$[Pb]_{Ag-Pb} + 0.5O_2 = PbO_{(s)}$　　　　（6 - 11）

$$K = \frac{1}{a_{Pb}P_{O_2}^{1/2}}　　　（6 - 12）$$

由电池电动势，可以求出待测极的平衡 P_{O_2} 值，由 $PbO_{(s)}$ 的标准生成自由能可以求出 K，从而求得 a_{Pb}。

6.2.2　三相固体电解质传感器

这是将含有待测元素的化合物掺入固体电解质中，烧成后成为独立相，构成三相固体电解质（对 ZrO_2 基固体电解质而言）。组成电池时，固体电解质中待测元素的氧化物能参与有待测元素参加的化学反应，从而可计算待测元素的活度。由于待测元素化合

图 6 - 3　塞式铬传感器
探头示意图

物是以粉末形式掺入到固体电解质中的，避免了测定中辅助电极在熔体中容易脱落的缺点，且各相成分接触良好，响应速度加快。

如 A. Melean 等将 SiO_2 掺入 $ZrO_2(MgO)$ 中，制成立方晶型 ZrO_2 - MgO 固溶体，四方晶 ZrO_2 和 Mg_2SiO_4 三相平衡的组成作为三相固体电解质成分。传感器的电池形式为：

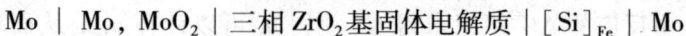

Mo ｜ Mo，MoO_2 ｜三相 ZrO_2 基固体电解质｜$[Si]_{Fe}$ ｜ Mo

电解质中三成分的活度在一定温度下为定值。三相固体电解质｜铁熔体界面有如下平衡：

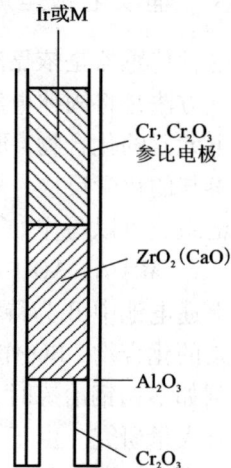

$$2MgO_{(三相电解质)} + [Si]_{Fe} + 2[O]_{Fe} = 2MgO \cdot SiO_{2(s)}$$

$$(6-13)$$

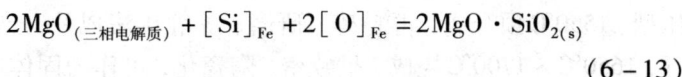

$2MgO \cdot SiO_2$ 为纯物质, 活度为 1, 因此有如下平衡关系式:

$$K = 1/a_{MgO}^2 a_{Si} a_O^2 \qquad (6-14)$$

K 由反应的 $\Delta G^\ominus$ 求得, a_O 由电池电动势:

$$E = \frac{RT}{F} \ln \frac{P_{O_2(参比)}^{1/4} + P_e^{1/4}}{P_{O_2(Fe)}^{1/4} + P_e^{1/4}} \qquad (6-15)$$

再结合氧的溶解自由能求得。如 a_{MgO} 已知, 可求得 a_{Si}。

洪颜若等人用三相混合物固体电解质 $\beta - Al_2O_3 + \alpha - Al_2O_3 + AlN$ 组成传感器测定 $Fe - Mn - N$ 和 $Fe - Mn - V - N$ 合金中 N 的活度, 其电池为:

$$Mo \mid Mo, MoO_2 \mid \beta - Al_2O_3 + \alpha - Al_2O_3 + AlN \mid [N]_{合金} \mid Mo$$

金属陶瓷电池反应为:

$$4AlN_{(s)} + 3MoO_{2(s)} = 4[N]_{合金} + 2Al_2O_{3(s)} + 3Mo_{(s)} \qquad (6-16)$$

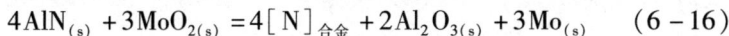

$$E = -\frac{\Delta G^\ominus}{12F} - \frac{RT}{3F} \ln a_{[N]} \qquad (6-17)$$

从而可求得合金中 N 的含量。

6.2.3　新固体电解质传感器

这种传感器分两种, 一种在电解质中含有待测元素的导电离子, 如: $La - \beta - Al_2O_3$ 可用做 La 传感器的电解质, $CuZr(PO_4)_3$ 可作为 Cu 传感器的电解质。另一种则在电解质中不含待测元素的离子, 但在一定气氛下, 可以产生待测元素的导电离子, 如 $SrCe_{0.95}Yb_{0.05}O_{3-\alpha}$, $BaCe_{0.90}Nb_{0.10}O_{3-\alpha}$ 等钙钛矿型氧化物在有水蒸气和 H_2 存在的条件下可产生质子导电, 可用固体电解质制作氢传感器或水蒸气传感器。

例如将分析纯 La_2O_3 和 Al_2O_3 分别在 900℃ 和 1400℃ 煅烧脱水, 按一定比例混合, 在玛瑙球磨机中加无水乙醇混磨、干燥、压型、1550℃预合成，再粉碎、研磨、等静压法成片，热压铸制管，1650℃~1700℃烧成，呈致密、陶瓷化，可作为固体电解质。纯 La 作参比电极，钼丝和钼金属陶瓷分别作为参比电极和待测电极引线组成 La 传感器探头。电池形式为：

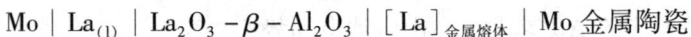

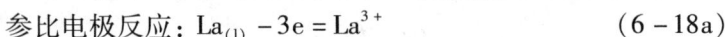

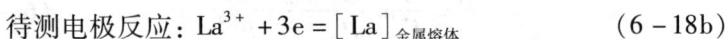

$$Mo \mid La_{(l)} \mid La_2O_3 - \beta - Al_2O_3 \mid [La]_{金属熔体} \mid Mo \; 金属陶瓷$$

参比电极反应：$La_{(l)} - 3e = La^{3+}$ (6-18a)

待测电极反应：$La^{3+} + 3e = [La]_{金属熔体}$ (6-18b)

电池反应：$La_{(l)} = [La]_{金属熔体}$ (6-18c)

实验温度下，La 是液态，以液态作为标准态，可得 $\Delta G = -nFE = -RT\ln a_{La}$

由此可以求得金属熔体中 La 的活度。

6.3 生物传感器

电化学传感器的重要特性是它的选择性，为了提高传感器的选择性，利用生物体是最有效的方法，利用生物体对特定物质进行选择性的识别的化学传感器就叫生物传感器。生物传感器目前已成为设计巧妙、构型新颖、多种用途、前景诱人的高技术领域。

生物传感器种类很多。主要品种如图 6-4 所示，其中有酶传感器、组织传感器、微生物传感器、免疫传感器、细胞传感器、场效应(FET)生物传感器。它们是按传感器中所使用的生物体进行分类的，这些生物体是对被测定的物质进行选择性识别的基础。它们的特点是：①有好的选择性；②操作简便，样品少，能直接测定；③经固定化处理后可长期保持活性；④能连续测定，易实现检测自动化。

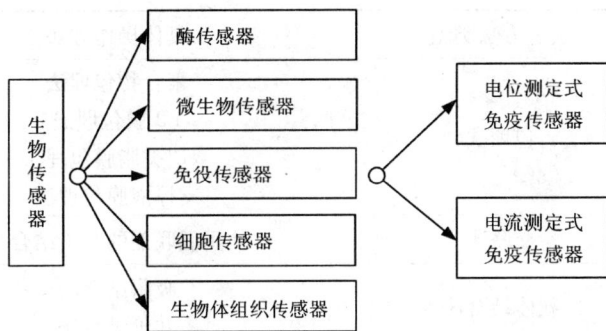

图 6 - 4 　各种生物传感器

6.3.1 　酶传感器

　　酶对特定物质(基质)发生酶催化反应,酶的基质选择性叫做反应特异性,利用酶的这种特性制作的传感器就是酶传感器。制作酶传感器的关键是将酶固定在各种载体上,这称为酶的固定化技术,其要求是使酶等活性物质在保持固有性能的前提下处于不易脱落的状态,以便同基底电极组装在一起。

　　酶在电极表面固定化方法有直接和间接。直接法是将酶通过化学修饰方法直接固定在电极表面,间接法是先将酶固定在载体上,再组装在电极上。酶在载体表面固定的一些方法列于表 6 - 1 中。

　　总的目的是将对被测物具有选择性响应的酶层固定在离子选择性电极表面。被测物是各种有机化合物,它们在酶催化作用下,生成或消耗某些能被电极所检测的催化产物,根据电极对催化产物的响应,可测得产物或反应物的浓度。

表 6 – 1   酶在电极表面固定方法

固定方法类型	具体操作方法
包埋法	聚合物包埋法 LB 膜包埋法 双层类脂膜包埋法 支撑液膜包埋法
交联法	使用偶联剂的共价结合法
载体结合法	吸附结合法 共价键合法

用于测定葡萄糖的酶传感器如图 6 – 5 所示，它是由测定溶解氧的 Clark 型氧气传感器加上酶制成的膜构成，所用酶为葡萄糖氧化酶（GOD 酶），只对葡萄糖具有选择性。测定原理是：① 含有溶解氧的葡萄糖待测液和 GOD 膜接触，

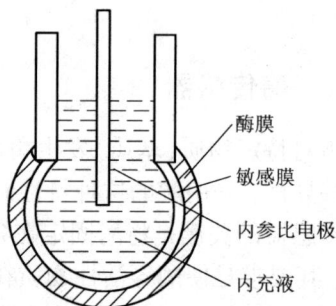

酶膜
敏感膜
内参比电极
内充液

图 6 – 5   酶电极

将发生如下反应，消耗氧生成葡萄糖酸：

$$\beta - D - 葡萄糖 + O_2 + H_2O \longrightarrow 葡萄糖酸 + H_2O_2 \qquad (6-19)$$

② 由于酶膜附近氧量减少，透过敏感膜到达内参比电极铂阴极的氧量也减少，导致氧还原电流变小。

③ 而氧还原电流减少的量与测定溶液中葡萄糖的浓度成正比。

采用与上面不同的方式，利用酶反应生成 H_2O_2，然后测定 H_2O_2 的酶传感器也已生产。其原理是在过氧化氢传感器的表面

层镀上 GOD 膜，测定时，溶液中的葡萄糖在含有酶的膜上面被氧化，生成的 H_2O_2 往膜中扩散，在 Pt 阳极上发生电化学氧化反应。

酶电极由于酶催化反应的选择性很强，在生物化学分析中具有重要意义。

6.3.2　微生物传感器

把微生物固定在膜上，并与电化学器件组合，可组成微生物传感器。它利用微生物的两个功能：① 测定微生物生活消耗的有机物质，即与呼吸有关的氧气、二氧化碳等；② 测定微生物代谢生成的电活性物质。这类传感器在环境监测中非常有用。

微生物电极与酶电极结构相似，与酶电极相比，微生物电极一般稳定性较好，使用寿命较长，灵敏度不亚于前者，但响应速度较慢。目前使用的一些微生物传感器列于表 6 - 2。

表 6 - 2　一些微生物传感器的特性

传感器	微生物	电极	测定浓度 /$(mg \cdot L^{-1})$	响应时间 /min	稳定性 /d
葡萄糖	荧光假单胞菌	氧电极(测电流)	5 ~ 20	10	14
同化糖	乳酸发酵短杆菌	氧电极(同上)	20 ~ 200	10	20
醋酸	芸苔丝孢酵母	氧电极(同上)	10 ~ 200	15	30
氨	硝化菌	氧电极(同上)	5 ~ 45	5	20
维生素 B_{12}	大肠杆菌	氧电极(同上)	0.005 ~ 0.025	2	25
BOD	丝孢酵母	氧电极(同上)	5 ~ 30	10	30
维生素 B_1	发酵乳杆菌	燃料电池(同上)	$10^{-3} \sim 10^{-2}$	360	60
甲酸	酪酸梭菌	燃料电池(同上)	1 ~ 1000	10	30
头孢菌素	弗氏柠檬酸细菌	pH 电极(测电位)	60 ~ 500	10	7
烟酸	阿拉伯糖乳杆菌	pH 电极(测电位)	$10^{-2} \sim 5$	60	30
谷氨酸	大肠杆菌	CO_2 电极(同上)	8 ~ 800	5	20
赖氨酸	大肠杆菌	CO_2 电极(同上)	10 ~ 100	5	20

6.3.3　免疫传感器

免疫传感器是一种灵敏度很高的分析方法，临床上用来检测各种抗原和抗体。固定化抗原膜和固定化抗体膜将抗体抗原反应直接转化为电信号。这些膜分别与抗原抗体结合而使膜电位发生变化，电位变化量与抗原抗体结合量有关，因而可用来判断血型、检查梅毒等。

例如，测定乙型肝炎抗原的免疫传感器，是将乙型肝炎抗体固定在碘离子选择性电极表面的蛋白质膜上。测定时将电极插入含有乙型肝炎抗原的溶液中，使抗体与抗原结合，再用过氧化氢酶标记的免疫球蛋白的抗体处理，形成抗原与抗体的夹心结构：

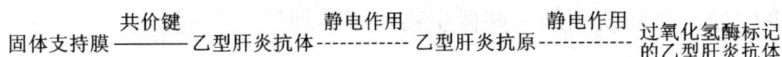

固体支持膜 ——共价键—— 乙型肝炎抗体 --静电作用-- 乙型肝炎抗原 --静电作用-- 过氧化氢酶标记的乙型肝炎抗体

将此电极插入过氧化氢和碘化物溶液中，则在过氧化酶标记的免疫球蛋白的催化作用下，过氧化氢被还原，碘化物因被氧化而消耗，碘离子浓度的减小与乙型肝炎抗原的量成正比，由此可求出乙型抗原的浓度。

免疫传感器已应用于梅毒抗体血清测定、蛋白质代谢异常检查、妊娠检查和肝病诊断等。

6.3.4　细菌或组织传感器

组织传感器是利用天然组织中的酶催化作用，将哺乳动物或植物的组织切片作为传感器，是一种特殊的酶传感器。所不同的是，酶是从细菌和动物组织中分离提取出来的，它们离开原有自然环境后，便相当不稳定，极易失去其生物活性，因而酶传感器使用寿命短。而酶存在于天然动植物组织内，相对稳定，制成的传感器寿命长，价格便宜，宜于推广。但响应时间一般较长，因为被测物质必须先扩散到细菌或组织中，然后酶催化反应将其转变为电极可响应的产物，产物再扩散到电极表面而被检测，这一过程较为缓慢。

如氨基酸的测定，其原理如下：

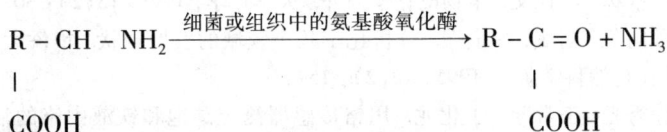

$$R - CH - NH_2 \xrightarrow{\text{细菌或组织中的氨基酸氧化酶}} R - C = O + NH_3$$

|

COOH　　　　　　　　　　　　　　　　　COOH

氨基酸扩散至电极表面上的细菌膜或组织中，被氨基酸氧化酶催化分解，产生氨，氨分子扩散到电极与生物膜间隙的溶液中，用氨气敏电极测定，由此可求得试液中氨基酸的含量。

6.3.5　场效应晶体管生物传感器

场效应晶体管(FET)生物传感器是将生物技术与晶体管工艺相结合的第三代生物传感器，它已向超小型、多功能、高灵敏度及集成化回路的方向发展。例如它可以埋入假牙内测 pH 值和测血管内血液的 pH 值。它的制作方法是将酶或其他分子识别物质和离子选择场效应晶体管(ISFET)进行结合。

参考文献

[1] 王常珍. 固体电解质和化学传感器. 北京：冶金工业出版社，2000.

[2] 贺安之，阎大鹏. 现代传感器原理及用用. 北京：宇航出版社，1995.

[3] 杨辉，卢文庆. 应用电化学. 北京：科学出版社，2001.

[4] 杨绮琴，方北龙，童叶翔. 应用电化学. 广州：中山大学出版社，2001.

[5] 邝生鲁. 应用电化学. 武汉：华中理工大学出版社，1994.

[6] 李启隆. 电分析化学. 北京：北京师范大学出版社，1995.

[7] 藤嶋昭，相泽亦男，井上徹. 陈震，姚建年译. 电化学测定方法. 北京：

北京大学出版社, 1995.

[8] 小泽昭弥. 现代电化学. 吴继勋, 卢燕平译. 北京: 化学工业出版社, 1995.

[9] 韩东海, 南俊民. 生命化学领域的电化学研究进展. 化工时刊, 2004, 18(5): 23.

[10] 卢基林, 庞代文. 生物电化学简介. 大学化学, 1998, 13(2): 30.

[11] 孙向英, 刘斌, 徐金瑞. 分析化学几个领域的发展现状. 华侨大学学报(自然科学版), 1995, 16(2): 154.

[12] 徐秀光, 王常珍, 于化龙. 用铬传感器测定碳饱和铁液中铬的活度. 金属学报, 1997, 33(9): 959.

[13] Ho M Y K, Rechnitz G A. Highly stable biosensor using an artifical enzyme Anal. Chem.. 1987, 59: 536.

[14] 王岭, 孙加林, 李联生等. 新型二氧化硫传感器的制备. 北京科技大学学报, 1998, 20(1): 19.

[15] Janke D. Recent Development Solid Ionic Sensors Control Iron and Steel Bath Composition. Solid State Ionics, 1990, (40/41): 776.

[16] Barton S A C, Murach B L, Fuller T F, etal. Amethanol Sensor for Portable Direct Methanol Fuel Cells. Electrochem. Soc. 1998, 145(11): 3783.

[17] Yamazoe N, Miura N. Prospect and Problems of Solid Electrolyte – Based Oxygenic gas Sensors. Solid State Ionics, 1996(86~88): 987.

[18] Li Guangqiang, Inoue R, Suito H. Measurement of Aluminum or Silicon Activity in Fe – Ni(<30%) Alloys Using Mullite and ZrO_2 – based. Solid Electrolyte Galvanic Cell. Steel Research, 1996, 67(12): 528.

第 7 章　半导体电化学及光电化学

半导体电化学和光电化学是电化学中一个较新的研究领域。随着时代的进步、工业的发展，人们对能源的需求越来越大，而且渴求开发无污染的能源。利用半导体电极有可能将太阳能转化成电能。太阳能的取之不尽、无污染是人们研究半导体电化学和光电化学的动力。

1955 年人类首次将半导体锗用作电极，使半导体电化学自20 世纪60 年代开始特别迅速地发展起来，20 世纪70 年代，有人发现用半导体电极可实现光电化学能量转化，随后人们对光电化学电池(Photoelectriochemical Cell , PEC)进行了深入研究，使半导体电化学和光电化学的研究形成了新的高潮。这一章，我们仅简单介绍半导体电化学和光电化学的一些基本知识。

人们知道，许多矿物如硫化物、氧化物都具有半导体性质，而许多不溶阳极也都具有半导体性质，因此研究半导体电化学在选矿、冶金、化工和地矿等工业部门也有重要意义和价值。

7.1 半导体/电解质界面的双电层结构

7.1.1 关于半导体的某些基本知识

7.1.1.1 本征半导体

(1)本征半导体的基本概念

根据固体物理中的能带理论，晶体中各原子的外层轨道不同程度地相互交叠，电子的能谱分裂成一系列的能带，能带又分为价带和导带。价带和导带之间是禁带。设 E_v 为价带中的最高能级，E_c 是导带底的能级，E_g 为禁带宽度。若 E_g 为零，称为导体，如金属，石墨的 E_g 接近于零；如果 E_g 在4eV 以上，一般认为是绝缘体；E_g 在1eV 左右则为半导体。如图 7-1 所示。一些半导体材料的禁带宽度列于表 7-1，由于半导体、绝缘体和金属的禁带宽度的差别，导致它们的电导率也存在较大的差别，金属的电导率为 $10^6 \sim 10^8 \Omega^{-1} \cdot cm^{-1}$，半导体的电导率为 $10^{-7} \sim 10^4 \Omega^{-1} \cdot cm^{-1}$，绝缘体的电导率为 $10^{-20} \sim 10^{-8} \Omega^{-1} \cdot cm^{-1}$，这种差别本质上反映了自由载流子浓度的不同。半导体中有两种载流子，即电子和空穴(正孔)，靠电子导电的半导体叫 n 型半导体，靠空穴导电的半导体叫 p 型半导体。

表 7-1 室温下某些半导体材料的禁带宽度

材料	禁带宽度/eV
锗	0.656
硅	1.089
碲	0.34
GaAs	1.35
InSb	0.17
PbS	0.37

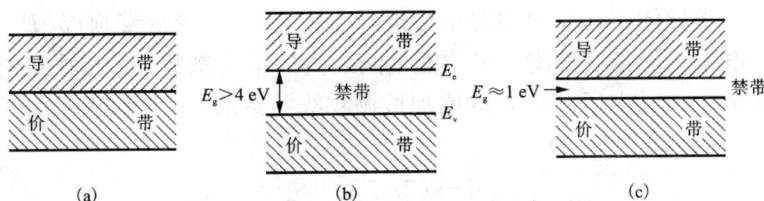

图 7 - 1　能带示意图
(a)导体；(b)绝缘体；(c)半导体

　　不含任何杂质和缺陷的半导体称为"本征半导体"。绝对零度时，本征半导体价带中所有能级全被电子填满，导带是全空的，无电子。

　　温度高于绝对零度，即升温时，部分电子受热激发从价带跳入导带，同时在价带留下空穴，这时导带中的电子数和价带中的空穴数相等，在电场引起的电子漂移运动中，原来的空穴被电子占有，同时产生新的空穴。因此，价带电子的定向运动也可以看成是空穴沿着与电子漂移相反的方向运动。与此同时，导带中的自由电子也在电场作用下定向运动。因此半导体中有两类载流子：导带中的自由电子和价带中的空穴。电子从价带被激发到导带的过程称为本征激发。本征激发时，电子与空穴是成对产生的，因此本征半导体中导带中的自由电子和价带中的空穴数目是相等的。

　　(2)本征半导体内的电子和空穴的分布

　　温度为 T 时单位体积中的电子数可根据下式计算：

$$n = \int_{E_c}^{\infty} Z(E)(E - E_c)f(E)\,\mathrm{d}E \qquad (7-1)$$

式中：$Z(E) = \dfrac{1}{2\pi^2}\sqrt{\left(\dfrac{2me}{h^2}\right)^3}\sqrt{E}$，$f(E) = \left\{1 + \exp\left[(E - E_F)/KT\right]\right\}^{-1}$，$Z(E)$ 为导带中的状态密度，$f(E)$ 为 Fermi - Dirac 分布函数，E_F 为 Fermi 能级。

　　半导体中起作用的常是接近导带底部(E_c)或价带顶部(E_v)的电子。导带底部附近单位能量间隔内的量子态数目,即状态密度 $Z_c(E)$ 随电子能量 E 的增加按抛物线关系增加,可以表示为式(7-2)和图(7-2)。

$$Z_c(E) = \frac{4\pi V(2m_n^*)^{3/2}}{h^3}(E - E_c)^{1/2} \qquad (7-2)$$

　　而价带顶部附近,量子态密度 $Z_v(E)$ 则随 E 的增加按抛物线关系减少,可以表示为式(7-3)和图(7-2)。

$$Z_v(E) = \frac{4\pi V(2m_p^*)^{3/2}}{h^3}(E_v - E)^{1/2} \qquad (7-3)$$

式中:m_n^*——导带底电子的有效质量;m_p^*——价带顶空穴的有效质量;V——半导体晶体体积。

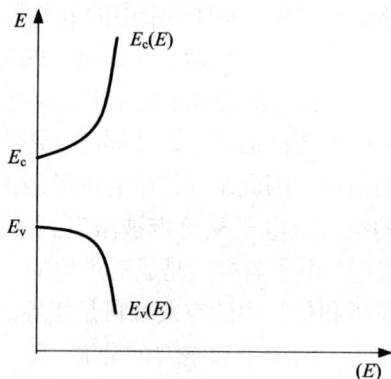

图7-2　状态密度的能量分布

　　当半导体中电子的热运动达到平衡后,不同量子态上电子的统计分布服从 Fermi-Dirac 分配定律:

$$f(E) = \frac{1}{\exp\left(\dfrac{E - E_F}{KT}\right) + 1} \qquad (7-4)$$

Fermi 能级 E_F，通常处于禁带内，且与导带底或价带顶的能量间隔远大于 KT。故导带中量子态被电子占据的几率 $f(E) \ll 1$，价带中量子态被空穴占据的几率 $1 - f(E) \ll 1$。因此，导带中的电子分布或价带中的空穴分布可以用 Boltzmann 分布函数描写：

$$f(E) = \exp\left(-\frac{E - E_F}{KT}\right) \tag{7-5}$$

和

$$1 - f(E) = \exp\left(\frac{E - E_F}{KT}\right) \tag{7-6}$$

由此可见，导带中的绝大多数电子分布在导带底部附近；而价带中绝大多数空穴分布在价带顶部附近。

由式(7-2)和式(7-4)可以导出半导体中电子的浓度：

$$n_0 = N_c \exp\left(-\frac{E_c - E_F}{KT}\right) \tag{7-7}$$

其中

$$N_c = 2\frac{(2\pi m_n^* KT)^{3/2}}{h^3} \tag{7-8}$$

式中：N_c——导带的有效状态密度。同理，价带中的空穴浓度由式(7-3)和式(7-4)导出：

$$p_0 = N_v \exp\left(-\frac{E_F - E_v}{KT}\right) \tag{7-9}$$

其中

$$N_v = 2\frac{(2\pi m_p^* KT)^{3/2}}{h^3} \tag{7-10}$$

式中：N_v——价带的有效状态密度；

n_0 和 p_0 的乘积——载流子浓度积。

$$n_0 p_0 = N_c N_v \exp\left(-\frac{E_c - E_v}{KT}\right) = N_c N_v \exp\left(\frac{E_g}{KT}\right) \tag{7-11}$$

表明电子和空穴的浓度积与禁带宽度 E_g 有关，而与 E_F 无关。

至此，我们可以把本征半导体的能带、量子态数目 $Z(E)$、量子态被载流子占据的几率、价带中空穴浓度和导带中电子浓度表示如图 7 - 3。

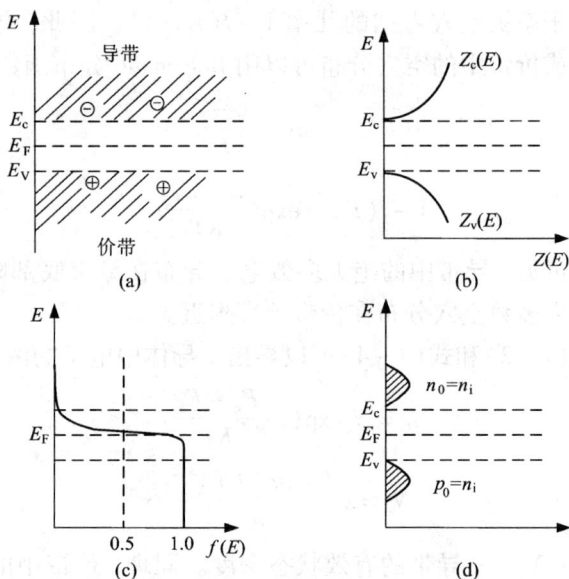

图 7 - 3   本征半导体的能带、量子态数目、载流子浓度示意图

(a) 简单能带；(b) $Z(E)$ 函数；(c) $f(E)$ 函数；(d) n_0 和 p_0

在本征半导体中，电子和空穴的浓度相等 $n_0 = P_0$

即

$$N_c \exp\left(-\frac{E_c - E_F}{KT}\right) = N_v \exp\left(\frac{E_v - E_F}{KT}\right)$$

由此可以得到：

$$E_F = \frac{E_c + E_v}{2} + \frac{KT}{2}\ln\frac{N_v}{N_c} \tag{7 - 12}$$

因为 N_v / N_c 接近 1，因此本征半导体的 Fermi 能级一般处于禁带中央。

将式 (7 - 12) 代入式 (7 - 7) 和式 (7 - 9)，可求出本征半导体中的"本征载流子浓度"（n_i）：

$$n_i = n_0 = p_0 = (N_c N_v)^{1/2} \exp\left(-\frac{E_g}{2KT}\right) \qquad (7-13)$$

而　　　　　　　　　　$E_g = E_c - E_v$

7.1.1.2　掺杂半导体

前面已经指出，本征半导体在绝对零度时，价带所有能级全被电子填满，而导带全是空的，设 E_v 是价带中的最高能级，E_c 是导带中的最低能级，两带之间隔着不允许电子量子态存在的禁带 E_g，如图 7-4 所示。若在半导体中掺入适当的少量杂质元素，则在半导体能谱的禁带中会出现附加的电子能级，可大大提高半导体的电子密度或空穴密度，从而大大提高其导电率。

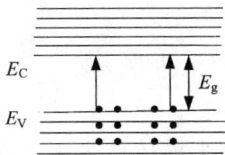

图 7-4　半导体中电子能带

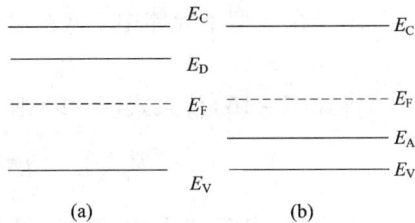

图 7-5　n 型半导体（a）和
p 型半导体（b）的能谱示意

若杂质能级 E_D 接近导带底（图 7-5a），在常温下，除了本征激发外，杂质原子能级上的电子很容易激发到导带，使导带上的电子数大大增加，同时杂质原子成为带正电的离子。这种掺杂剂称为电子"施主"，这种掺杂的半导体称为 n 型半导体。第五族元素如 P，As 和 Sb 等是四价元素半导体 Ge 和 Si 的施主。

若杂质能级 E_A 接近价带顶 E_v（图 7-5b），则它们很容易捕捉价带上的电子成为负离子，同时在价带中留下空穴，从而使价带中的空穴数大大增加，半导体空穴的浓度大于自由电子的浓度。这种掺杂剂称为电子"受主"，这种掺杂半导体称为 p 型半导体，第三族元素 B，Al，Ga，In 是 Ge 和 Si 半导体的受主。

掺杂半导体中载流子浓度与杂质能级 E_D 或 E_A 和费米能级 E_F 的相对位置、温度及掺杂浓度 N_D 或 N_A 有关。对于 n 型半导体，E_F 在 E_D 之下，当杂质的电离能很小时，在室温下可以认为施主杂质几乎全部电离，在这种情况下，n 型半导体中的电子浓度可以认为远大于空穴浓度，$n \gg p$，故有，

$$n_0 = N_D \tag{7-14}$$

将式(7-14)代入式(7-7)可得：

$$E_F = E_C + KT\ln(\frac{N_D}{N_C}) \tag{7-15}$$

同样在 p 型半导体中空穴浓度远大于电子浓度，$p \gg n$，故有

$$P_O = N_A \tag{7-16}$$

将式(7-16)代入式(7-9)则：

$$E_F = E_V - KT\ln(\frac{N_A}{N_V}) \tag{7-17}$$

将式(7-15)代入式(7-9)可求出 n 型半导体价带中空穴的浓度：

$$p_0 = \frac{N_c N_v}{N_P}\exp(-\frac{E_g}{RT}) \tag{7-18}$$

将式(7-17)代入式(7-7)可求出 p 型半导体导带中电子的浓度：

$$n_0 = \frac{N_c N_v}{N_A}\exp(-\frac{E_g}{RT}) \tag{7-19}$$

而且可以得出无论在本征半导体还是在 n 型半导体、p 型半导体中都有 $n_0 p_0 = n_i^2$（n_i 为本征载流子浓度），这说明在一定温度下，半导体中两种热平衡载流子浓度的乘积 $n_0 p_0$，等于该温度下

同种材料的本征半导体载流子浓度 n_i 的平方，而与掺杂无关。

7.1.2　电解液的电子能级——绝对电极电位

根据统计力学，一种物质的 Fermi 能级就是电子在这种物质中的化学位。溶液中虽然没有电子，但存在可以给出电子的还原剂以及可以接受电子的氧化剂。氧化还原电位的高低可以表示该氧化剂和还原剂接受电子和给出电子的能量的相对大小，因此也可以把它看作电子的化学位的一种量度。但氧化还原电位是相对某一参比电极测量的，金属和半导体中的 Fermi 能级测量是相对于真空的。要使溶液的电子能级与金属或半导体电极相比较，必须使氧化还原电位也以真空为标准。相对真空的电极电位值称为绝对电极电位，即

$$\phi_{abs} = \phi_{red}(\text{vs. NHE}) + \phi_{NHE}(\text{vs. vacuum}) \qquad (7-20)$$

一般取 $\phi_{NHE}(\text{vs. vacuum}) = 4.5 \text{ V}$，这样溶液中的 Fermi 能级（eV）为：

$$E_F = -e[\phi_{red}(\text{vs. NEH}) + 4.5] \qquad (7-21)$$

7.1.3　半导体/电解液的界面结构

7.1.3.1　本征半导体/电解质溶液界面结构

在本征半导体深处，电子 n_0 和空穴 p_0 数目相等，故过剩电荷

$$q_{本征} = e_0 p_0 - e_0 n_0 = 0$$

充电的半导体电极对电解质中正负离子施加一个电场，类似的外海姆荷茨平面（OHP）上的一层电荷对本征半导体中电子和空穴也施加了一个电场力，因此接近表面的薄层中电子和空穴将不相等。半导体中载流子的浓度很低，且存在两种载流子，所以半导体电极表面上出现剩余电荷时，也会像溶液一侧一样，存在着分散层，即空间电荷层，厚度在 $10 \sim 10^2$ nm。和处理水溶液中双电层一样，对半导体内的空间电荷层的电荷分布，可采用泊松方程

来描述：

$$q_x = -\varepsilon_0\varepsilon\frac{\mathrm{d}^2\psi_x}{\mathrm{d}x^2} \tag{7-22}$$

同样也应该符合波尔茨曼方程：

$$q_x = e_0(p_0 - n_x) = e_0\left[p_0\exp\left(-\frac{e_0\psi_x}{KT}\right) - n_0\exp\left(\frac{e_0\psi_x}{KT}\right)\right] \tag{7-23}$$

式中：ψ_x——距电极表面 x 处的电势，把 $x\to\infty$ 处的电势视为 0。
由于半导体本体中 $n_0 = p_0$，故：

$$q_x = -e_0 n_0\left[\exp\left(-\frac{e_0\psi_x}{KT}\right) - \exp\left(\frac{e_0\psi_x}{KT}\right)\right] = -2e_0 n_0\sinh\frac{e_0\psi_x}{KT} \tag{7-24}$$

将式(7-24)代入式(7-22)，得出：

$$\frac{\mathrm{d}^2\psi_x}{\mathrm{d}x^2} = \frac{2e_0 n_0}{\varepsilon_0\varepsilon_r}\sinh\frac{e_0\psi_x}{KT} \tag{7-25}$$

该式类似于古依－查普曼扩散双电层理论公式，亦可得到如下的解：

$$\frac{\mathrm{d}\psi_x}{\mathrm{d}x} = -\left(\frac{8KTn_0}{\varepsilon_0\varepsilon_r}\right)^{1/2}\sinh\frac{e_0\psi_x}{2KT} \tag{7-26}$$

$$q_{本征} = (8\varepsilon_0\varepsilon_r n_0 KT)^{1/2}\sinh\frac{e_0\psi_s}{2KT} \tag{7-27}$$

式中：$q_{本征}$——总的空间电荷密度；ψ_s——半导体电极表面的电位。

如果考虑到 $\sinh\dfrac{e_0\psi_s}{2KT}\approx\dfrac{e_0\psi_s}{2KT}$，则可将 $\dfrac{\mathrm{d}\psi_x}{\mathrm{d}x}$ 表达式线性化：

$$\frac{\mathrm{d}\psi_x}{\mathrm{d}x} = -\left(\frac{2n_0 e_0^2}{\varepsilon_0\varepsilon_r KT}\right)^{1/2}\psi_x = -\kappa\psi_x \tag{7-28}$$

式中：$\kappa^{-1} = \left(\dfrac{\varepsilon_0\varepsilon_r KT}{2n_0 e_0^2}\right)^{1/2}$ $\tag{7-29}$

积分式(7-28)可得到：

$$\psi_x = \psi_s e^{-\kappa x} \qquad\qquad (7-30)$$

κ^{-1} 是半导体内空间电荷层厚度，其值随着载流子本征浓度的增加而减小。载流子浓度足够高时，空间电荷都被挤在电极表面上，这就是金属电极的情况。根据以上 q_x 和 ψ_x 的表达式，可以得到如图 7-6 所示半导体/溶液界面双电层模型。

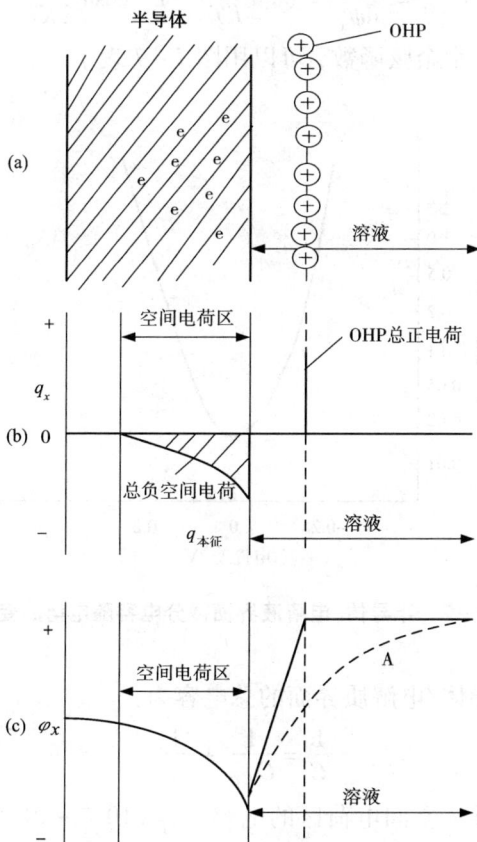

图 7-6　半导体/溶液界面的双电层

(a)结构示意图；(b)剩余电荷分布；(c)电势分布

由图 7 – 6 可见,半导体表面有一个空间电荷层,可以储存电荷。显然,这个空间电荷层会对半导体/电解质界面的扩散电容作出贡献。$q_{本征}$ 对 ψ_s 微分,即对式(7 – 27)微分得到半导体内空间电层的电容:

$$C_{本征} = \frac{\mathrm{d}q_{本征}}{\mathrm{d}\psi_x} = \left(\frac{2\varepsilon_0\varepsilon_r n_0 e_0^2}{KT}\right)^{1/2} \cosh\frac{e_0\psi_x}{2KT} \qquad (7 – 31)$$

这也是一个余弦函数,可以用图 7 – 7 表示。

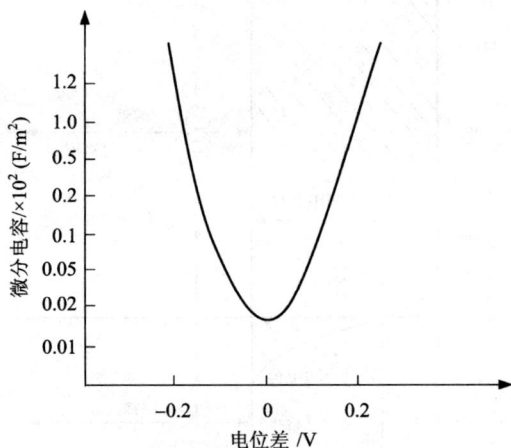

图 7 – 7　半导体/电解液界面微分电容随电势的变化

因此半导体/电解质界面的总电容为:

$$\frac{1}{C} = \frac{1}{C_{本征}} + \frac{1}{C_{HP}}$$

然而半导体空间电荷区的电容 $C_{本征}$($10^{-4} \sim 10^{-2}$ F/m^2)和半导体的 OHP 之间的电容 C_{HP}(约为 0.17 F/m^2)相比低得多,即 $C_{HP} \gg C_{本征}$,故:

$$\frac{1}{C} \approx \frac{1}{C_{本征}} \quad 即 \quad C \approx C_{本征} \tag{7-32}$$

故实验测得的电容实际上就是半导体空间电荷层的电容，只是在电极上剩余电荷密度非常大时，$C_{本征}$ 的数量级才变得与 C_{HP} 接近。

如果电解质溶液是稀溶液，双电层溶液一侧出现扩散双电层，界面上便出现三个电势如图 7-6 中曲线 A 或图 7-8 所示，后者是电极表面出现了阳离子"超载吸附"的结果。

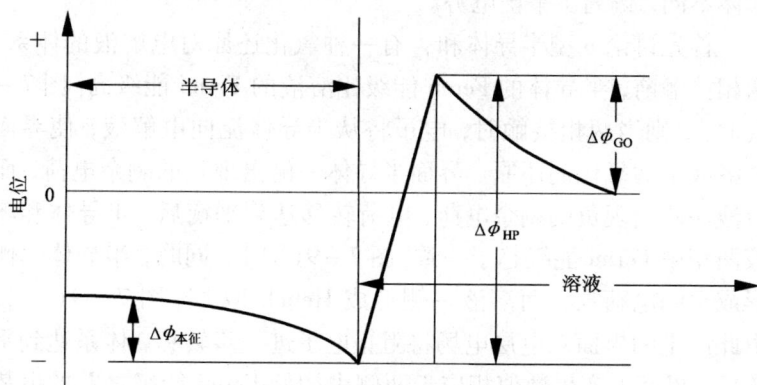

图 7-8　半导体/溶液界面的电位变化

界面总电势为：

$$\Delta\phi = \Delta\phi_{本征} + \Delta\phi_{HP} + \Delta\phi_{GO} \tag{7-33}$$

总微分电容：

$$\frac{1}{C} = \frac{1}{C_{本征}} + \frac{1}{C_{HP}} + \frac{1}{C_{GO}} \tag{7-34}$$

式中：C_{HP} 和 C_{GO}——半导体电极溶液一侧紧密双电层和分散双电层的电容。

7.1.3.2 掺杂半导体/电解质溶液界面能带变化

掺杂半导体与溶液接触时，在界面电场作用下，表面附近也存在与本征半导体类似的空间电荷层。但在掺杂半导体中电子和空穴的浓度不相等，加上电离的施主和受主浓度后才是电中性的。施主和受主是均匀分布在半导体中的，全被固定在晶格上，不像电子和空穴一样可以流动。因此，掺杂半导体的空间电荷分布要复杂得多。但它们的空间电荷层中电势和电容变化的基本规律和本征半导体仍差不多，只是微分电容曲线的极小值与本征半导体不同，偏离了平衡电势。

首先讨论 n 型半导体和含有一种氧化还原对电解液的体系。两相接触前，半导体的 Fermi 能级比溶液的 Fermi 能级高[图 7 - 9(a)]，则当两相接触时，电子将从半导体流向电解液，使界面处溶液中的氧化剂还原。界面半导体一侧出现正的剩余电荷，而溶液一侧出现负的剩余电荷，电荷转移达到平衡后，半导体和溶液两相中 Fermi 能级趋于一致[图 7 - 9(b)]。同时，半导体一侧形成空间电荷层，而溶液一侧形成 Helmholtz 层[图 7 - 9(c)]。由此产生的界面双电层电场将阻止电子进一步转移，体系达到平衡后，界面上产生数值相应于两侧中初始 Fermi 能级之差的电势差，并引起半导体表面层中能带的弯曲(V_B)。如果界面处的静电位为 φ_s，半导体本体中电位为 φ_b，则能带弯曲 V_B 定义为：

$$V_B = \varphi_s - \varphi_b \qquad (7-35)$$

空间电荷层宽度 $\qquad \chi^{-1} = \sqrt{\dfrac{2\varepsilon_0 \varepsilon V_B}{eN_D}} \qquad (7-36)$

对 p 型半导体与 O/R 接触，则溶液中的 R 失去电子给半导体，该电子与半导体价带中的空穴相结合。达到平衡时，同样使半导体的能带弯曲，形成空间电荷层(图 7 - 10)。图中电势的注角 b 表示半导体本体，s 表示半导体电极表面。

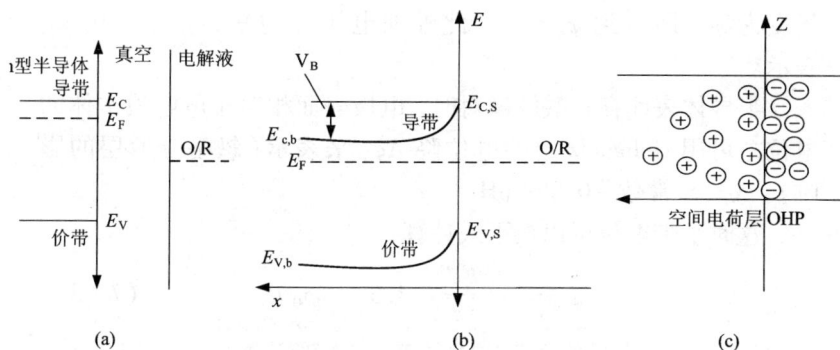

图 7 – 9　n 型半导体与含氧化还原对 O/R 的电解液的界面

（a）接触前；（b）接触后（c）半导体的空间电荷层及溶液 OHP 层

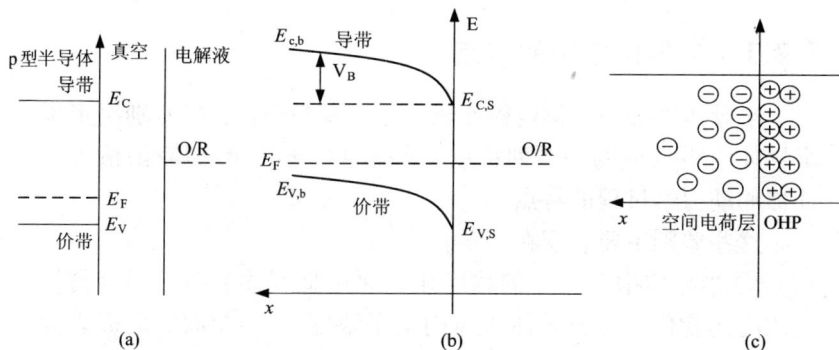

图 7 – 10　p 型半导体与含氧化还原对 O/R 的电解液界面

（a）接触前；（b）接触后；（c）半导体的空间电荷层及溶液 OHP

7.1.3.3　平带电位

以上讨论的都是在无外加电压时出现的情况，当对半导体电极施加外加电压时，就会改变其 Fermi 能级，因而改变其平衡状态下的能带弯曲。如果在某一外加电压下，正好使半导体内的电场变为零，即达到 $\varphi_s = \varphi_b$，此外加电压称为平带电位，用 φ_{fb} 表示。

半导体表面存在酸—碱对时，电极表面相对于电解液本体的电位差可用 Helmholz 层的电位降 $\Delta\varphi_H$ 来表示（忽略分散层的影响）：$\Delta\varphi_H = $ 常数 $- 0.059$ pH

这时平带电位可以按下式计算：

$$\varphi_{fb} = -\left(\frac{E_F^{vac}}{e} + 4.5 - \Delta\varphi_H \right) \qquad (7-37)$$

式中：E_F^{vac}——半导体在真空中的 Fermi 能级。

7.2　半导体电极反应

7.2.1　半导体电极的特点

半导体电极与导体电极比较，有许多差别，这些差别决定了半导体电极反应的一系列特点，或荷电粒子在半导体/溶液界面迁移的动力学过程的特点。

这些差别主要表现在：

① 半导体中载流子的浓度比金属中低得多，而且很容易发生浓度的变化。金属导体本体内电子浓度为 $10^{28}/m^3$，电极表面剩余电荷数量级为 $10^{18} \sim 10^{19}/m^3$，比本体内少得多，而半导体中自由电子浓度为 $10^{21}/m^3$ 左右，在电极上存在剩余电荷时，对金属来说，这部分剩余电荷全部集中在电极表面，但半导体的剩余电荷则分散在空间电荷层中。

② 由于上面的特点，半导体与溶液界面的电位差，将有很大一部分落在空间电荷层，溶液中紧密层的电位，在界面区整个电位差中所占比例很小（见图 7-11），而且导致接近电极表面的能带发生弯曲（见图 7-12）。对本征半导体 $E_F = (E_V + E_C)/2$，如

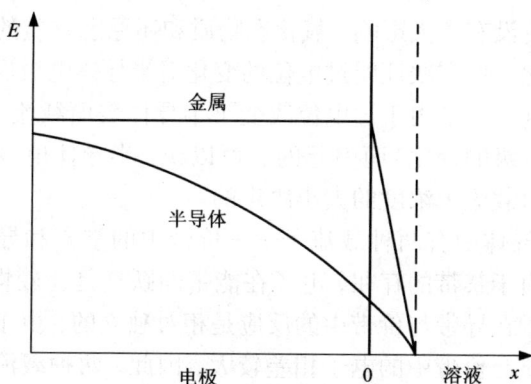

图 7 – 11　金属/溶液和半导体/溶液间电位与距离的关系

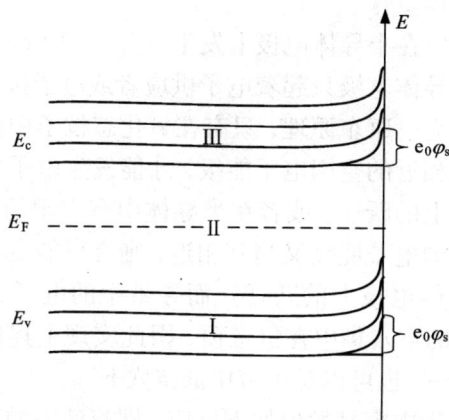

图 7 – 12　半导体电极的能带

Ⅰ – 价带；Ⅱ – 禁带；Ⅲ – 导带；E_F 费米水平

果 $|e_0\varphi_s| < E_c - E_v$，则 E_F 处于禁带内，否则费米能级与弯曲能带之一重叠，电极亦失去半导体的性质。

③ 对半导体电极而言，可以认为外加电压的变化对溶液中

紧密层电位没有多大影响,氧化态物质和还原态物质的能级也没有多大变化。但实践证明过电位的变化对半导体电极反应速度影响很大。这主要是由于过电位改变了半导体表面载流子浓度(可达几个数量级的变化)而引起的。可以说,半导体电极的反应速度主要是由载流子浓度的大小决定的。

　　④ 半导体中有两种载流子——价带中的空穴和导带中的自由电子。由于禁带的存在,电子在能带间跃迁是比较慢的,可以认为载流子在导带与价带中的反应是相对独立的,由于导带中电子的结合能与价带中的电子相差较大,因此,两种载流子的反应能力相差较大。

7.2.2　半导体电极上的简单氧化还原反应

　　设如下反应在半导体电极上发生　　　　$O + e = R$

　　在这里半导体电极只起着电子供应者或电子接受者的作用。

　　根据弗兰克—康东原理,只有在氧化态粒子中存在着与半导体的电子能级相近的空闲电子能级,才能发生电子由半导体电极向氧化态粒子上的跃迁;或者在半导体中有空闲的电子能级,而还原态粒子中的电子能级又与其相近,则有可能发生电子由还原态粒子向半导体电极上的跃迁。而导带中的电子又集中在导带底,而价带中的空穴集中在价带顶,因此实现上述反应的可能是导带中的电子 e,也可以是价带中的空穴 $h^{\cdot}$。

　　因此在导带中容易发生如下反应,即溶液中的离子捕获电极内的电子:

$$O + e = R$$

　　而价带中则发生如下反应,即溶液中离子向电极注入电子:

$$O = R + h^{\cdot}$$

　　反应究竟发生在导带中还是价带中,取决于溶液中氧化态和还原态粒子的能级与半导体能带边缘的相对位置。氧化还原态的能级与电极电位有关。在平衡条件下，电极电位越负，还原态物质越容易失去电子，表明其电子能级较高，有可能接近导带底 E_c；反之，平衡电极电位越正，还原态物质失去电子越困难，即电子能级较低，有可能接近价带顶 E_v。

在浓度极化不存在的情况下，如果导带中的电子参加的阴极反应速度用 i_c 表示，空穴参加的电极反应速度（价带中的电流密度）用 i_v 表示，且两个过程都可以向正反两个方向进行，故：

$$i_c = \overrightarrow{i_c} - \overleftarrow{i_c} \qquad (7-38a)$$

$$i_v = \overrightarrow{i_v} - \overleftarrow{i_v} \qquad (7-38b)$$

即在半导体电极上存在四种不同的电子跃迁过程。电子离开半导体或空穴进入半导体的跃迁对阴极电流有贡献，而电子进入半导体或空穴离开半导体的跃迁，则对阳极电流有贡献。如图 7-13 所示，总电流为由四种电流相加

$$i = i_c + i_v \qquad (7-38c)$$

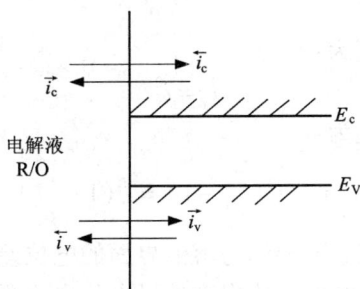

图 7-13　半导体/电解液界面上电子电流和空穴电流

在平衡条件下，可以分别导出导带中的交换电流密度 i_c^0 和价带中的交换电流密度 i_v^0：

$$i_c^0 = \overrightarrow{i_c} = \overleftarrow{i_c} \qquad (7-39a)$$

$$i_v^0 = \overrightarrow{i_v} = \overleftarrow{i_v} \tag{7-39b}$$

此时若相应半导体表面的电子浓度和空穴浓度分别用 n_s^0 和 p_s^0 表示,而电极极化时导带中电子浓度为 n_s,价带中空穴为 p_s,则 $(7-38a)$ 的正反应速度可以表示为:

$$\overleftarrow{i_c} = i_c^0 \frac{n_s}{n_s^0} \tag{7-40a}$$

式 $(7-38a)$ 逆反应(氧化反应)中无电子参加,故氧化电流密度与电位无关,因此电极极化时:

$$\overrightarrow{i_c} = i_c^0 \tag{7-40b}$$

最后导带中的净反应速度:

$$i_c = i_c^0 \left(\frac{n_s}{n_c^0} - 1 \right) \tag{7-40c}$$

类似的,价带中空穴参加反应时,电极上的氧化电流密度为:

$$\overleftarrow{i_v} = i_v^0 \frac{p_s}{p_c^0} \tag{7-41a}$$

还原电流密度为:

$$\overrightarrow{i_v} = i_v^0 \tag{7-41b}$$

故净反应速度为:

$$i_v = -i_v^0 \left(\frac{p_s}{p_s^0} - 1 \right) = i_v^0 \left(1 - \frac{p_s}{p_s^0} \right) \tag{7-41c}$$

前面已经指出,半导体与溶液界面的电位差主要集中在半导体的空间电荷层,电极极化出现的过电位也主要集中在空间电荷层,且半导体表面的电子和空穴的浓度与电位的关系服从玻尔 – 茨曼分布,则:

$$n_s = n_s^0 \exp\left(-\frac{e_0 \Delta \varphi}{KT} \right) = n_s^0 \exp\left(-\frac{F \Delta \varphi}{RT} \right) \tag{7-42a}$$

$$p_s = p_s^0 \exp\left(\frac{e_0 \Delta \varphi}{KT} \right) = p_s^0 \exp\left(\frac{F \Delta \varphi}{RT} \right) \tag{7-42b}$$

将 n_s 和 p_s 的值分别代入 i_c 和 i_v 的表达式(7–40c)和式(7–41c)得：

$$i_c = i_c^0 \left[\exp\left(-\frac{F\Delta\varphi}{RT} \right) - 1 \right] \tag{7–43a}$$

$$i_v = i_v^0 \left[1 - \exp\left(\frac{F\Delta\varphi}{RT} \right) \right] \tag{7–43b}$$

这便是半导体电极上简单氧化还原的电流密度与过电位的关系式。

这种反应有三个特点：

① 在阴极极化时，$\Delta\varphi < 0$，随着极化的增大，式(7–43a)中 $\exp\left(-\frac{F\Delta\varphi}{RT} \right) \gg 1$

$$i_c \approx i_c^0 \exp\left(-\frac{F\Delta\varphi}{RT} \right) \tag{7–44a}$$

$$\eta = -\frac{RT}{F}\ln i_c^0 + \frac{RT}{F}\ln i_c \tag{7–44b}$$

该式具有塔费尔方程式的形式，可以认为电子传递系数为 1；而在阳极极化时，随着 $\Delta\varphi$ 的增大 $\exp\left(-\frac{F\Delta\varphi}{RT} \right)$ 逐渐趋近于零，故：

$$i_c = -i_c^0 \tag{7–44c}$$

对一定的半导体材料，由于载流子产生和扩散的速度是一定的，因此 i_c 随 $\Delta\varphi$ 增大而增大，但 i_c 的极大值是 $-i_c^0$。在价带中则相反，由式(7–43b)可以看出，只有阳极极化时，i_v 与 $\Delta\varphi$ 才成半对数关系，而阴极极化时，i_v 不能超过 i_v^0。所以，阴极过程只有在导带中才能顺利进行，而在价带中，外电压仅影响阳极过程。

② 半导体电极上反应 O + e = R 的总阴极电流为 $i = i_c + i_v$。i_c^0 和 i_v^0 的大小决定于半导体中的费米水平位置和氧化还原体系的平衡电势。平衡电势越负，费米水平越接近导带，电流 i_c 越大。

通过引进电子施主到半导体中，亦可产生这种效果。相反，引入电子受主到半导体中，则会导致 i_v^0 增大而 i_c^0 减小。因此，半导体电极反应的极化特征是很复杂的。

③ 在 n 型半导体中阴极极化时，空间电荷层中的自由电子比未加电势时更多，反应可在导带中顺利进行。对 p 型半导体阳极极化时，在价带中的反应十分顺利。如果对 p 型半导体阴极极化，则应在导带中消耗电子，而空穴受到排斥。随着极化的增大，空间电荷层中距电极表面较近的区域，可以出现电子浓度大于空穴的状态。不过这时，电极反应所需的电子要靠半导体内部载流子的产生和扩散供应。故电极反应速度也要受到它的控制，i_c 增大到一定值后，就不再随过电位 η 增加了，达到极限值，即所谓饱和电流 i_s。同样 n 型半导体的价带中进行阳极过程时，也可以观察到饱和电流。图 7－14 是 n 型半导体和 p 型半导体的典型极化曲线。这样由实验测出的极化曲线的变化趋势可以判断出某一氧化还原反应是在导带中进行还是在价带中进行。

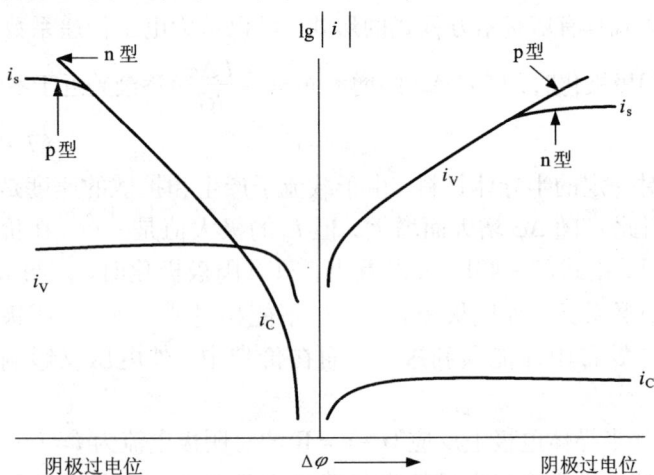

图 7－14　n 型半导体和 p 型半导体的极化曲线

7.2.3　半导体的阳极溶解

半导体晶体主要是共价键结合，因此是比较稳定的，阳极溶解时，势垒较高。半导体中的电子和空穴可以看作共价键的缺陷，阳极溶解首先在这些缺陷位置发生。半导体表面的原子 M_F 失去电子在表面上形成正离子 M_F^+，可以经过两种可能途径：

$$M_F = M_F^+ + e \qquad M_F + h^{\cdot} = M_F^+$$

正离子随后越过紧密层进行水化，形成溶液中的水化离子。但实际半导体溶解过程要复杂得多。

例如锗阳极溶解时，第一步是阴离子在电极表面破坏 Ge – Ge 键，释放出自由电子形成 Ge – A 和自由基 $\dot{\text{Ge}}$，此过程既可以在导带中进行（导带模型），也可以在价带中发生（价带模型）：

导带模型 $Ge - Ge + A = Ge - A + \dot{Ge} - e \qquad$ （7 – 45a）

价带模型 $Ge - Ge + A + h^{\cdot} = Ge - A + \dot{Ge} \qquad$ （7 – 46a）

两种模型都产生自由基，自由基继续反应

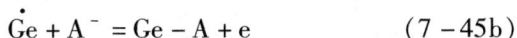

$$\dot{Ge} + A^- = Ge - A + e \qquad （7 – 45b）$$

$$\dot{Ge} + A^- + h^{\cdot} = Ge - A \qquad （7 – 46b）$$

n 型和 p 型锗电极在 0.05 M NaOH 溶液中在不同电阻率和是否有阳光照射下阳极溶解的阳极极化曲线如图 7 – 15。可见 n 型锗具有极限电流特征，有阳光照射电流迅速升高，这是因为表面缺乏空穴，反应速度受空穴自半导体内部向表面扩散速度或者空穴在表面产生速度的控制。而 p 型半导体与 n 型半导体不同，空穴是载流子，阳极极化促使其表面空穴浓度增加，因此不出现饱和电流，极化曲线遵从塔费尔方程式。如图 7 – 16 所示：

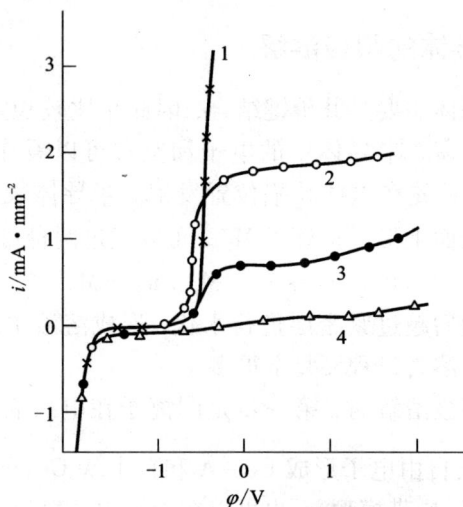

图 7 – 15　n 型和 p 型锗阳极极化曲线

1—p 型锗 0.03 Ω · cm；2—n 型锗 18 Ω · cm；

3—n 型锗 18 Ω · cm；4—n 型锗 0.08 Ω · cm

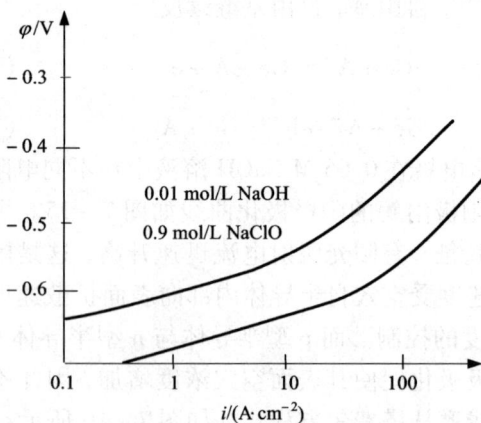

图 7 – 16　p 型锗电极塔费尔直线

7.3　半导体电极的光效应

7.3.1　光照下的半导体/溶液界面

7.3.1.1　半导体的光吸收

半导体材料通常能强烈地吸收光能，具有数量级 10^5 cm^{-1} 的吸收系数。可以发生本征吸收、激子吸收、自由载流子吸收、杂质吸收以及晶格震动吸收等各种光吸收方式。其中最重要的是电子在能带与能带之间跃迁引起的"本征吸收"。其特点是价带电子吸收能量 $E > E_g$ 的光子而跃迁到导带，同时在价带留下了空穴，即形成了电子 – 空穴对。发生本征吸收的条件是 $E = h\nu \geqslant h\nu_0 = E_g$，其中 ν_0 为本征吸收限，即能发生本征吸收的最低频率。

由此得到本征吸收长波极限 λ_0：

$$\lambda_0 = \frac{1.24}{E_g} \ (\mu m) \qquad\qquad (7 - 47)$$

如半导体 Si 的 $E_g = 1.12$ eV，$\lambda_0 = 1.1$ μm，GeAs 的 $E_g = 1.43$ eV，$\lambda_0 = 0.867$ μm。

半导体吸收能量大于 E_g 的光子后就产生电子 – 空穴对，破坏了系统的平衡状态，由此引起的载流子浓度的增量分别用 Δn^* 和 Δp^* 表示，称为非平衡载流子浓度，这里 $\Delta n^* = \Delta p^*$。

对于 n 型半导体，Δn^* 称为非平衡多子浓度，Δp^* 称为非平衡少子浓度。用光照使半导体内部产生非平衡载流子的方法称为"光注入"。一般情况下，注入的非平衡载流子浓度比平衡时的多子浓度小得多。对 n 型半导体，若 Δn^*，$\Delta p^* \ll n_0$，称为小注入。例如电阻率为 1 $\Omega \cdot cm$ 的 n – Si 中，$n_0 = 5.5 \times 10^{15}$ cm^{-3}，$p_0 = 3.1 \times 10^4$ cm^{-3}，若注入 $\Delta n^* = \Delta p^* = 10^{10}$ cm^{-3}，属于小注入。但 Δp^* 已几乎是 p_0 的 10^6 倍，说明即使是小注入对非平衡少子的浓

度仍有重要影响，而对多子浓度的影响则可以忽略。故通常所说的非平衡载流子一般指非平衡少子。

7.3.1.2 非平衡载流子的复合

光照停止后，光注入产生的非平衡载流子将从导带回到价带，导致电子和空穴成对的消失，最后恢复到平衡浓度，这一过程称为非平衡载流子的复合。即使在平衡状态下，载流子的产生和复合仍然不断发生，即体系处于动态平衡。

值得提出的是，光注入产生的电子－空穴对也必须快速将其分离成自由电子和自由空穴，否则它们极易重新结合而消失。在具有很强电场的空间电荷区，容易实现电子－空穴的分离。对 n 型半导体而言，少子载流子空穴在电场的作用下移向电极表面，多子载流子电子移向半导体内部，从而实现电子－空穴对的分离，这种分离只有在空间电荷区才能发生。如果光激发产生的电子－空穴对在空间电荷层外，这种电子－空穴对很快重新结合而消失，除非分离的空穴能迅速迁移至空间电荷区。因此，空间电荷区是实现电子－空穴对分离的先决条件。

存在两种复合机理，一是电子在导带和价带之间直接跃迁；二是电子和空穴在禁带中的杂质或表面态能级（复合中心）上复合。根据发生复合过程的位置，又可以分为体内复合和表面复合。

不少物质都能吸收光而产生各种形式的激发态，但所引起的光化学反应的量子效应都相当低。其中一个重要原因就是光生电荷对的分离效率很差。在它们参加有用的光化学反应前，就已经部分复合而淬灭。从这个意义上说，可以认为半导体中的空间电荷层是一个效能较高的电荷分离器，因此是一个效能较高的光能转换器。

7.3.2 光照下半导体、溶液界面上的电荷传递

n 型半导体与电解质溶液接触产生表面能带向上弯曲(耗尽层)。若用能量大于半导体材料 E_g 的光照射半导体/溶液界面,则空间电荷层中产生的电子 – 空穴对将被耗尽层电场分离。多子通过外电路输向对电极;少子则被扫向表面与溶液中的活性粒子反应。前面已经指出,半导体溶液界面间的反应速度取决于电极表面的截流子浓度。光照射半导体电极表面将强烈影响截流子浓度,因而使半导体电极反应得以进行或加速,这种现象就是半导体电极的光效应。利用这个原理,或设计相应的装置,可以不加偏压,也不消耗化学物质而将光能转化为电能,或将光能转化为化学能;或者用光能来催化电极反应。这就是光电化学电池(Photo Electrochemical Cell,PEC),它是一种潜力很大的利用太阳能的方式。

7.3.2.1 光电压

通常,人们把半导体受光照而引起的平衡电位的变化称为光电压(Photovoltage)。如果分离的空穴在移动到电极表面后没有因电极反应而消耗掉,就会在电极表面积聚起来形成光电压,从而降低能带弯曲,也会使 Fermi 能级向平带电位移动,如图 7 – 17 所示。

光电压 φ_{ph} 可以表示为:

$$\varphi_{ph} = -\frac{E_F^* - E_F}{e} = \frac{\Delta E_F^*}{e} \qquad (7-48)$$

式中:E_F^*——光照下的 Fermi 能级;E_F——光照前处于平衡状态的 Fermi 能级。

光电压也与光强度 I 有关,

$$\varphi_{ph} \propto \frac{KT}{e}\ln I \qquad (7-49)$$

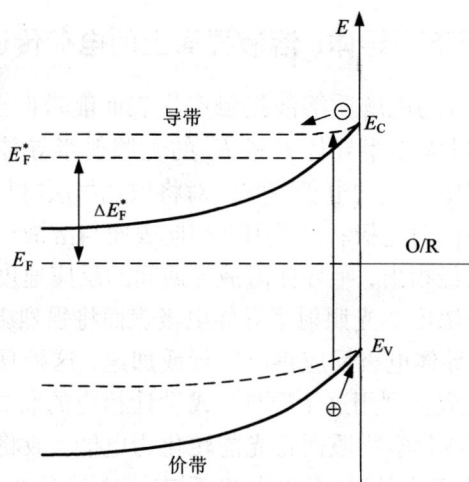

图 7 – 17 n 型半导体/电解液界面的光电子激发

因为 E_F^*（最大）$/e = -\varphi_{ph} - 4.5$，故可获得的最大光电压为：

$$\varphi_{ph}^{max} = \varphi_{ph} + 4.5 + \frac{E_F}{e} \qquad (7-50)$$

7.3.2.2 光电流

半导体电极的电流 – 电位特性是单向电流的整流特性，光照半导体/溶液界面的效果，主要表现在少子的浓度及其能量的显著变化。光照使 n 型半导体电极上出现阳极光电流，而在 p 型半导体上出现阴极光电流（见图 7 – 18）。光电流的大小与光子的能级及光通量密切相关。

当一波长为 λ 的单色光照到半导体表面，少子流向半导体电极表面的流量 J，可以认为是耗尽层流量 J_{di} 和扩散层流量 J_{diff} 之和：

$$J = J_{di} + J_{diff} = eI_\lambda \left[1 - \exp\left(-\frac{\alpha_\lambda w}{1 + \alpha_\lambda L} \right) \right] \qquad (7-51)$$

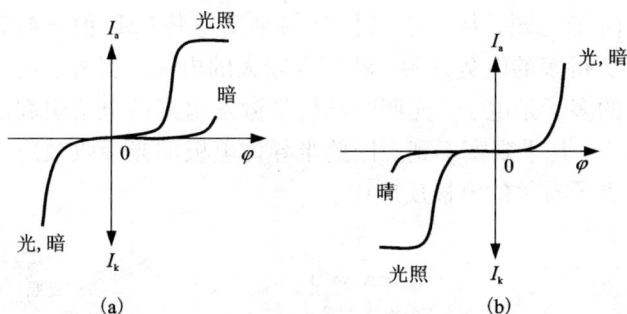

图 7 - 18 半导体电极上的光电流

(a) n 型半导体;(b) p 型半导体

式中:I_λ——光强度;α_λ 为半导体的光吸收系数;w——空间电荷层的厚度;L——少子的扩散长度:$L = \sqrt{D\tau}$,D 为扩散系数,τ 为少子的寿命。

光生少子迁移到电极表面后,发生与溶液中氧化还原对电荷转移的几率设为 S_t,这种电荷转移形成光电流。有的少子迁移到表面后没有发生电荷转移,而是发生与表面态的结合,设发生这种表面态结合的几率为 S_r,则光电流的表达式为:

$$I_{ph} = \frac{S_t}{S_t + S_r} e I_\lambda \left[1 - \exp\left(-\frac{\alpha_\lambda w}{1 + \alpha_\lambda L} \right) \right] \quad (7-52)$$

现以 TiO_2 半导体为例加以说明。TiO_2 是 n 型半导体,禁带宽度是 3.0eV,若半导体放入水溶液中,当能量大于 3.0eV 的光照射 TiO_2 半导体电极时,TiO_2/水界面上的价带电子吸收光被激发到导带,导带的激发电子移向半导体内部,通过导线移向外电路。而残存在价带中的空穴移向界面,使水分子氧化,生成氧气:

$$2H_2O + 4h^{\cdot} \longrightarrow O_2 + 4H^+$$

因而形成氧化电流。如图 7 - 19 所示，在暗处水的氧化电流几乎为零。由于光照，从比水氧化时的平衡电势（pH 值 = 4.7 时为 0.7 V）负得多的电势开始，就产生较大的电流。另外，由于 n 型半导体的多子是电子，光照时从价带激发出来的电子引起的附加电流很小，几乎观察不到。因此半导体电极的光吸收效应必定出现在与少子有关的电极反应中。

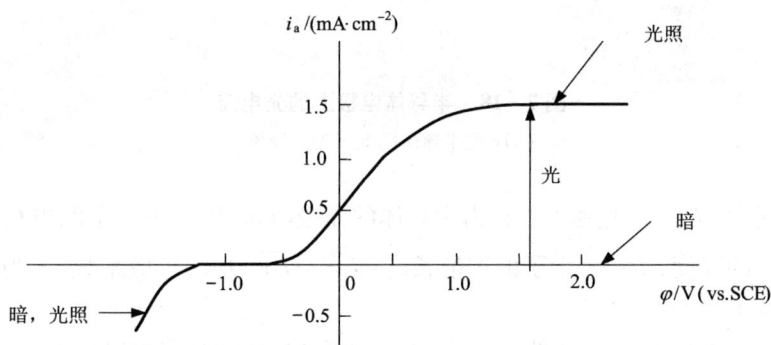

图 7 - 19   TiO₂ 半导体电极上电位—电流关系曲线

(pH 值 4.7, 0.5 mol · L⁻¹ KCl)

光电流从平带电位 φ_{fb} 附近迅速上升，随后几乎趋于饱和值，饱和值与光照强度成正比。这是因为当空间电荷层内电位差变大，电流值增大时，由半导体内少子的扩散迁移控制反应速度。

7.3.2.3   电流加倍效应

电流加倍效应是指半导体吸收一个光子导致固体/溶液界面上的两个载流子参与电荷传递的现象。以 H₂O₂ 在 P - GaP 电极上的阴极还原反应为例，带有正可逆电位（$\varphi^\ominus = 1.77$ V）的 H₂O₂ 在暗时没有阴极电流通过，不被还原。当光照上述体系时，由图 7 - 20 所示，有还原电流通过，而且在出现与产生电子浓度成正比的极限电流的高极化区内，观测到的极限电流是普通氧化还原体系的两倍。

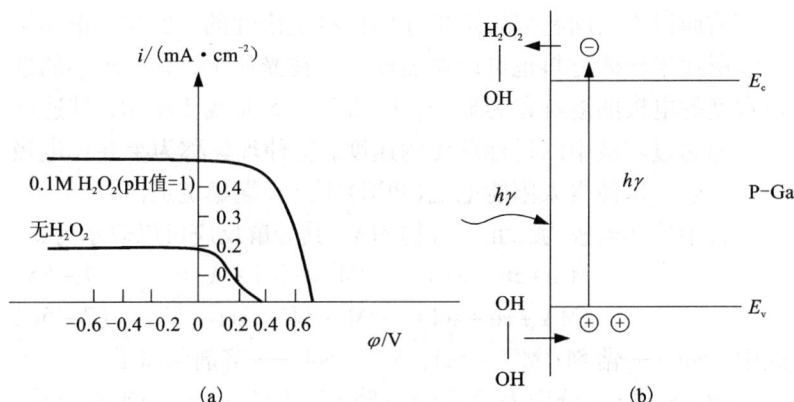

图 7 - 20　电流加倍效应实例(P - GaP, 0.1 mol/L H_2O_2 水溶液, pH 值 = 1)

(a)电流—电位曲线；(b)能级图

反应可以分两步进行，首先依靠所形成的导带内的电子进行第一个阶段的还原过程：

$$H_2O_2 + e \longrightarrow \dot{O}H + OH^- \qquad (7-53)$$

如果生成的中间产物 $\dot{O}H$ 自由基的氧化还原能级处于价带附近，通过注入空穴，则可以发生第二阶段的还原过程：

$$\dot{O}H \longrightarrow OH^- + h^. \qquad (7-54)$$

由此可以得到相对于生成电子 2 倍的电流，这种现象称为电流的加倍效应(Current Doubling Effect)。除了 H_2O_2 外，$S_2O_4^{2-}$，HCOOH 的还原和甲醇的氧化过程中也会发生同样的效应。发生电流加倍效应的条件是，半导体中的能带位置与氧化还原反应的能级之间存在如图 7 -20b 所示的关系(即 $e\varphi_{RO.1}$，处于导带附近，

$e\varphi_{RO,2}$ 处于价带顶与价带底之间)。

7.3.3 半导体电极的稳定性

前面讨论的问题都假定半导体材料是惰性的。其实,正如第二节所述半导体材料也可以参加反应。在光照下,具有较小的禁带宽度的电极的溶解尤为显著,如图 7 – 15 曲线 2 所示,其速度有可能超过溶液中的目标反应的速度,这种现象称为半导体电极的光分解。这使得太阳能电池(PEC)不能长期稳定工作。

若半导体电极为二元化合物 MA,其分解反应可以表示为:

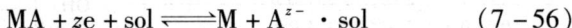

$$MA + zh \cdot + sol \Longrightarrow M^{z+} \cdot sol + A \qquad (7 - 55)$$

$$MA + ze + sol \Longrightarrow M + A^{z-} \cdot sol \qquad (7 - 56)$$

式中:Sol——溶剂;$M^{z+} \cdot Sol$,$A^{z-} \cdot Sol$——溶剂化离子。

用 $p\varphi_d$ 和 $n\varphi_d$ 分别表示式(7 – 55)和式(7 – 56)的平衡电势,即"阳极分解电位"和"阴极分解电位";pE_d 和 nE_d 为相应的 Fermi 能级。若 $p\varphi_d > \varphi_{(O/R)} > n\varphi_d$,相当于 $pE_d < E_{F(O/R)} < nE_d$,则半导体电极不可能按上面两式氧化或还原,电极是稳定的。

除了半导体电极在导带电子和价带空穴作用下发生分解反应外,溶液中的氧化还原对 O/R(包括溶剂)也能影响电极材料的稳定性。它们能与半导体电极竞相捕获载流子,而竞争反应的效率则决定于他们的 Fermin 能级在能量坐标上的相对位置及动力学参数。当 O 或 R 或溶剂分子能比半导体电极更有效的俘获光生载流子时,它们即能够起到抑制电极分解而稳定电极的作用。但若 $p\varphi_d < \varphi_{(O/R)}$ 或 $\varphi_{(O/R)} < n\varphi_d$,相当于 $E_{F(O/R)} < pE_d$ 或 $E_{F(O/R)} > nE_d$,电极材料按①式氧化或按②式还原,电极不稳定。实际上半导体电极是否发生分解,在很大程度上还决定于反应动力学性质,如果分解反应的某一步活化能足够高,而使热力学不稳定的半导体电极也可能表现为相当稳定。

到目前为止,减轻半导体电极光腐蚀现象的方法共提出了五种：①采用比溶剂更加稳定的氧化物半导体。②采用具有 d 带的过渡金属化合物半导体。他们的特殊价带结构使他们具有良好的防腐能力。③在溶液中加入能较快俘获光生载流子的氧化还原体系。如 S^{2-}/S_2^{2-}，Se^{2+}/Se_2^{2+}，I^-/I_3^-，$[Fe(CN)6]^{4-/3-}$，$Eu^{3+/2+}$ 和二茂铁等能保护 CdS，CdSe，GaAs 和 Si 等半导体。④用宽 E_g 的半导体材料覆盖窄 E_g 的半导体材料，以及用贵金属，高分子导电膜等来覆盖窄 E_g 半导体电极。⑤利用非水溶剂来降低被分解离子的溶剂化能。

7.4　光电化学电池

从 1839 年 Becquaerel 发现半导体溶液界面的光效应以来，至今光电化学研究已有一百多年的历史。然而，直到 1972 年才有 Honda 和 Fujishima 开始了具有实际意义的光电化学电池的研究。

7.4.1　光电化学电池的分类

在半导体光电化学的潜在实际应用中占中心地位的是在半导体电极组成的特殊电池中通过光电化学进行太阳能的转换。转换太阳能的光化学装置，根据光吸收而进行第一个光过程的位置而分为两类：第一类是光被溶液吸收，即光生载流子发生于溶液中，这类光电池称为光伽伐尼电池(Photogalvanic Cell)或称光电解电池。它是将光能转换为化学能的装置，就是利用光能将电解液中的水电解成氢和氧，电池在光化学反应中水被逐渐消耗；第二类光被电极吸收，即光生载流子发生于电极内(多数为半导体内)，直接将光能转化为电能，电解液中只含有一对氧化还原对，光电化学反应前后电解液整体不发生变化。这类光电化学电池称液结太阳能电池或再生光电化学电池，通常也称为光伏特电池

（Photovoltaic Cell）。

7.4.2　再生光电化学电池

　　将一个 n 型半导体电极插在含有单一氧化还原对的电解液中，金属对电极插在同一电解液中，并且此氧化还原对在该金属对电极上反应可逆，即组成如下电池：

半导体/氧化还原溶液体系/金属

　　电池两级之间在外电路通过一个电阻 R 连接起来，即构成一个直接生成电能的再生光电化学电池（如图 7 - 21 所示）。反应过程中不涉及净的化学变化，目标是光能转化为电能。

　　平衡时两个电极的 Fermi 能级分别依溶液中的氧化还原电位进行调整，半导体电极的能带弯曲为：$V_B = \varphi_{redox} - \varphi_{fb}$（图7 - 21a）

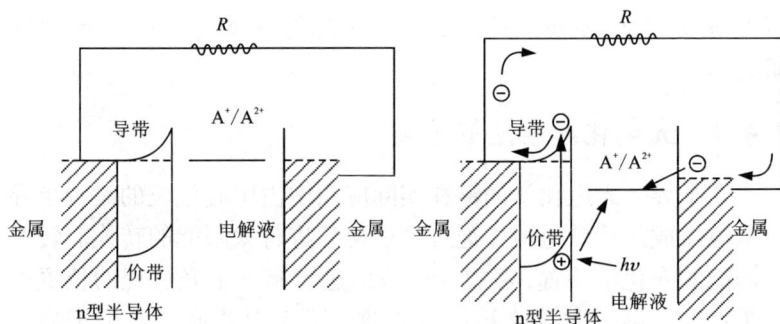

图 7 - 21　再生光电化学电池示意图
（a）平衡时；（b）光照时

　　当半导体受到光照时，电子激发到导带，并且其 Fermi 能级升高，当电路短路时，即 R = 0，金属对电极将趋于和半导体电极具有同一个 Fermi 能级，半导体上被激发的电子会通过外电路传到金属电极上，然后在那里将氧化还原对的氧化剂还原：$A^{2+} + e$

——→A$^+$。如果这种氧化还原反应的速度低于电子从外电路传入金属电极的速度，在对电极上就会形成过电位。

相对应的，电子激发后在价带形成的空穴将移向半导体电极表面，在那里将氧化还原对的还原剂氧化：A$^+$ + h$^{\cdot}$ ——→A^{2+}，因此，半导体电极上的氧化反应与对电极上的还原反应想抵消，整个溶液没有发生净的化学变化。为了提高光吸收率，可以采用 E_g 较小的半导体电极。目前文献中报道的这类光电化学电池的太阳能转化效率达 13% 以上，接近物理太阳能电池的转化率，存在的问题是电化学电池的稳定性。例如组成如下再生光电化学电池：CdS/S, S^{2-}/M，光照射半导体电极将价带中电子激发到导带，产生电子、空穴对：

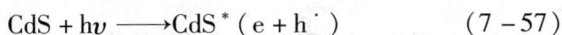

$$CdS + h\nu \longrightarrow CdS^* (e + h^{\cdot}) \tag{7-57}$$

半导体电极表面发生氧化反应：

$$S^{2-} + 2h^{\cdot} \longrightarrow S \tag{7-58}$$

金属对电极上发生还原反应：

$$S + 2e \longrightarrow S^{2-} \tag{7-59}$$

电池总反应：

$$S^{2-} + S \longrightarrow S + S^{2-} \tag{7-60}$$

因此电化学反应前后，溶液总体上没有发生变化。当外电路 $R=0$，外电路未获得电功，但可测量到电流，电流密度用 i_{sc} 表示。再考虑 $R = \infty$，即开路，这时电子不能通过外电路流向对电极，因此对电极的 Fermi 能级不会改变，半导体电极上将产生光电压 φ_{ph}，此时也不会对外电路做功。改变电阻 R 的值，可获得对电流密度随电压变化曲线，如图 7 - 22 所示。显然光电转换功率 P 等于以坐标轴为两边，以 (I, V) 点为一顶点的矩形面积。

又如三元半导体 n - GaAs$_{(1-x)}$P$_x$ 为光阳极组成如下光电池。n - GaAs$_{(1-x)}$P$_x$ | 0.87 mol · L^{-1}NaOH, 0.87 mol · L^{-1}Na$_2$S | Pt，电池装置如图 7 - 23 所示。

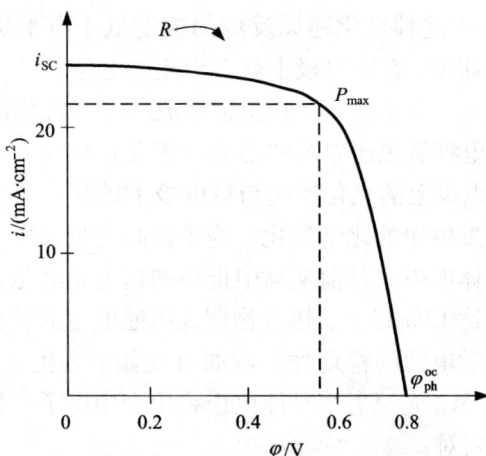

图 7 - 22   再生光电化学电池的电流密度 - 电压图

光电极在氮气气氛保护下，以钨灯为光源，光强 35. 2 mW/cm²，测得半导体不同组成 x 时的光电压 φ_{ph}^{max}，I_{ph}^{max} 和光电转换效率 η 如表 7 - 2 所示。可见，$x \leqslant 0.46$ 时，光电转化效率远高于 $x \geqslant 0.46$ 时光电转化效率。

表 7 - 2   不同组成的 $GaAs_{(1-x)}P_x$ 的光电转换效率

组成 x	0.15	0.29	0.34	0.40	0.46	0.52	0.59	0.65
φ_{ph}^{max}/V	0.460	0.310	0.370	0.304	0.294	0.205	0.109	0.180
I_{ph}^{max}/($\mu A \cdot cm^{-2}$)	1320	530	576	410	490	140	30	31
$\varphi_{ph}^{max} \cdot I_{ph}^{max}$/($mW \cdot cm^{-2}$)	0.607	0.164	0.213	0.125	0.144	0.029	0.003	0.006
η_{max}/%	1.73	0.47	0.61	0.36	0.41	0.08	0.01	0.02

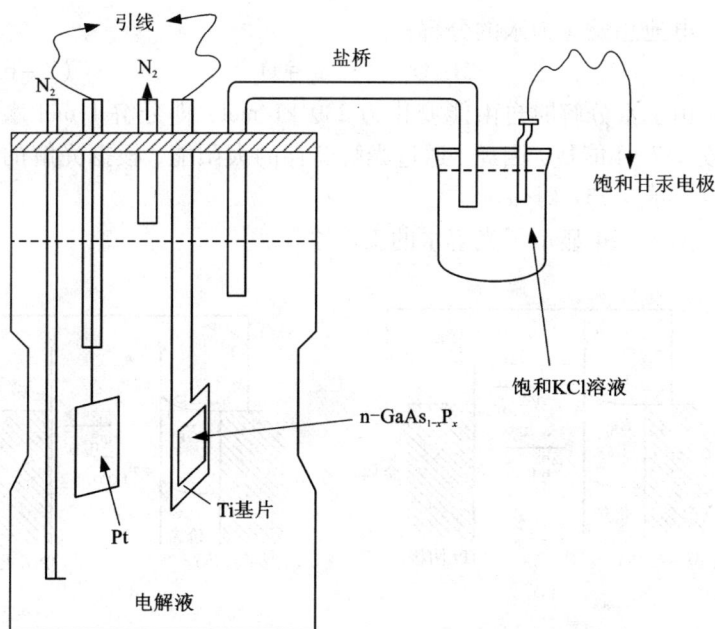

引线

N_2

N_2

盐桥

饱和甘汞电极

饱和KCl溶液

$n-GaAs_{1-x}P_x$

Pt

Ti基片

电解液

图 7 - 23　$n - GaAs_{(1-x)}P_x$ 再生光电化学电池装置示意图

7.4.3　光电解电池

这类电池的特点是在两个电极上实现不同的电极反应,把电池内电化学反应产生的化学能储存起来,其电池可以写作:

半导体│反应体系(1)‖反应体系(2)│金属

此时的光电压必须超过两个电极上电极反应的电位差,这类电池最典型的例子有本多、藤嶋等人发现的用 n 型半导体 TiO_2 进行的分解水的电池:n 型 TiO_2│O_2,H_2O‖H_2O,H_2│Pt,在光电解池中两个电极上分别进行放出氢气和放出氧气的反应。

$$4H^+ + 4e \longrightarrow 2H_2 \qquad (7-61)$$

$$2H_2O + 4h^{\cdot} \longrightarrow 4H^+ + O_2 \qquad (7-62)$$

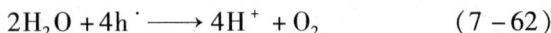

电池总反应为水的分解:

$$2H_2O \longrightarrow 2H_2 + O_2 \qquad (7-63)$$

由于水分解时自由能变化为 239 kJ/mol，即分解 1 mol 水需吸收 237 kJ 能量，因此，通过光解储存的太阳能，根据光解的水计算，亦为 237 kJ/mol。

图 7-24 显示了光解水的工作原理。

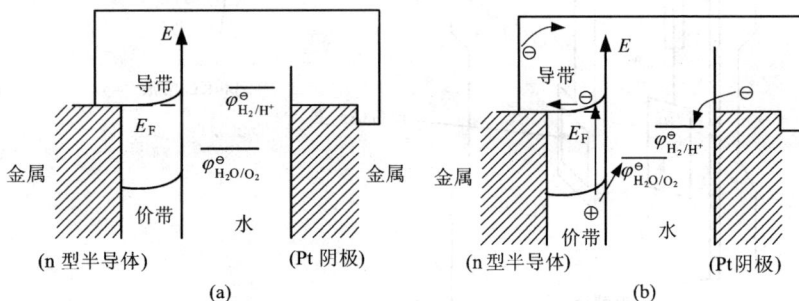

图 7-24 光电解水原理图
(a)平衡时；(b)光照时

图中 n 型半导体作阳极，金属 Pt 对电极为阴极，电解液为某种惰性盐的水溶液。惰性盐的作用是增加溶液的电导，两电极短路时，他们的 Fermi 能级趋于一致，并介于 $\varphi^{\ominus}_{(H_2/H^+)}$ 和 $\varphi^{\ominus}_{(H_2O/O_2)}$ 之间，具体数值与溶液中这两个氧化还原对的相对浓度有关。

半导体电极受光照射时，光激发产生的电子-空穴对将减小能带弯曲，致使 Fermi 能级升高。因此时外电路短路，金属对电极的 Fermi 能级必跟随半导体而升高，当其高于 $\varphi^{\ominus}_{(H_2/H^+)}$ 后，在 n 型半导体上由于光激发进入导带的电子通过外电路流向金属对电极，电子便可以还原溶液中的水，放出氢气。同时半导体电极上由光照产生的价带空穴在空间电荷区电场的作用下移向电极表面,在那里把水氧化放出氧气。两电极上总的效应是水分解生成氢和氧。

要实现光电解水,电极材料应符合以下要求:

① 金属电极的 Fermi 能级需位于 $\varphi^{\ominus}_{(H_2/H^+)}$ 之上。

② 由于 $\varphi^{\ominus}_{(H_2O/O_2)} = 1.23$ V,再考虑到提高电化学反应速度要有一定过电位,半导体的禁带宽度以 $E_g = 2.2$ eV 为宜。

③ 半导体平带电位还必须位于 $\varphi^{\ominus}_{(H_2/H^+)}$ 之上,否则无论使用多强的光,都不可能把 Fermi 能级提高到 $\varphi^{\ominus}_{(H_2/H^+)}$ 之上。

④ 常用的 n 型半导体材料要同时满足②、③两条比较困难,可先选用 E_g 合适的半导体材料,然后在金属电极上施加一个负的偏置电压 φ_{appl},以迫使其光照时 Fermi 能级高于 $\varphi^{\ominus}_{(H_2/H^+)}$。如图 7–25 所示。

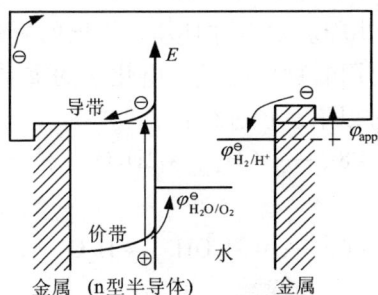

图 7–25　光电解电池施加偏置电压后光照时的能级图

目前还没有找到真正具有使用价值的运用于电解水的半导体电极,因为不仅如上所述要求各个能级位置之间近乎理想的搭配,还要求电极析 H_2,O_2 催化性能良好。因此,科技工作者在光催化剂分解水方面做了大量的工作,主要集中在以下类型:①金属上修饰半导体光催化剂,如 Pt 上修饰 TiO_2,贵金属上修饰钙钛

矿型的 $SrTiO_3$，$KTiO_3$ 等氧化物；②复合半导体，如 $CdS - TiO_2$，$SnO_2 - TiO_2$，$CdS - AgI$ 等，通过这种复合可提高体系电荷分离效果，扩展光激发的能量范围；③光敏化半导体，以延伸光催化材料的激发波长；④半导体光生物催化，把无机半导体和微生物配合，提高电极的活性。总的来看，光电解水制氢的前景广阔，但研究的路程还很长。采用光电解实现某些其他化学反应似乎容易些，如金属电极上 $0.5N_2 + 3H^+ + 3e \longrightarrow NH_3$ 反应交换电流密度小，但光作用下用 $P - GaP/6MKOH/TiO_2$ 电解池可获得 0.37 mA/cm^2 的电解电流，并获得 NH_3，$HCOOH$ 和 $HCHO$ 等产物。用光电解法合成有机物(如 CO_2 的还原)，以及利用光生高能中间产物杀菌和处理废水，均获得一定程度的成功。

　　CO_2 的光电催化还原制取有机物，特别引起科技工作者的关注。目前全球每年向大气中排放数量达 $10^9 t$ 的 CO_2，预计 2050 年排放量将达 $5 \times 10^9 t$。对全球环境、气候的影响巨大。因此如何将 CO_2 转化为有用的物质已成为电化学的重要研究课题。CO_2 的电还原可以通过以下途径进行：

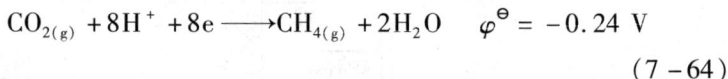

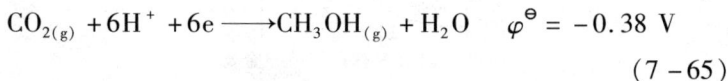

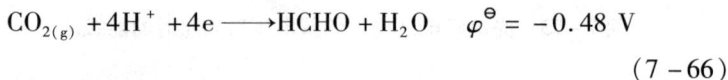

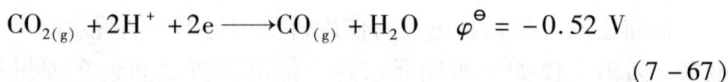

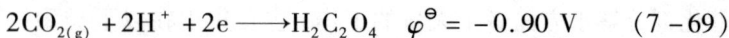

$$CO_{2(g)} + 8H^+ + 8e \longrightarrow CH_{4(g)} + 2H_2O \qquad \varphi^{\ominus} = -0.24 \text{ V}$$
$$(7 - 64)$$

$$CO_{2(g)} + 6H^+ + 6e \longrightarrow CH_3OH_{(g)} + H_2O \qquad \varphi^{\ominus} = -0.38 \text{ V}$$
$$(7 - 65)$$

$$CO_{2(g)} + 4H^+ + 4e \longrightarrow HCHO + H_2O \qquad \varphi^{\ominus} = -0.48 \text{ V}$$
$$(7 - 66)$$

$$CO_{2(g)} + 2H^+ + 2e \longrightarrow CO_{(g)} + H_2O \qquad \varphi^{\ominus} = -0.52 \text{ V}$$
$$(7 - 67)$$

$$CO_{2(g)} + 2H^+ + 2e \longrightarrow HCOOH \qquad \varphi^{\ominus} = -0.61 \text{ V} \qquad (7 - 68)$$

$$2CO_{2(g)} + 2H^+ + 2e \longrightarrow H_2C_2O_4 \qquad \varphi^{\ominus} = -0.90 \text{ V} \qquad (7 - 69)$$

上述各式中的电位 $\varphi^{\ominus}$ 均以 pH 值 =7 的溶液中氢电极为参比标

准。显然在水溶液中进行 CO_2 的还原是比较困难的,因为析氢反
应很容易发生,为了抑制析氢反应的竞争,必须采用氢过电位高
的材料为阴极。在非水介质中进行的 CO_2 还原,可排除析氢反
应,且有利于提高 CO_2 的溶解度。但非水介质中导电能力下降,
且难以保证非水介质长时间不含水。从能源需求角度考虑,较理
想的 CO_2 还原产物是 CH_4 或 CH_3OH。鉴于自然界的光合成正是
CO_2 和 H_2O 生成碳水化合物,因而 CO_2 的光电催化还原引起人们
的高度重视。CO_2 的光还原通常是在非水或接近非水的介质中进
行。例如有人用 P – GaP 作光阴极,在 0.5 mol/L Na_2CO_3 水溶液
中控制电位在 – 0.75 V(NHE),采用 400nm 光源,可获得 78%
HCOOH 和 2.4% HCHO 的产物,而采用修饰 $Ni(cyclam)^{2+}$ 的 P –
GaP 电极,在 0.1 mol/L Na_2ClO_4 水溶液介质中控制电位在
– 0.2V,可获得 99% 的 CO 产物。另外还有人用冠醚和四乙基季
铵离子 NR_4^+ 为催化剂在半导体电极 P – CdTe 上进行 CO_2 的光电
化学还原也取得良好效果。

7.4.4　太阳光发电

当太阳光照射在 n 型和 p 型半导体黏合而成的太阳光发电器
上,就会产生电,其工作原理如图 7 – 26 所示。若用具有 E_g 以上
能量的太阳光照射处于各自状态的 p 型半导体和 n 型半导体的接
合部,则在光能量的作用下,使价带的电子受激进入导带,而在
价带留下空穴,于是电子向 n 侧运动,空穴向 p 侧运动。即 p 侧
带正电,n 侧带负电,使 p – n 结处产生电动势(称为光电动势)。
产生光电动势的器件叫太阳光电池,它已被应用于太阳光发电、
台式计算机和钟表等。

太阳光发电器件使用的主要材料有单晶硅、多晶硅和非晶硅
三种。例如单晶硅 E_g = 1.12 eV,因此波长比 1.13 μm 更小的光
发电是最有效的,这种光是可见光。屋外受太阳光照射发电的太

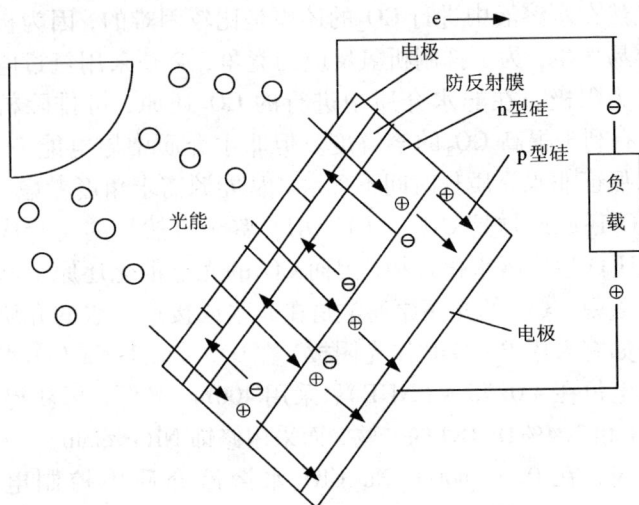

图 7 - 26 太阳光发电器原理

阳光发电器件即使用晶体硅，也使用非晶硅，而几乎依靠荧光的台式计算机、钟表倾向于使用非晶硅。

参考文献

[1] 龚竹青. 理论电化学导论. 长沙：中南工业大学出版社，1998.

[2] 查全性. 电极过程动力学导论. 北京：科学出版社，2002.

[3] 吴浩青，李永航. 电极过程动力学. 北京：高等教育出版社，施普林格出版社，1998.

[4] 郭鹤桐，覃奇贤. 电化学教程. 天津：天津大学出版社，2000.

[5] 小泽昭弥. 吴继勋，卢燕平等译. 现代电化学. 北京：化学工业出版社，1995.9.

[6] 藤嶋昭，相泽益男，井上澈. 陈震，姚建年译. 电化学测定方法. 北京：北京大学出版社，1995.

[7] ю. я. 古列维奇. 半导体光电化学. 北京：科学出版社, 1989.

[8] 吴辉煌. 电化学. 北京：化学工业出版社, 2004

[9] 罗芳, 柳闽生, 吕群等. 光电化学的特性及研究进展. 江西教育学院学报(自然科学版), 2000, 21(3)：32.

[10] 陈启元, 兰可, 伊周澜等. 半导体光解水研究进展. 科学导报, 2005, 10(1)：20.

[11] 王晓宁, 时茜, 史启祯等. 光电化学过程及其应用研究的部分新成果. 化学通报, 1998(2)：14.

[12] 黄金昭, 徐征, 李海玲等. 太阳能制氢技术研究进展. 太阳能学报, 2006, 27(9)：947.

[13] Monheit D, Granyer S, Godinger N, etal. Abstracts of the 5th international conference on photochemical conversion and storage of solar Energy. osaka. 1984：75.

[14] Peter L. M. in A specialist periodical report：Electrochemistry. Vol. 9(ed D Pletcher). London：The Royal society of chemistry, 1984, 66.

[15] Bockris J O′M, Reddy A K N. , Modern Electrochemistry Vol. 2B. New York：plenum, 2000, 1.

[16] Summers D P, Leach S, Frese K W. J Electroanal chem, 1986, 205：219.

[17] Taniguchi I. Aurian – Blajeni B. Bockris J O′M. Electrochim Acta, 1984, 19：923.

[18] Ohmori T. GO H. Yamaguchi N. etal. Pholovoltaic water electrolysis using the sputter – deposited a – Si/C – Si solar cells. Int J Hydrogen Energy. 2001, (26)：661.

[19] Thaminimulla C T K, Takata T, Hara M, etal. Effect of Chromium adition for Photocatalytic overall Water Splitting on Ni $K_2 Ca_2 Ti_3 O_{10}$. Joumal of Catalysis, 2000, (196)：362.

[20] Siemon V. Bahnemann D, Testa J J. etal. Heterogeneous Photocatalytic Reactions comparing TiO_2 and Pt/TiO_2, J Phys Chem. B, 2002, (148)：247.

[21] Contractor A Q, Bockris JO′M. Electroclim Acta, 1987, 32：121.

[22] Sakata T, Hashimoto Bockris K, Kawai T. J Phys Chem, 1983, 87：3807.

第 8 章　光谱电化学

8.1　光谱电化学概述

20 世纪 70 年代以来，电化学的发展有两个特点引人注目：一是许多边缘领域正在迅速发展，例如半导体光电化学、电催化、生物电化学、激发态电化学、化学修饰电极、导电聚合物电极和无机化合物电极等；二是开始在原子、分子水平研究电极/电解质界面结构、性质和界面上的动力学。电化学的这些进展与各种电化学现场(in situ)研究方法的发展和非现场(ex situ)表面物理测试技术的应用息息相关，相辅相成。20 世纪 80 年代以来，这些非传统的电化学研究方法有了更大的发展。以光谱的方法来研究电化学，就是其中一个重要方向，形成了光谱电化学。

8.1.1　光谱电化学的发展

20 世纪 60 年代初，美国著名化学家 R. N. Adams 教授指导其研究生进行邻二苯胺衍生物电氧化时，观察到电极反应伴随着颜色变化，提出了"能不能设计出一种能'看穿'的电极，以光谱的方法来识别所形成的有色物质"的设想。这个设想由其研究生 T. Kuwana 在 1964 年实现了，他第一次使用了光透电极(Optically Transparent Electrodes，OTE)，是在玻璃板上镀了一薄层掺杂 Sb 的 SnO_2。光谱电化学从此得到了迅速发展，已成为电化学领域的一个重要分支，并且具有了非常广泛的含义，它是各种各样波谱技术和电化学方法相结合，在同一个电解池内同时进行测量的一种方法，其特点是同时具有电化学和波谱学二者的特点，可以在电极反应的过程中获得多种有用的信息，给研究电极过程机理、电极表面特性、监测反应中间体、瞬间状态和产物性质，测定式电位、电子转移数、电极反应速率常数和扩散系数等，提供了十分有力的手段。也有人提出，光谱电化学产生于 20 世纪 70 年代初，理由在于光谱电化学中的大部分技术的建立以及人们有意识地将它们作为在分子水平上研究电化学的技术的建立是 20 世纪 70 年代的事情。20 世纪 80 年代初以来，我国的研究机构和高等院校在光谱波谱电化学研究方面开展了许多卓有成效的研究，取得了一系列可喜的成果。光谱电化学从目前和将来看，都将是电化学和电分析化学发展的最热门研究领域之一。

8.1.2　光谱电化学方法的分类

光谱电化学方法可按检测场所、光的入射方式和电极附近液层厚度三种方法分类。按检测场所光谱电化学方法可以分为非现场型和现场型两类。

（1）非现场型

非现场型是在电化学反应发生前和发生以后对反应物和产物的结构信息和界面信息，在电解池之外进行考察的方法，大多数涉及高真空表面技术，如低能电子衍射、Auger 能谱、X 射线衍射、光电子能谱等，但是这种方法远不能满足电化学机理研究的需要，因为采用这种方法检测电极需要从电化学池中拿走，然后在空气或真空中进行检测，有些电化学产物和中间体极不稳定，电极表面在从电解池转入高真空腔的过程中总难免发生某些变化；此外，用高真空技术不可能研究界面溶液一侧的结构和性质。

（2）现场型

在电解池中，在电极反应过程中直接观察和研究电极过程，特别是对电极/溶液界面状态和过程进行观测的方法称为现场法。如现场红外光谱、Raman 光谱、偏振光谱、紫外可见光谱、顺磁光谱、光热和光声光谱、圆二色光谱等。这种方法能够获得分子水平实时的信息，从而获得快速和正确的结果。

光谱电化学方法按光的入射方式可分为透射法、反射法以及平行入射法。

①透射法：入射光束垂直横穿光透电极及其邻近溶液，如图 8 – 1(a)、(b)所示。

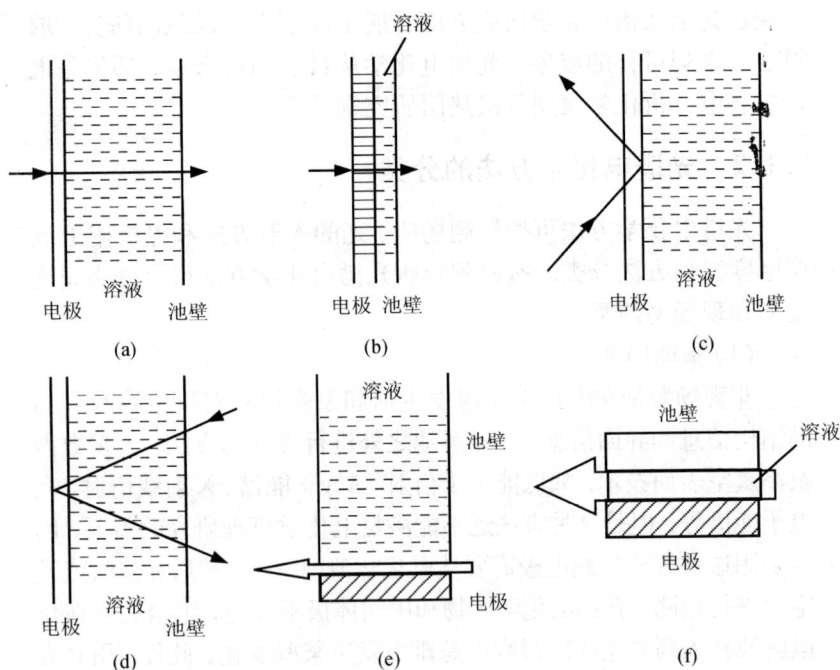

图 8 – 1　各种光谱电化学方法示意图

②反射法：又可分为内反射和镜面反射。内反射法是入射光束通过光透电极背后，并渗入电极溶液/界面，使其入射角刚好大于反射角，光线发生全反射，如图 8 - 1(c)所示。镜面反射法是让光从溶液一侧入射，达到电极表面后被电极表面反射，如图 8 - 1(d)。

③平行入射法：让光束平行或近似平行地擦过电极及表面附近的溶液，如图 8 - 1(e)、(f)所示。

光谱电化学按电极附近溶液层的相对厚度又可分为薄层光谱电化学法[图 8 - 1(b)，(f)]和半无限扩散光谱电化学法[图 8 - 1(a)，(c)，(d)，(e)]。

①薄层光谱电化学法：其特点是电解池内电活性物质因电解作用而耗尽，即涉及电解池内电活性物质的耗竭性电解，但这种分类方法是相对的，如果外加电激发信号的激发时间较短，电极反应形成的扩散层厚度远小于溶液层的厚度，即使溶液层较薄，也可以认为符合半无限性扩散条件；相反，如果外加电激发信号的激发时间较长，电极反应的扩散层厚度近似于溶液层的厚度，即使较厚的溶液层也可视为是薄层耗竭性电解。因此，一般薄层光谱电化学实验中常采用较长的激发时间，使电活性物质因电化学反应而耗竭。如电位阶跃实验中采用较长的电解时间，循环电位扫描实验中较慢的电位扫描速率等。

②半无限扩散光谱电化学法：由于激发时间较长时存在由浓度梯度引起的溶液对流的影响，一般采用较短的电激发时间。常用的恒电位激发信号有单电位跃、双电位跃、单电位跃开路弛豫、线性电位扫描和恒电流等。

8.1.3　光谱电化学方法与常规电化学方法的比较

8.1.3.1　常规电化学方法的特点

常规电化学方法对反应机理的描述和动力学参数的测定是基

于电位、电流和电荷的测量，如电流与扫描速度、浓度、时间或电极转速等一系列参数的函数关系，然后去推测反应机理及测定动力学参数。这种方法的缺点是：属于纯粹的电学测量，缺乏电极反应分子的特性，即电流仅表示在电极表面发生所有过程的总速率，没有关于反应产物或中间体有用的直接信息。同样，大多数关于电极/溶液界面结构的研究依赖于电容测量，也不能得到分子水平的信息。总之，常规电化学研究方法得到的是电化学体系各种微观信息的总和，难以直观准确地反映出电极/溶液界面的各种反应过程、物种浓度、形态的变化，因此很难正确解释和表述电化学反应机理。

8.1.3.2　光谱电化学方法的特点

同通常的电化学方法相比，光谱电化学法具有若干优点：

（1）能提供电极反应产物和中间体的分子信息

通过施加激发电位信号改变物质存在形式的同时，可以记录溶液或电极表面物质吸收光谱的变化，采用快速扫描分光光度法还可以监测到反应中间体分子光谱的有用信息。

例如有人用循环电位扫描，光学监测某一波长下邻甲联苯胺（O - T）氧化时中间体和产物的出现与消失，证明电极反应与 pH 值有关，在 pH 值 = 2 附观察到一对氧化还原峰，pH 值 = 4 时观察到两个氧化波，第一个波对应于光吸收 λ_{max} = 365 nm 和 630 nm 的吸光物质，在第二个波的电位下，产生与 pH 值 = 2.0 相同物质（产生光吸收 λ_{max} = 437 nm 的单一物质），证明 O - T 的氧化经历两个连续的单电子 EE 氧化机理。其自由基中间体在波长 365 nm 和 630 nm 处有最大光吸收：

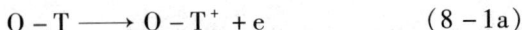

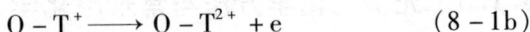

$$O - T \longrightarrow O - T^+ + e \qquad\qquad (8 - 1a)$$

$$O - T^+ \longrightarrow O - T^{2+} + e \qquad\qquad (8 - 1b)$$

（2）具有较高的选择性

光谱电化学既利用电化学上各种物质具有不同的氧化还原电

位来加以控制，也利用了各种物质具有不同的分子光谱特性。很多电化学上难以区分的电极过程可通过光谱电化学方法加以分辨。其重要应用之一是区别 ECE 机理和 $DISP_1$ 机理：

ECE 机理可用以下反应过程表示：

$$A \pm n_1 e \Longleftrightarrow B \tag{8-2a}$$

$$B \Longleftrightarrow C \tag{8-2b}$$

$$C \pm n_2 e \Longleftrightarrow D \tag{8-2c}$$

$DISP_1$ 机理除了上述反应外，还有

$$B + C \Longleftrightarrow A + D \tag{8-2d}$$

这两种机理采用通常的电化学方法是很难区别的，而采用光谱电化学法差别特别明显，例如乙腈中烷基苯(RH)在第一个阳极波处经历阳离子自由基(RH^+)中间体的两个电子氧化，随后产物形成可通过 $DISP_1$ 或 ECE 机理进行：

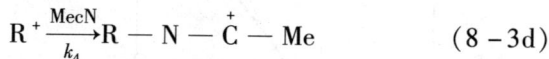

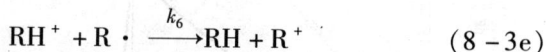

$$RH \underset{+}{\overset{-e}{\Longleftrightarrow}} RH^+ \tag{8-3a}$$

$$RH^+ \xrightarrow{k_2} R \cdot + H^+ \tag{8-3b}$$

$$R \cdot \underset{+}{\overset{-e}{\Longleftrightarrow}} R^+ \tag{8-3c}$$

$$R^+ \xrightarrow[k_4]{MecN} R-N-\overset{+}{C}-Me \tag{8-3d}$$

$$RH^+ + R \cdot \xrightarrow{k_6} RH + R^+ \tag{8-3e}$$

整个反应有三种中间体：阳离子自由基 RH^+、自由基 $R \cdot$、阳离子 R^+，模拟的单电位阶跃计时电流曲线是两种机理完全相同的(如图 8-2)。但吸收时间响应的数字模拟显示出两种机理间具有较大差别，如图 8-3 所示。最明显的特征是恒电位产生后开路过程中 R^+ 的衰减曲线，两种机理的吸光度随时间关系大不相同，$DISP_1$ 机理中 R^+ 的稳态衰减前出现一极大值，这是由于扩散层中存在其他两种中间体按(8-3e)式产生了 R^+。对于这

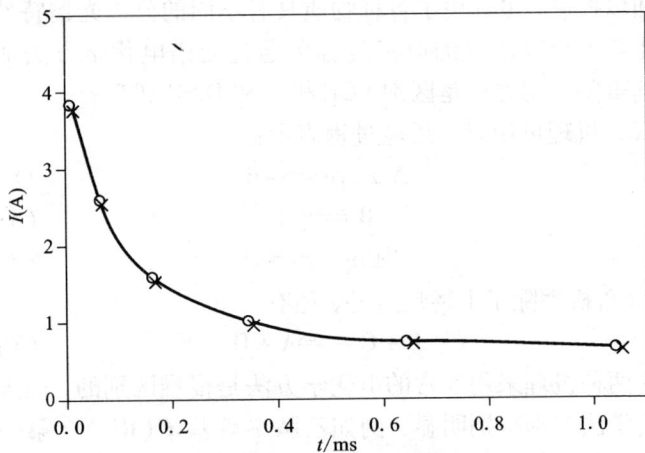

图 8 - 2　通过数字模拟计算的 ECE(O) 和 DISP(X) 机理的电流—时间曲线

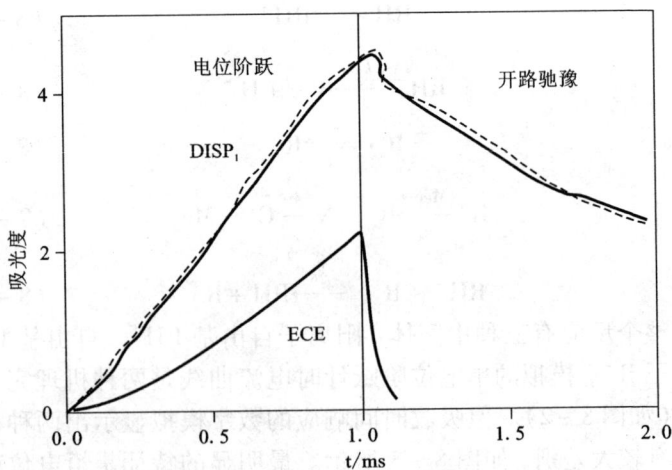

图 8 - 3　ECE 和 DISP₁ 机理中 R⁺ 产生和衰减的相对吸光度—时间曲线

实线：数字模拟；虚线：实验数据

种复杂的电化学反应，研究的方法一般是先定性地检测其产物与中间体，然后采用数字模拟法计算其理论曲线，如与实验曲线符合，则提出的机理可能是正确的。

（3）不受充电电流和残余电流的影响

光谱电化学监测的是电活性物质的光谱变化，只要共存的其他物质在光谱上不产生干扰，则对测定的光信号不产生影响。因此光谱电化学方法在有机电化学和生物电化学反应的研究中比常规电化学方法有明显优势，应用广泛。如在蛋白质加入媒介体的间接电化学中，由于媒介体的氧化还原具有较大的背景电流，难以通过伏安法来进行蛋白质氧化还原的热力学和动力学研究，而采用光谱电化学方法监测蛋白质特征吸收光谱的变化，可以极方便地进行研究，不受媒介体的影响。

（4）可以研究非常缓慢的异相电子转移和均相化学反应

如维生素 B_{12} 还原的第一个电子转移步骤非常缓慢，即使在极谱学所用那样缓慢的电位扫描速度下也观察不到还原波，而采用薄层光谱恒电位实验则显示出两个连续的、易分辨的电子步骤，对于缓慢的后行化学反应，通常电化学方法得到的电流影响非常小，但采用薄层光谱电化学方法可以很方便地进行研究。

（5）可以研究非电活性物质在电极表面的吸附定向

只要该物质在紫外可见光范围内具有光谱吸收，根据吸附前后溶液中光吸收物质吸光度的变化，即可以求得吸附物质在电极表面的吸附量及其吸附定向。

8.2　光透电极

光谱电化学所用的光透电极需要满足光谱和电学性质两方面的要求，理想的光透电极应具备良好的透光性和电阻值尽可能低。这样才能获得合乎要求的光谱学和电化学性质。能同时满足这两个要求的材料并不多，一般采用折衷的方法，根据实际需要进行合理选择，一种是导电性能好但透光性能稍差，如 Au，Pt，Ni，Ag 等金属网电极，由于其电化学性质与金属电极基本相似，因而在光透电极中被广泛应用；另一种则是透光性能好，但导电性能稍差，多采用导电性薄膜沉积在透明基体（玻璃或石英）上制成光透电极。这种导电膜可以是金属氧化物，如 SnO_2，In_2O_3，NiO 等，也可以是金属，如真空喷镀的 Pt 和 Au 膜，在基底上真空沉积碳膜也可制得碳膜电极，其电化学性质与通常的石墨电极相似。下面就几种光透电极材料进行讨论。

8.2.1　SnO_2 和 In_2O_3 光透电极

8.2.1.1　掺杂 Sb 的 SnO_2 玻璃的制作及导电机理

涂有一薄层掺杂 Sb 的 SnO_2 玻璃称为 Nesa 玻璃，涂层通常只有 $0.6 \sim 1.0 \ \mu m$ 厚。一般是将 $SnCl_4$ 的酸性溶液喷涂到玻璃基片或石英基底上加热分解制得的，纯的氧化锡膜具有多晶特性，其导电性是由于氧缺陷和/或间隙锡原子的缺陷结构，以及在石英晶体中氯杂质掺杂所致。在掺杂 Sb 时，随着氧化锡晶格中 Sn(IV) 被 Sb (III) 置换，n 型载流子的密度增加，超过 10^{20} 载流子/cm^3，可达到小于 $15\Omega/sq$ 的表面阻抗，这些 SnO_2 膜可充当电化学研究中完全惰性和化学上稳定的表面。

8.2.1.2　SnO_2 涂层光透电极的适用范围

图 8-4 是 n 型 SnO_2 涂层在不同光透基底上的典型光谱图。在玻璃基底上，波长 360 nm 处透光度急速衰减是由于玻璃本身的吸收，如将 SnO_2 涂层涂在石英片上，则可将该光学窗口向紫外方向拓展到波长 300 nm 处。因此 SnO_2 涂层光透电极仅适用于可见光范围研究。

SnO_2 掺杂 In_2O_3 的玻璃，商品名为 Nesatron 玻璃，与 Nesatron

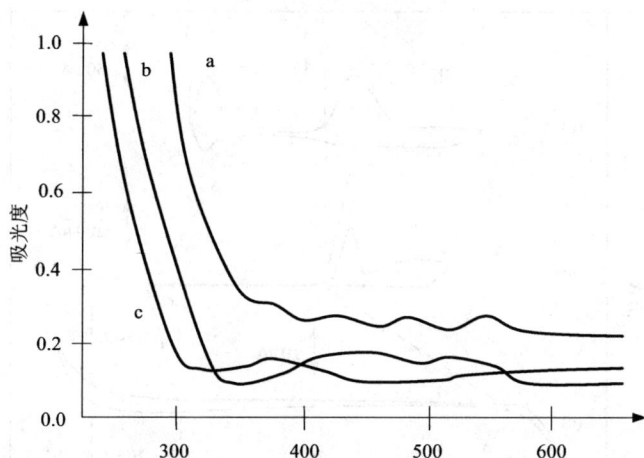

图 8 – 4 SnO$_2$ 涂层在不同基底上的透射光谱

a. 玻璃 3Ω/sq；b. Vicor 6Ω/sq；c. 石英 20Ω/sq

玻璃相比,可见光区域内的透光性略好,而电化学行为则稍差,因此并无明显优势。

SnO$_2$涂层电极在水溶液中所适用的电位范围比在 Pt 和 Au 膜电极上的电位范围要宽得多,图 8 – 5 为相应电极循环伏安图。其 I – E 曲线可分为三个主要区域,对应于双层区域Ⅰ、氢区域Ⅱ及氧化物区域Ⅲ。

同铂或金电极相比,SnO$_2$ 和 In$_2$O$_3$ 电极区域Ⅰ具有较宽的电位范围,达到 1.5 V,可进行氧化还原反应。

在非水溶剂中,可用的电位范围更宽,达 5 V,在该电位范围内,可进行很多氧化还原电极反应的研究。

涂有金属氧化物(SnO$_2$,In$_2$O$_3$)的聚酯薄片也可被用作光透电极,呈现较低的阻抗(10 ~ 20Ω/sq),及比石英和玻璃作基底的成本要廉价得多,而且在水和非水溶剂中电极较稳定;缺点是只适用于可见光区。

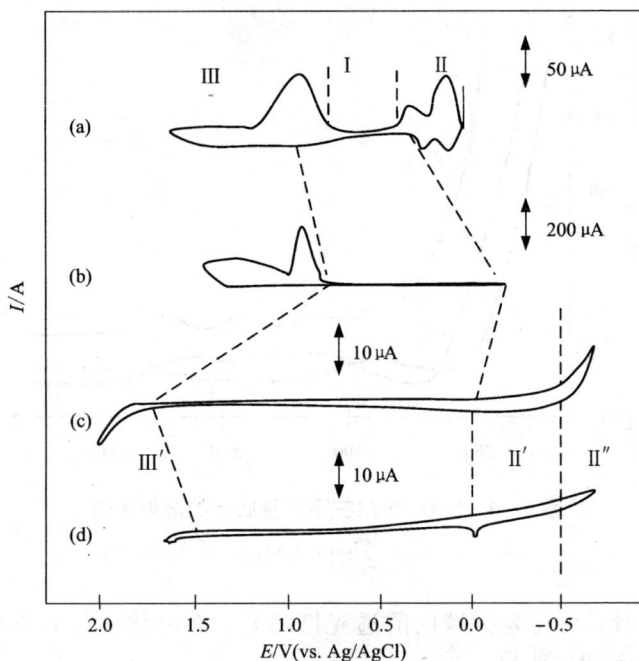

图 8 – 5 1 mol/L H₂SO₄ 介质中,电极的电流—电位曲线

$v = 87$ mV/s, $s = 1$ cm²

(a) Pt 薄膜;(b) Au 薄膜;(c) SnO₂ 薄膜;(d) In₂O₃ 薄膜

8.2.2 Pt,Au,Hg – Pt 及碳膜光透电极

Pt,Au,Hg – Pt 及碳膜光透电极有严重的缺点:电极重现性差,电阻大,且仅适用于可见光范围内研究,后被真空喷镀的 Pt 和 Au 薄膜(<5000Å)Hg – Pt 及碳膜电极所取代。这些电极在重现性、电阻值和光学性能等方面都优于上述金属氧化物电极。

8.2.2.1 电极的制备

金属膜的制备步骤如下:

（1）严格清洗光透基底表面（玻璃或石英），然后在真空下对基底表面进行离子轰击，以保证金属膜在基底上良好的粘附性。

（2）在预先涂有 Bi 和 Pb 氧化物的基底上，高真空沉积金，通过控制沉积时间而控制膜的厚度。

（3）控制温度退火，以改变膜的导电性及透光性。

Pt 膜沉积与此类似，所不同的是基底上无需预先涂金属氧化物，Pt 可直接喷涂在基底上。Pt 膜在机械上是稳定的。

阻抗相差不多的 Au 膜在可见光范围内比 Pt 膜具有较高的光透性，由于 Au 在基底上粘附性比 Pt 低，因而预先在基底上沉积一层金属氧化物（如氧化铋衬底），其透光率改变的同时，机械稳定性提高、阻抗较低、金膜也不易脱落。

这些薄膜的阻抗通过在马弗炉中退火可降低 10% ~ 30%。这种"人工老化"过程可能使得基底表面分离的、不连续的金属小岛凝集成更连续的金属薄膜，降低了阻抗，改进了机械粘附性和透光性，特别对 Au 膜而言尤为明显。

碳膜电极也可通过在玻璃、石英或锗的基底上真空沉积薄的碳膜而制得，其电化学性质与通常的石墨电极相似。石英基底上所制碳膜光透电极在紫外—可见光范围内都具有良好的光透性。

膜电极的特点是膜越薄，透光性越好，但电极电阻相应增加。因此，膜厚度要适当，通常为数百个埃。这种电极重现性较差，电阻较大。

8.2.2.2　电极的应用

图 8 - 6 为薄膜在石英基底上的光谱，Pt 薄膜在 250 ~ 800 nm 的波长内吸光度近似线性变化，而 Au 薄膜的吸收光谱则在 500 ~ 550 nm 处具有最小值。当这些金属薄膜沉积在石英片上时，制得的光透电极可用于紫外区域的研究。除在 Pt 薄膜电极上氢离子放电的过电位略小于本体 Pt 电极外，金属薄膜电极的电化学性质与其本体金属电极极为相似。

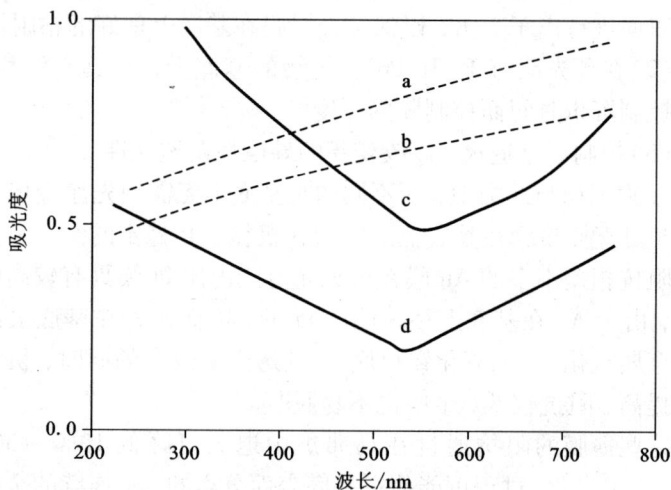

图 8 - 6　薄膜在石英基底上的光谱

a—Pt 10Ω/sq; b—Pt 20Ω/sq; c—Au – PbO₂ 2.5Ω/sq; d—Au – PbO₂ 11Ω/sq

为了拓展电极阴极电位区域，同样可采用在 Pt 膜光透电极表面电化学还原汞离子的方法电镀一层薄的汞表面，由于氢在汞表面放电的过电位较大而增加了可用的阴极电位范围（负移 300 ～400 mV），汞膜一般厚 50Å。运用这种电极可研究电位较负的电极反应，还可光学监测金属在汞膜电极上的沉积及涉及汞从电极上损失的电极反应。

8.2.3　金属网栅电极

金属网栅电极是通过电化学沉积步骤制备的非常细的金属微网，Au，Ni，Ag，Cu 网有其商品来源。网栅的透光性是由于金属中的微孔，金属框架是非透光性的，在整个紫外—可见—红外范围内，透光性基本上保持不变。金属网栅电极的电化学性质与其

金属电极的基本相似,因此,金属网栅电极呈现本体金属电极的
正负电位范围。

按电活性物质向电极的扩散来处理,网栅的均一几何学给出
了其"双重特征"如图 8 -7 所示。电位阶跃后短时间内,表现为
向单根网线的线性扩散,如图 8 -7(a)所示,有效电极面积是网
栅的微观面积(A_{micro}),当时间逐渐延长,扩散层部分重叠,如图
8 -7(b)所示。时间逐渐延长扩散层重叠部分进一步增大,然后
网线孔中的电活性物质完全发生耗竭性电解,如图 8 -7(c)所
示。因此,随着时间的进一步延长,扩散层将变得与平板电极上
的扩散[如图 8 -7(d)所示]相同。例如,每厘米约 400 条细金丝
的网,在电位阶跃 10 ~ 20μs 后,其扩散情况与平板电极相同。
网栅靠得越近,扩散重叠越快。图中箭头表明电活性物质的扩散
方向。

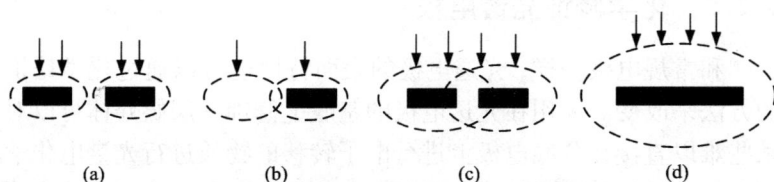

图 8 -7 网栅电极扩散示意图

金属网栅电极的优点是即是导电性非常好的电极,重现性
好,同时又具有较高的光透性,适用于不同波长的光谱,可以弯
曲成不同的几何形状。缺点是金属网线是非透光性的,妨碍了采
用垂直入射光束观察吸附现象;短时间内进行光谱电化学实验中
复杂的扩散行为。理论上对扩散过程难以作出严格的处理。网栅
电极主要用于光透薄层光谱电化学中。

8.2.4 多孔玻碳电极和多孔金属电极

多孔玻碳(RVCE)又称网状玻璃碳，是具有97%的空隙体积和多孔结构的玻璃碳材料，它具有巨大的比表面积，其比表面积与表面网孔数目成正比。当切成片时，其透光性与网栅电极相当，在整个紫外—可见光谱范围内基本上为常数，由于绝大多数溶液在多孔电极内部，故可在很短时间内达到电活性物质的完全电解。

泡沫型金属材料如多孔金属泡沫也可被切成薄片用作光透电极。

多孔材料制成的光透电极最适合于测量光吸收弱的样品。也同样由于其短时间内复杂的扩散行为而主要用于构成薄层池。另外，超微电极近年来也应用于光谱电化学的研究中。

8.2.5 化学修饰光透电极

和常规电极一样，光透电极的表面特性也可以通过化学修饰的方法来改变。采用在光透电极的基底上修饰一层媒介体可以对某些难以直接在基底电极上进行电子转移的物质进行光谱电化学研究，如在金属网栅电极表面修饰一层紫精聚合物后可以催化可溶性菠菜铁氧化还原蛋白和肌红蛋白的还原。将某些接着膜修饰在光透基底上后，可以对修饰膜本体同时进行电化学和光谱电化学研究。如将普鲁士兰膜沉积在光透电极表面后研究其电色效应。

若干光透电极的光及电化学性质参数列于表8-1中供参考。

表 8 - 1　光透电极的光和电化学性质

电极类型	透光范围	电阻/$\Omega \cdot sq^{-1}$	电位范围/V(SCF)
Pt 膜(真空喷镀于石英上)	220 ~ 近 IR,10% ~40%	15 ~ 25	同 Pt 电极
Hg - Pt 膜(电沉积于 Hg 上)	220 ~ 近 IR,10% ~30%	10 ~ 25	+0.2 ~ 0.9(pH 值 7)
Au 膜(气相沉积于石英上)	220 ~ 近 IR,10% ~30%	5 ~ 20	同 Au 电极
Au 膜(在聚酯基片上)	220 ~ 近 IR	10 ~ 200	
Sb 掺杂 SnO_2(Nesa 玻璃)	360 ~ 近 IR,70% ~85%	5 ~ 20	+1.2 ~ -0.6(pH 值 7)
Sb 掺杂 SnO_2(石英基片)	240 ~ 近 IR,50% ~85%	5 ~ 20	
Sn 掺杂的 In_2O_3(Nesatron 玻璃)	360 ~ 近 IR,70% ~85%	5 ~ 20	+1.2 ~ -0.6(pH 值 7)
碳膜于石英上	200 ~ 近 IR,20%	2000 ~5000	+0.5 ~ -1.4(硼酸钠水溶液)
Ge	IR,4% ~ 30%(内反射光谱)	2000 ~5000	-0.3 ~ -1.3(硼酸钠水溶液)
Au 网栅	UV ~ 可见 ~ IR,20% ~80%	<0.1	同 Au 电极
Hg - Ni 网栅	UV ~ 可见 ~ IR,20% ~80%	<0.1	+0.2 ~ -1.0(pH 值 7)
Hg - Au 网栅	UV ~ 可见 ~ IR,20% ~80%	<0.1	+0.2 ~ -1.4(pH 值 7).

8.3　光透薄层光谱电化学

　　光透薄层光谱电化学综合了薄层电化学和光谱电化学二者的特点,由于溶液的体积小,电极附近的溶液层薄,因此可以在较短的时间内完成整体电解,快速精确地控制物质的氧化还原态,并同时进行光谱观测。多数薄层光谱电化学研究均采用控制电位作为激发信号。

8.3.1 测定可逆反应的式量电位 $E^{\ominus'}$ 和电子转移数 n

对于电极上进行的一个可逆反应可用如下通式描述:

$$O + ne \Longrightarrow R \tag{8-4}$$

其平衡电极电位可用 Nernst 公式描述(25℃时):

$$E_{平} = E^{\ominus'} + \frac{0.059}{n}\lg\frac{[O]}{[R]} \tag{8-5a}$$

式中:[O],[R]——氧化态和还原态粒子的浓度。

当电极反应可逆时,电极极化到电位 E,仍符合 Nernst 方程:

$$E = E^{\ominus'} + \frac{0.059}{n}\lg\frac{[O]}{[R]_{surf}} \tag{8-5b}$$

$[R]_{surf}$是电极上有电流通过时电极表面还原态 R 的浓度,并假定不发生[O]的浓度极化。由于溶液层很薄,溶液本体中物质的浓度比$[O]/[R]_{sol}$很快被调节到与电极表面的浓度比相同,因此电极反应发生后,可近似认为$[O]/[R]_{sol} = [O]/[R]_{surf}$。一般对于厚度小于 0.2 mm 的薄层池,电解达到平衡,电流衰减到最小值所需的时间通常在 60 s 内,由式(8-5a)可见用 E 对 $\lg\frac{[O]}{[R]}$ 作图可得一直线,由直线的斜率求得电子转移数 n,由直线在电位轴上的截距求得式量电位 $E^{\ominus'}$。由于达到平衡时,流过电极的电流很小,可忽略 IR 降的影响,$E^{\ominus'}$ 值可精确到几毫伏。例如采用薄层光谱电化学方法研究铁氰化钾在电极上的反应,反应式可写作:

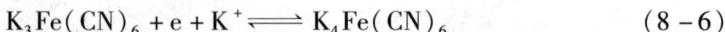

$$K_3Fe(CN)_6 + e + K^+ \Longrightarrow K_4Fe(CN)_6 \tag{8-6}$$

在 0.1 mol/L 的 KCl 溶液中, $K_3Fe(CN)_6$浓度为 1 mmol/L,将溶液置于 0.24 mm 厚的薄层电解池中测得不同电位下光吸收与波长的关系表示于图 8 - 8 中。

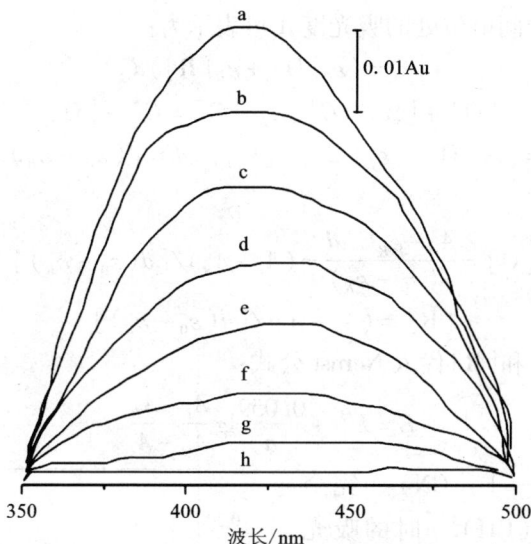

图 8 - 8　K₃Fe(CN)₆ 在不同外加电压下的吸收光谱图

电位/V(vs. Ag/AgCl)：a：0.4；b：0.32；c：0.30；
d：0.28；e：0.26；f：0.24；g：0.22；
h：0.00

电位从 0.4 V(vs. Ag/AgCl)开始，每改变一次外加电位待完全平衡后记录一次吸收光谱，选 420 nm 波长下的吸收值为测量铁氰根/亚铁氰根的量度。

设波长 420 nm 下铁氰根离子的摩尔吸光系数为 ε_0，亚铁氰根离子的摩尔吸光系数为 ε_R，溶液薄层厚度为 d，铁氰根离子起始浓度为 C^*，则，

完全为氧化态时产生的吸光度为：

$$A_0 = \varepsilon_0 d C^* \qquad\qquad (8 - 7)$$

完全为还原态时产生的吸光度为：

$$A_R = \varepsilon_R dC^* \qquad (8-8)$$

任意中间电位处的吸光度 A_i 可表示为：

$$A_i = (\varepsilon_0[O] + \varepsilon_R[R])d \qquad (8-9)$$

而　　　$[O] + [R] = C^*$，$\therefore$　$[R] = C^* - [O]$　　(8-10)

$\therefore$　$A_i = [\varepsilon_0[O] + \varepsilon_R(C^* - [O])]d = [(\varepsilon_0 - \varepsilon_R)[O] + \varepsilon_R C^*]d$

$$\qquad (8-11)$$

$$[O] = \frac{A_i - \varepsilon_R C^* d}{d(\varepsilon_0 - \varepsilon_R)} = (A_i - A_R)/[d(\varepsilon_0 - \varepsilon_R)] \qquad (8-12)$$

而　　　　　$[R] = (A_0 - A_i)/[d(\varepsilon_0 - \varepsilon_R)]$　　(8-13)

将 $[O]$ 和 $[R]$ 代入 Nernst 公式：

$$E = E^{\ominus'} + \frac{0.059}{n}\lg\frac{A_i - A_R}{A_0 - A_i} \qquad (8-14)$$

式中：A_R——$Fe(CN)_6^{3-}$ 完全还原为 $Fe(CH)_6^{4-}$ 时的吸光度；A_0——完全为氧化态的吸光度；A_i——二者共存时的吸光度。将 $\lg\dfrac{A_i - A_R}{A_0 - A_i}$ 对 E 作图得一直线，如图 8-9 所示，其斜率为 59.6 mV，计算出 n = 0.99，即如反应式 8-6 所示为单电子电极反应，由其截距得式量电位 $E^{\ominus'}$ = 0.275 V（vs. SCE）。

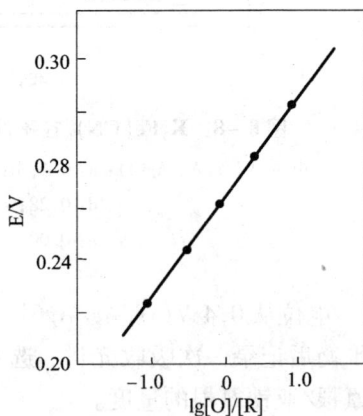

图 8-9　E 与 $\lg[O]/[R]$ 的关系图

实验中应注意的是只有当溶液与电极电位达到平衡时，即所有的光吸收变化停止，工作电极上仅通过较小的残余电流和由于边缘效应所产生的较小电流时才进行测量，以免由于反应未达到平衡而偏离 Nernst 方程造成测量误差。由上面的测定还可进一步计算反应的热力学参数 $\Delta S^{\ominus}$ 和 $\Delta H^{\ominus}$，

$$\Delta S^{\ominus} = nF(\partial \Delta E^{\ominus\prime}/\partial T)_p \qquad (8-15)$$

$$\Delta H^{\ominus} = -nFE^{\ominus\prime} + T\Delta S^{\ominus} \qquad (8-16)$$

由式（8-15）可见，$\Delta S^{\ominus}$ 的计算需要在不同温度下，测定同一体系的 $\lg \dfrac{[O]}{[R]}$ 与 E 的关系曲线，再得到不同温度下的 $E^{\ominus\prime}$ 值。

8.3.2　研究准可逆反应

对于在电极上呈现缓慢异相电子转移的氧化还原反应，薄层光谱电化学方法也是最有效的研究手段。薄层光谱恒电位实验可以是一种非常慢的电化学技术，设计实验时使每次外加电压维持到光信号变化完全停止，因此，对于缓慢的电极动力学可使电位保持足够长的时间来让电极动力学过程达到平衡，即使法拉第电流响应完全被残余电流掩盖，也能观察到光学响应信号的变化。

例如维生素 B_{12} 的第一电子还原步骤的电子转移速率相当慢，即使在直接极谱中所用的慢扫描速度下，也几乎观察不到还原波，直到电位足够负时产生一个两电子还原波。因此对 B_{12} 的还原机理采用常规电化学方法很难揭示清楚。有人采用 Hg-Au 网栅光透电极薄层光电化学方法进行研究，图 8-10(a) 为 1 mmol/L 维生素 B_{12} 在某缓冲液（pH 值 6.86）中负向电位扫描时的循环伏安图。在 E_{pc} = -0.93 V(vs. SCE) 电位下，呈现单一的两电子还原波。但采用薄层光谱恒电位实验揭示出的是两个连续的、易分辨的一电子还原步骤，如图 8-10(b) 所示。电位从 -0.1 V 逐步增加到 -1.15 V，在 B_{12}（pH 值 6.86）溶液的紫外可见光谱上观察到两个清晰的变化，一个发生在 -0.58→0.75 V，一个发生在 -0.77→0.95 V 电位范围，分别对应于一个单电子还原过程，并分别得到其半波电位 $E_{1/2}^{I}$ = -0.655 V 和 $E_{1/2}^{II}$ = -0.88 V。

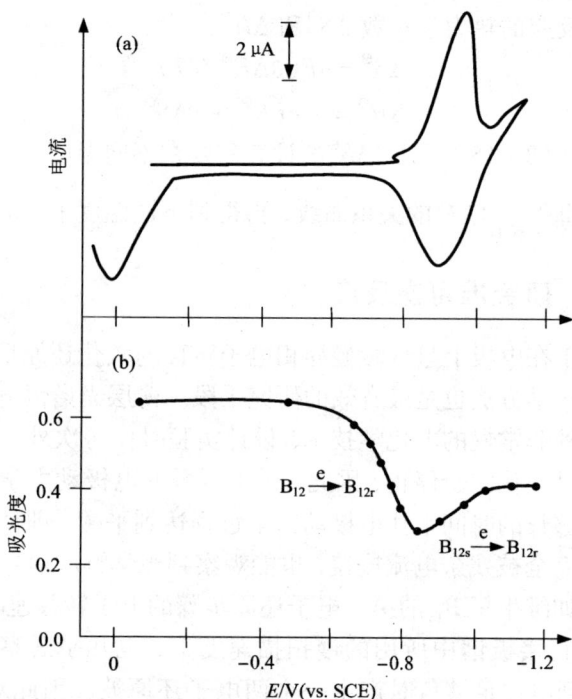

图 8 - 10　维生素 B₁₂ 的伏安图

（a）循环伏安图；（b）3600 nm 波长电位—吸光度图

8.3.3　采用媒介体的生物氧化还原体系

很多生物物质由于它们在电极表面强烈吸附以及电活性中心被其多肽链包围，所以在电极上直接进行异相电子转移的速率非常缓慢，以致电极反应难以进行。如血红蛋白、肌红蛋白就是典型的例子。所以这些生物物质很难采用常规的电化学方法来研究。对于这种体系，通常采用类似于第四章中电催化的方法，向溶液中加入某种媒介体,进行电极与生物组分间的电子转移。例如生物物质 B,需将其由氧化态 B_0 还原为还原态 B_R,直接在电极上难以进行,可在溶液中加入媒介体,其氧化态为 M_0,还原态为 M_R,其催化反应机理如下:

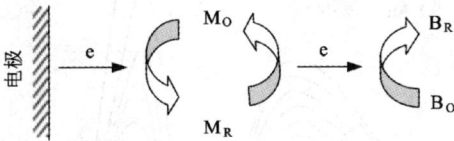

其 Nernst 方程可表示为:

$$E = E_M^{\ominus'} + \frac{RT}{n_M F}\ln\frac{[M_0]}{[M_R]} = E_B^{\ominus'} + \frac{RT}{n_B F}\ln\frac{[B_0]}{[B_R]} \qquad (8-17)$$

式中:M_0 和 M_R 分别代表媒介体的氧化态和还原态,M_0 优先在电极上获得电子变为还原剂 M_R,

$$M_0 + e \rightarrow M_R \qquad (8-18)$$

而 M_R 又将电子传给生物物质的氧化态 B_0,将其还原为 B_R,自己氧化为 M_0

$$M_R + B_0 \rightarrow M_0 + B_R \qquad (8-19)$$

媒介体在这里实际上只起到一个催化剂的作用。根据所加电位和由吸光度所得的 $\ln\frac{[B_0]}{[B_R]}$ 作类似于(8.3.1)中的 Nernst 图 8-9,可求得 $E_B^{\ominus'}$ 和 n_B 值。

有人研究细胞色素 C 的电化学氧化还原反应,采用金网栅电极光透薄层池,无明显还原峰,溶液中加入 2,6-二氯靛酚(DICP)作媒介体与电极进行电子交换,细胞色素 C 再通过与 DICP 发生反应,催化了反应的进行,其氧化/还原的速率大大提高。不同电位下,细胞色素 C 的光谱如图 8-11 所示,细胞色素 C 在 300 mV(vs. SCE)下被完全还原。施加电压一次,约需 10

min 达到平衡,该平衡时间与媒介体浓度及光透薄层电极的设计有关。由细胞色素 C 的 Nernst 图所得的截距和斜率分别求得 $E^{\ominus'}$ = 0. 261 ± 0. 001V (vs. NHE) 及 $n = 1$ (25℃) 。

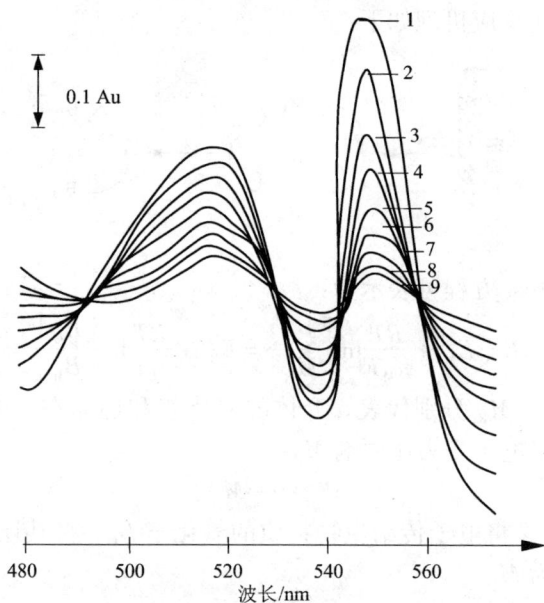

图 8 – 11 不同外加电位下,细胞色素 C 与 2,6 – 二氯靛酚媒介体的薄层光谱

电压/mV(vs. SCE) : 1— – 600; 2— – 50; 3— – 30; 4— – 10; 5—10; 6—30; 7—50; 8—70; 9—300

8.4 光透半无限扩散光谱电化学

8.4.1 基本概念

本节介绍的是电极表面附近溶液层较厚,不能产生耗竭性电解的半无限扩散情况。就是说在电位扰动的时间范围内离电极足够远区域的溶液不受电激发的扰动，显然这一概念是相对的，也就是说即使溶液不是很厚，当电位阶跃时间特别短或电位扫描速度特别快时，也能满足半无限扩散条件，相反即使液层较厚，而电位阶跃时间特别长，或扫描速度特别慢，能产生耗竭性电解时，也属薄层电解的条件。

因此，为了运用光透半无限扩散光谱电化学方法研究反应的动力学和热力学及其机理，在设计光谱电化学试验中，为减少测量误差，要尽可能使反应达到半无限扩散条件，为此必须考虑以下几点：

①工作电极面积（即与样品溶液接触的光透电极的面积）必须减到最小，这样可使总反应速度下降，降低活性物质的消耗速度，避免耗竭性电解的出现，改进电化学测量时的响应，尤其是当样品的反应呈现快速动力学时。

②垂直于电极表面必须有足够的溶液，即垂直于电极表面必须有足够的液层厚度，以至于在电化学试验期间满足半无限扩散条件，即在沿光束轴远离光透电极表面某个距离处，在测试过程中所有物质的浓度等于起始值。

③在光谱电化学试验中，必须尽量消除对流质量传输的来源，如机械搅动，密度梯度及热搅动，这样可减少扩散层厚度，使远离电极一定距离的溶液不受扰动，活性物质的浓度保持起始浓度不变。

④光透电极的设计使未补偿溶液阻抗减少到最小。

8.4.2　扩散过程

假定电极上进行如下电化学反应：

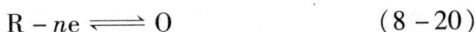

$$R - ne \rightleftharpoons O \qquad (8-20)$$

根据菲克第二定律：

$$\frac{\partial C_R(x,\ t)}{\partial t} = D_R \frac{\partial^2 C_R(x,\ t)}{\partial x^2} \qquad (8-21)$$

$$\frac{\partial C_O(x,\ t)}{\partial t} = D_O \frac{\partial^2 C_O(x,\ t)}{\partial x^2} \qquad (8-22)$$

采用单电位阶跃作激发信号,对静止平面电极在半无限扩散情况下,若溶液中开始无氧化态 O 存在,满足下列起始条件和边界条件:

$$C_R(x,\ 0) = C_R^*,\ C_O(x,\ 0) = 0 \qquad (8-23)$$

$$C_R(\infty,\ t) = C_R^*,\ C_O(\infty,\ t) = 0 \qquad (8-24)$$

$$D_R\left[\frac{\partial C_R(x,\ t)}{\partial x}\right]_{x=0} = -D_O\left[\frac{\partial C_O(x,\ t)}{\partial x}\right]_{x=0} \qquad (8-25)$$

$$C_R(0,\ t) = 0 \qquad (8-26)$$

式中:C_R^*——R 在溶液中的本体浓度。

通过 Laplace 变换解微分方程(8-21)和(8-22),再根据 Beer 定律,可以得出物质 R 和 O 的吸光度随时间的变化值为:

$$A_O(t) = 2\varepsilon_O C_R^* \left(\frac{D_R t}{\pi}\right)^{1/2} \qquad (8-27)$$

$$A_R(t) = A_R^* - 2\varepsilon_R C_R^* \left(\frac{D_R t}{\pi}\right)^{1/2} \qquad (8-28)$$

其中,$2\left(\dfrac{D_R t}{\pi}\right)^{1/2}$ 为电解池的有效光程,即扩散层的平均厚度,随时间的延长而增大。

由式(8-27)可以看出吸光度对 $t^{1/2}$ 作图给出一条直线,并通过原点,如已知 C_R^* 和 D_R,则可根据直线斜率测定 ε_O。

式(8-27)与单阶跃计时库伦法中电量—时间的行为相似,只是以 nFA 代替了 ε_O。

$$Q(t) = 2nFA C_R^* \left(\frac{D_R t}{\pi}\right)^{1/2} \qquad (8-29)$$

式中：n——电子数；A——电极面积。

有人在 0.8 mmol/L 邻甲联苯胺，1 mol/L $HClO_4$ 及 0.5 mol/L HAOC 溶液中进行电位阶跃试验，证明其氧化属于扩散控制的两电子过程，电量与吸光度均与时间的平方根成正比，见图 8 – 12。

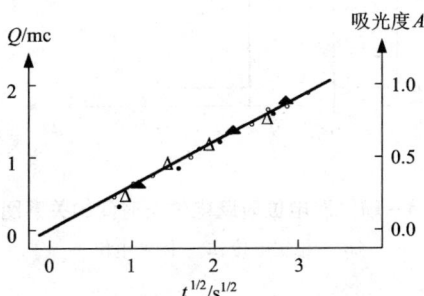

图 8 – 12　邻甲联苯胺氧化时的电量(Q)和吸光度(A)与 $t^{1/2}$ 关系

$Q – t^{1/2}$：o 正向电位阶跃；·反向电位阶跃。

$A – t^{1/2}$：△ 正向电位阶跃；▲ 反向电位阶跃

上述实验是采用单电位阶跃，实际上也可采用双电位阶跃技术。先将电位阶跃到超过 O/R 电对的氧化还原电位，并使阶跃时间 τ 内反应是扩散控制，然后阶跃回到起始电位，如图 8 – 13 所示。其数学分析与电量计算的方式与单阶跃法基本相同，起始和边界条件也与前面相同，只是最后一个方程(8 – 26)有所变化，改为：

$$C_R(0, \ t \leqslant \tau) = 0 \qquad\qquad (8 – 30)$$

$$C_O(0, \ t > \tau) = 0 \qquad\qquad (8 – 31)$$

同样通过 Laplace 变换解菲克第二定律，并应用卷积定律得到

正向阶跃时：

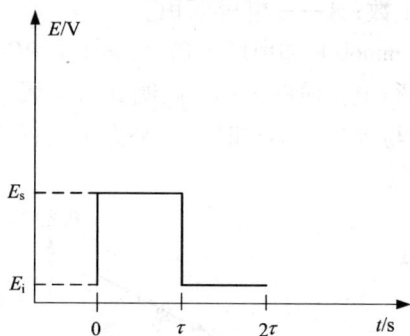

图 8 – 13 双电位阶跃电位与时间的关系图

E_i – 稳定电位；E_s – 阶跃电位

$$A_f = A_0(t \leqslant \tau) = 2\varepsilon_0 C_R^* \left(\frac{D_R t}{\pi}\right)^{1/2} \qquad (8-32)$$

反向阶跃时：

$$A_b = A_0(t > \tau) 2\varepsilon_0 C_R^* \left(\frac{D_R}{\pi}\right)^{1/2} \left[t^{1/2} - (t-\tau)^{1/2}\right] \quad (8-33)$$

在 $t = \tau$ 和 $t = 2\tau$ 下，吸光度的比值给出如下

$$A_b/A_f = \left[A_0(2\tau) - A_0(\tau)\right]/A_0(\tau) = 2 - 2^{1/2} = 0.586 \quad (8-34)$$

这与计时库仑法的结果也相同，该技术在动力学参数的测量
中是很有用的，可用于区分反应属于可逆过程、不可逆过程或伴
随有其他化学反应的过程，如图 8 – 13 也给出了双电位阶跃法的
实验结果。任何对常数 0.586 的偏离表明在正向或反向电位阶跃
中存在着动力学微扰或伴随其他化学反应。

8.4.3 用单电位阶跃计时吸收法研究不可逆过程

单电位阶跃计时吸收法（SPS/CA）最先用于不可逆体系异相
电子转移动力学参数的测定，设有如下反应：

$$O + ne \underset{k_b}{\overset{k_f}{\rightleftharpoons}} R \qquad (8-35)$$

式中：k_f 和 k_b 是正向（还原）和反向（氧化）反应的异相电子转移速率常数，符合 Butter—Volmer 方程。若式（8-35）是在不可逆反应下，即 $k_b \ll k_f$ 的条件下得到的，SPS/CA 实验中 k_b 对反应物和产物流量的贡献可以忽略不计，当加上足够大的电位阶跃使正向反应以 k_f 控制的速度进行时，得到 R 与时间有关的光吸收为：

$$A_R(t) = \varepsilon_R C_O^* D_0 / k_f \left[(2/\pi^{1/2}) \xi + \exp(\xi^2) \operatorname{erfc}(\xi) - 1 \right]$$
$$(8-36)$$

$$\xi = k_f \cdot (t/D_0)^{1/2} \qquad (8-37)$$

式中：C_O^*，D_0——电活性物质 O 的本体浓度和扩散系数，ε_R——产物 R 的摩尔吸光系数。当加上相当大的电位阶跃使正向反应以扩散控制的速度进行，式（8-36）可简化成式（8-27）相同的形式。电极反应速率控制下的吸光度与扩散控制下的吸光度之比称为规一化吸光度，用 $A_N(t)$ 表示，则

$$A_N(t) = 1 + \pi^{1/2}/(2\xi) \left[\exp(\xi^2) \operatorname{erfc}(\xi) - 1 \right] \qquad (8-38)$$

可见，电极反应产物的规一化吸光度与无因次动力学参数 $k_f(t/D_0)^{1/2}$ 有关，如图 8-14 所示。

该图为 k_f 的测定提供了方便的手段。对于符合 Butter-Volmer 电子转移理论的体系，$\lg k_f$ 对过电位（η）作图得一直线，由截距求得过电位为零时的异向电子转移速率常数（k_f），从斜率可以得到电荷转移系数（α）的值。

对于准可逆反应，吸光度可表示为：

$$A_R(t) = \left[\varepsilon_R C_O^* K_f / Q^2 \right] \left[\frac{2Qt^{1/2}}{\pi^{1/2}} + \exp(Q^2 t) \cdot \operatorname{erfc}(Qt^{1/2}) - 1 \right]$$
$$(8-39)$$

式中
$$Q = K_f'/D_0^{1/2} + K_b/D_R^{1/2} \qquad (8-40)$$

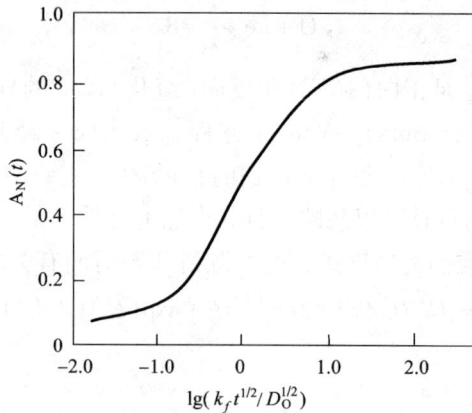

图 8–14 规一化吸光度 $A_N(t)$ 与 $\lg(k_f t^{1/2}/D_O^{1/2})$ 的关系

参考文献

[1] 谢远武, 董海俊. 光谱电化学方法——理论与应用. 长春: 吉林科学出版社, 1993.

[2] 张祖训, 汪尔康. 电化学原理与方法. 北京: 科学出版社, 2000.

[3] 李启隆. 电分析化学. 北京: 北京师范大学出版社, 1995.

[4] 藤嶋昭, 相泽益男, 井上徹. 陈震, 姚建年译. 电化学测定方法. 北京: 北京大学出版社, 1995.

[5] 阿伦·丁·巴德, 拉里. R. 福克纳著, 邵元华, 朱果逸, 董献堆等译. 电化学方法原理与应用. 北京: 化学工业出版社, 2005.

[6] 林仲华, 叶思宇, 黄明东等. 电化学中的光学方法. 北京: 科学出版社, 1990.

[7] 郑华均, 马淳安. 光谱电化学原位测试技术的应用及进展. 杭州: 浙江工业大学学报, 2003, 31(5): 501.

[8] 袁柏青, 朱永春, 计红果. 玻碳电极表面催化性质的薄层光谱电化学研究. 光谱实验室, 2005, 22(5): 995.

[9] 郁章玉, 翟翠萍, 汪汉卿. 紫外－可见薄层光谱电化学技术在药物化学中的应用. 分析测试技术与仪器. 2004, 10(1): 9.

[10] Kuwana T. , Darlington R. K. , Leedy D. W.. Anal Chem. 1964, 36: 2023.

[11] Heineman W R, Norris B J, Goelz J F. Measurement of enzyme $E^{\ominus}$ values by optically transparent tain layer electrochemical cells. Anal Chem, 1975, 47(1): 79.

[12] Boschloo G, Hagfeldt A. Spectroelectrochemmistry of nano－structured NiO. J. Phys Chem B, 2001, 105(15): 3039.

[13] Zak J, Porter M D, Kuwana T. Thin－layer electrochemical cell for cony optical path length observation of solution species. Anal Chem, 1983, 55(14): 2219.

[14] Abruna H. D. etal, Electrochemical Interfaces: Modern Techniques for In－situ Interface Characterization, VCH, New York, 1991.

[15] Colina A, Lopez－palacios J, Hera A, etal. Digital Simulation model for bidimensional spectroelectrochemistry. J Electroanal Chem, 2003, 553: 87.

[16] Yu z y, Jing M C, Miao S H. Application and manufacture of the microscale long－optical－path electrochemical cell with a plug－in thin－layer electrode. Chinese Chem Lett, 1993, 4(8): 725.

第 9 章　生物电化学

9.1　生物电化学及其范畴

9.1.1　生物电化学的研究历史

　　Milazzo G 认为，生物电化学是研究那些涉及生物系统的荷电粒子(可能还有非荷电粒子)所引起的电化学现象的科学分支。也就是运用电化学的技术、原理和理论来研究生物学事件，即生物机体内的电化学现象。如人或动物的肌肉运动、细胞氧化机理，细胞电势，神经信息传递，人造器官可用性以及许多生理现象都涉及电化学的原理。

　　生物电化学现象早已为人们熟知，1791 年伽伐尼在解剖青蛙时，用手术刀的刀尖触及青蛙的脚神经，青蛙四肢的全部肌肉强烈地收缩，证明动物肌体组织与电的相互作用，得出生物学与电化学有着深奥联系的结论。200 多年来科学技术的发展，自然科学各门学科逐步分化出许多分支学科，特别是进入 20 世纪，分化的速度越来越快，各自学科发展也十分迅速，各学科之间又相互交叉、相互渗透，在多学科的界面上又生长出一些新型的"交叉学科"或"边缘学科"。20 世纪 70 年代，人们在研究中越来越发现和证明：不论是能量转换，还是神经传导；不论是光合作用，还是呼吸过程甚至生命的起源、大脑的思维、基因的遗传、癌症的防治等都离不开一个神奇的角色——电子转移，因此由电生物学、生物化学、电化学等多门学科交叉形成了一门独立的科学——生物电化学。

9.1.2　生物电化学研究的范畴

生物电化学研究的范畴从大的方面讲是两个方面。第一是电化学在生物体内的探索；第二是电化学在生物体中的应用。详细可分为：

①生物分子的电化学行为。这是一项基础性的研究工作，主要是利用电化学理论和技术来研究和解释在生物体内进行的氧化还原反应，为正确了解生物活性分子的生物功能提供基础数据。研究表明，生物体进行的绝大部分化学反应都是氧化还原反应，例如生命需要的新陈代谢(营养、生长、再生、废物排泄)。

②生物力能学和代谢过程。包括酶催化氧化还原反应的力能学、线粒体呼吸链、光氧化还原反应和光合作用。光合作用是利用光能合成重要的生命物质，包括吸收分子的电子激发过程，膜上产生的电子和质子转移过程和代谢化学反应。其反应式是

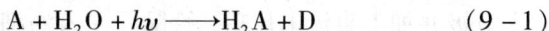

$$A + H_2O + h\upsilon \longrightarrow H_2A + D \qquad (9-1)$$

式中：A——电子受体；D——电子供体；$h\upsilon$——光能。

③生物体内一个广泛的领域是膜。膜现象几乎完全控制着离子和中性分子等物质从活细胞外部向内部或反方向的运输。离子有方向性的运输造成了跨膜电位差，它反过来调节着一系列物质的运输。在分隔两个含有选择性运输离子区域的生物膜上，也实际测量到这样的电位差。

④在电生理学研究领域，包括视觉、动作、痛感、热刺激、饥饿和干渴等生物体所需的信息过程，几乎都是通过电信号方式发生的。

⑤外场作用下的生物电化学效应。如肌肉运动时的机械 - 电现象等。用一定周期和幅度的适当电脉冲在膜中造成长寿或瞬时

微孔的电打孔作用会使物质更容易跨膜转移。根据这一理论实现的细胞融合和电打孔基因摄取是生物电化学涉及的又一重要方面。

⑥应用生物电化学，特别是医学科学问题和医疗技术的研究。生物电化学方法已应用于各种疾病的治疗，涉及生物体感官、燃料电池、人工器脏、电刺激和电麻醉、食品控制、环境保护等多方面的应用。

⑦电化学生物传感器和生物分子器件。电化学生物传感器在第6章已作了介绍，它具有高选择性、快速的特点。因此已在生物技术、食品工业、临床检测、生物医学、环境分析等领域获得广泛应用。生物分子器件，如将锌、镍、钴金属离子结合到DNA螺旋中，可构成 M－DNA 导线或微型半导体电路。

在人体表面上可测得神经细胞的电现象。脑波、心电和筋电是有代表性的生物体电现象，在医学诊断上是非常重要的。例如通过测定心电图来判断人的心脏是否有毛病，采用电化学方法治疗癌症已取得一定进展。20 世纪 60 年代，Garner 等人在鼠肝内插入电极并加上直流电压后，给鼠肝注入癌细胞，发现癌细胞全部聚集在阳极周围，这表明所用癌细胞带负电。20 世纪 80 年代初 Nordenstrom 指出，迁移的离子不只是癌细胞，癌组织在加直流电后，沿阳极有氯气，阴极有氢气排出，且在两电极周围分别出现脱水和水肿。这表明迁移的离子至少还有氯、氢、氢氧根等。1988 年我国原子能研究院李开华教授等人发现癌组织加入直流电后，阳极周围呈现酸性，阴极周围呈现碱性，pH 值分别达 2 和 12，进而指出，正是此酸碱性破坏了癌组织，并指出直流电对癌组织的破坏主要是电化学反应的结果，人们称之为电化学治疗即 ECT(Electro－Chemical Therapy)。1987 年底，北航生物医学研究中心研制出我国第一台电化学治癌仪，迄今国内已有千余所医疗单位采用此项技术。美国、丹麦、澳大利亚、阿根廷等多个国家也采用我国生产的仪器开展此方向的研究。治疗一般部位肿瘤时，采用针状电极，电极直径一般为 0.3～1 mm，长 10～20 cm，电极多采用铂合金制成。

9.2　生物膜与细胞膜及膜电位

9.2.1　生物膜与生物界面模拟研究

9.2.1.1　SAM 膜

由于生物电起因可归结为细胞膜内外两侧的电势差，因此生物膜的电化学研究受到人们广泛的关注。生物体系中有关能量的传递以及其他一些过程与生物膜上的电子转移和氧化、还原过程有关。膜电位相当于细胞工作的一个天然电源。生物膜的组成、结构、功能的复杂性，在原位进行现场观测和研究十分困难，制备其模拟体系是进行各种研究的基础和前提。LB（Langmuir - Blodgett）膜和 BLM（Bilayer Lipid Membrane，双层磷脂膜）是人们了解生物膜结构与功能机制的常用模型体系，但是 LB 膜是亚稳态结构，稳定性不好，BLM 膜稳定性也不太好，难以承受高的电场强度。20 世纪 80 年代初，迅速发展起来的自组装单分子层（Self - Assembled - Monolayer，SAM）技术成为膜电化学研究的热点领域之一。

SAM 是基于长链有机分子在基底材料表面的强烈化学结合和有机分子链间相互作用自发吸附在固/液或气/固界面，形成热力学稳定、能量最低的有序膜。组成单分子层的分子定向、有序紧密排列，且单层的结构和性质可通过改变分子的头基、尾基以及链的类型和长度来控制和调节。因此，SAM 成为研究界面各种复杂现象，如膜的渗透性、摩擦、磨损、润湿、黏结、腐蚀、生物发酵、表面电荷分布以及电子转移理论的理想模型体系。有关

SAM 的电化学主要是研究 SAM 的绝对覆盖量缺陷分布、厚度、离子通透性、表面电势分布、电子转移等。利用 SAM 可研究溶液氧化还原物种与电极间的电子转移。在膜电化学中，硫醇类化合物在金电极表面形成的 SAM 是最典型的和研究最多的体系。

长链硫醇在金电极上形成的 SAM 人工组装体系对仿生研究有重要的意义，因为它在分子尺寸、组织模型和膜的自然形成三个方面类似于天然的生物双层膜，同时它具有分子识别功能和选择性响应、稳定性等，可用 SAM 表面分子的选择性来研究蛋白质的吸附作用，以烷基硫醇化合物在金上的 SAM 膜为基体研究氧化还原蛋白质中，电子的长程和界面转移机制。SAM 在酶的固定化及其生物电化学研究中也有很好的应用。

9.2.1.2 液/液界面模拟生物膜的电化学研究

所谓液/液（L/L）界面是指在两种互不相溶的电解质溶液之间形成的界面，又称为油水（O/W）界面，有关 L/L 界面电化学的研究范围很广，包括 L/L 界面双电层，L/L 界面的电荷转移及其动力学、生物膜模拟，以及电化学分析应用等。

L/L 界面可以看作与周围电解质接触的半个生物膜模型。生物膜是一种极性端分别朝细胞内和细胞外水溶液的磷脂自组装结构，磷脂的亲脂链形成像油一样的膜内层。因此，从某种意义上说，吸附着磷脂分子层的 L/L 界面非常接近于生物膜/水溶液界面。有关 L/L 界面离子转移的研究工作非常多，特别是有关药物在 L/L 界面的行为研究，可提供药物作用机理的有价值的信息。

9.2.1.3 膜反应工程

膜分离科学是现代高技术之一，近年来取得了举世瞩目的进展。从固膜到液膜，从水膜到气膜，从有机膜到无机膜等，应用领域迅速拓展，如惰性膜反应器（IMRCF）利用膜在反应过程中对产物的选择性透过达到移动化学平衡并且分离产物的目的。催化膜反应器（CMR）所用膜同时具有催化和分离的双重功能。从当前国内研究开发的趋势来看，比较集中的是有机膜催化反应器和无机膜催化反应器。前者的典型代表是酶膜反应器，后者则为钯膜反应器。酶膜反应器按其组件形式可分为搅拌式平膜反应器、管状膜反应器、中空纤维膜反应器、半透膜与酶凝胶层过程的复合膜反应器和微胶囊化酶膜反应器 5 种。膜分离技术在医药、有色冶金、贵金属和稀有金属冶金、化工和废水处理等领域获得了广泛的应用。

从基础理论上讲，膜的通透性机理不同于宏观相的渗透机理。影响离子通过薄膜运输的主要因素是表面电荷，当阴离子穿过汞/水界面的定向分子运输时，发现单分子层扩散速度常数与表面电荷密度具有线性关系。

9.2.2　膜电位

9.2.2.1　膜电位的概念

膜电位(Membrance Potential)是由于膜对离子的选择性透过导致膜两边离子活度和电化学位不相等从而产生非平衡电位。在化学作用和电性力达到稳定平衡的条件下，能按照离子的通透性(迁移数)和浓度计算出膜电位数值。

膜表面提供了膜反应与生理性质之间的联系。在膜生物学家看来，刺激细胞经常引起兴奋或分泌，这个过程一般是从膜电位变化开始的。反过来，膜电位又适应变化了的通透性。对不同膜型系统研究表明，与表面电荷变化有关的离子结合，可能导致通透性的改变。

膜的概念也澄清了复杂生物结构的电导性质。在所谓动作电位传导性情形中，由于某种兴奋产生的电位差，从边缘神经传感器传导到中枢神经系统，然后回传经过整理后的信号，最终以动作量级通过或达到有组织的复杂结构上(神经和肌肉)。

可兴奋的细胞膜是被一层原生质膜包围着的，这层膜的功能

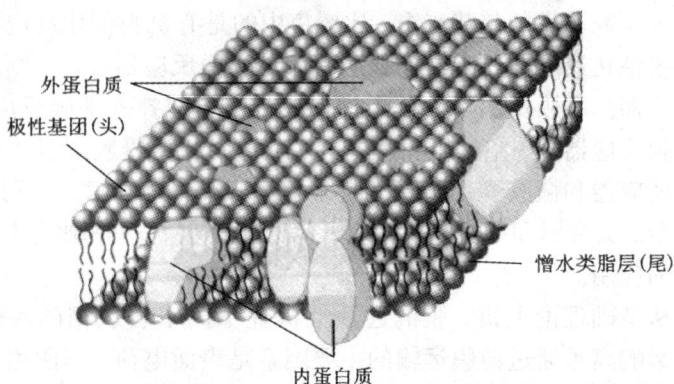

外蛋白质

极性基团(头)

憎水类脂层(尾)

内蛋白质

图 9-1 细胞膜结构示意图

是控制物质进入或排出细胞,膜厚约7.5 nm,原生质膜中的一种重要组分是类脂体,当蛋白质嵌入膜内后形成通道,允许细胞内外离子交换,如图 9-1 所示。细胞分子的极性基团(头)向外,憎水的类脂体尾巴组成膜的内层,其类似于厚约3 nm 的电介质,按平板电容器模型估算,细胞膜的电容为 $0.9~\mu F \cdot cm^{-2}$。细胞内外离子浓度是不一样的,如表9-1所示。

表 9-1 细胞膜内外 K^+,Na^+,Cl^- 的浓度分布/$(mmol \cdot L^{-1})$

	肌肉(青蛙)		神经(乌贼)	
	细胞内	细胞外	细胞内	细胞外
K^+	124	2.2	397	20
Na^+	4	109	50	437
Cl^-	1.5	77	40	556

由表 9-1 可见细胞内 C_{K^+}≫细胞外 C_{K^+},而细胞内 C_{Na^+},C_{Cl^-}≪细胞外 C_{Na^+},C_{Cl^-},由于离子浓度的不均匀,离子从高浓度

向低浓度扩散，形成了浓差电池。

平衡时，横跨膜的电位差（膜内电位减去膜外的电位）和内外离子浓度的关系 20℃ 时可表示为：

$$V_m = \frac{RT}{Z_i F} \ln \frac{C_{i外}}{C_{i内}} = \frac{58}{Z_i} \ln \frac{C_{i外}}{C_{i内}} \qquad (9-2)$$

式中：Z_i，$C_{i外}$，$C_{i内}$——第 i 种离子的价数、细胞内外浓度；

V_m——能斯特电位，mV。

一般来说，细胞膜并不能让所有的离子都处于平衡中，也就是每个组分的能斯特电位不相同，因而没有一个膜电位能平衡几种离子。用稳态代表静息状态，即通过膜的电流为零，此时用 Goldman 方程表示膜的静电位，如表 9 - 1 所示同时存在 K^+，Na^+，Cl^-，则：

$$V_m = \frac{RT}{F} \ln \left[\frac{P_K C_{K外} + P_{Na} C_{Na外} + P_{Cl} C_{Cl外}}{P_K C_{K内} + P_{Na} C_{Na内} + P_{Cl} C_{Cl内}} \right] \qquad (9-3)$$

式中：P——通过膜的渗透性。

膜在静息时都处于负电位，大致为 $-100 \sim -60$ mV，若受到电刺激时膜电位转换很快，峰值可以达到 $+40$ mV。

9.2.2.2 超微电极及膜电位的测量

测定细胞膜电位需用超微电极，超微电极面积通常为 10^{-8} cm^2，正如在第 5 章中已经指出的超微电极有两个显著的特点：电极响应速度相当快（RC < 1 μs），在扫描伏安测量中，扫描速度高达 2×10^4 V·s^{-1}，比常规电极快 3 个数量级；极化电流甚微，一般为毫微安（nA），甚至可低到微微安（pA）的数量级，欧姆电位降很小，故可采用双电极体系（研究电极和参比电极——兼作辅助电极，不仅简化了实验方法及实验设备，而且提高了测量系统的信噪比）。超微电极技术已在生物电化学、金属电结晶、快速电极过程动力学、电分析化学、能源电化学、光谱化学等领域中得到应用。

　　超微电极的尺寸一般为 $10^{-1} \sim 10\ \mu m$，制备技术精细、难度大；但光刻、超细纤维制备等技术，现已能制备出单电极、多电极、阵列微电极、粉末微电极等。电极材料多采用碳纤维、钼、铂，形状有盘、环、圆柱、球等。插入生物体内的微电极不仅微小，而且要有一定强度。除碳纤维电极外，玻璃电极也可以制成微电极，其尖端可做到 $< 0.5\ \mu m$，可用于测定细胞膜电位。图 9 – 2 为碳纤维超微电极结构图。

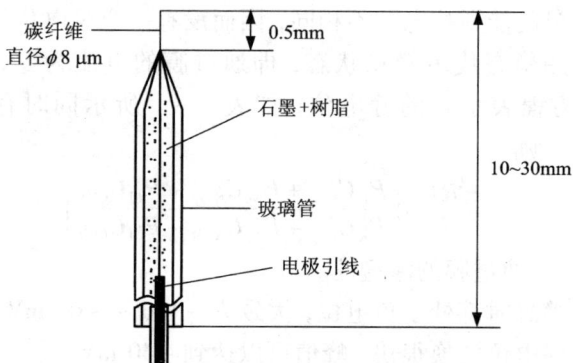

碳纤维
直径$\phi\ 8\ \mu m$
0.5mm
石墨+树脂
玻璃管
电极引线
10~30mm

图 9 – 2　碳纤维超微电极结构

9.3　生物电池

9.3.1　概述

　　动物细胞是燃料电池的理想雏形，也就是运用类似于生物体系能量产生过程的方法可以制成一种能量转化的电池装置，由此产生了生物电池。生物电池反应中的活性物质可以部分或全部地从生物系统的代谢中获得。生物电池可分为以下三大类，见表9 – 2。

表 9 – 2　生物电池

	生物电池	生物催化	阳极反应	阴极反应
酶电池	非共轭传递电子	酶氧化反应	酶反应生成物的氧化反应,还原体电子传递物质的氧化反应	O_2 的还原反应
	共轭传递电子	酶氧化反应		O_2 的还原反应
微生物电池	微生物电池	微生物代谢反应	代谢物质的氧化反应	O_2 的还原反应
	微生物氢氧电池	微生物产生氢气	氢气的氧化反应	O_2 的还原反应
生物太阳电池	叶绿素电池	叶绿素的光反应	光化学氧化	光化学还原
	藻类电池	藻类的光发生氢	氢气的氧化反应	O_2 的还原反应

9.3.2　酶电池

酶电池即以酶作催化剂的有机燃料电池,可分为两类:

①用酶使燃料氧化,以酶反应生成物进行电极反应(电子传递为非共轭);

②用酶使燃料氧化时需要用辅酶,还原后辅酶参与电极反应(电子传递共轭)。

第一种方式进行的酶电池反应是将难以直接进行阳极反应的燃料,通过酶反应变化为易于进行电极反应的物质,其代表性的电池是尿素电池。尿素借尿素酶发生水解生成氨:

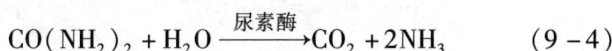

$$CO(NH_2)_2 + H_2O \xrightarrow{\text{尿素酶}} CO_2 + 2NH_3 \qquad (9-4)$$

若生成的氨进行阳极氧化反应,则可以与氧的阴极反应相组合构成电池。

第二种方式是以细胞内的线粒体为模型来设计的。线粒体具有多种酶系统的功能,使葡萄糖完全氧化,将游离出的能量向消化道内的电子传递系统转移,线粒体是以葡萄糖为燃料的理想的燃料电池。现在采用酶氧化有机物,使其生成过氧化氢。也可以将酶固定在电极上,由于过氧化氢在电极上被氧化而生成氧,如果在另一方采用还原氧的电极配合,就可制成由氧和过氧化氢(原料是有机物)组成的燃料电池。

由于这类燃料电池利用了酶的催化作用,故称为酶电池。酶电池总的反应是消耗了有机物,产生了电能,如图9-3所示。

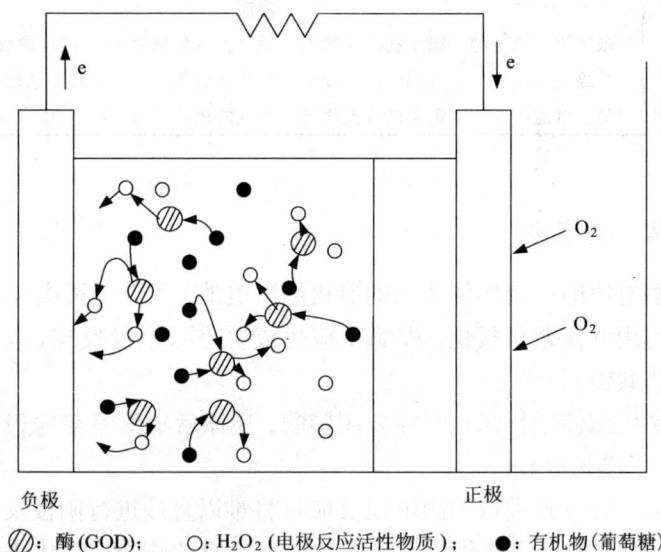

负极　　　　　　　　　　　　　　　正极

⊘:酶(GOD);　○:H₂O₂(电极反应活性物质);　●:有机物(葡萄糖)

图9-3　酶电池示意图

除此之外,至今为止已生产出多种酶电池,但是这些电池的电流仅 mA·cm⁻² 数量级;且长期放置后使用的稳定性差。将酶直接应用于电池反应是亟待解决的问题,已引起人们的重视,通过近年来迅速发展的酶的固定化技术、化学修饰电极等新技术的应用，相信不久的将来，这些问题是可以解决的。

9.3.3　微生物电池

微生物电池是利用微生物反应使燃料的化学能易于在电极反应中被利用，具有转化效率高的特征。在这种情况下，即是用微生物代替酶，如果微生物有助于有机物的反应如生成氢，就可以把氢电极反应和氧电极反应组合在一起，构成氢—氧燃料电池，代表性的微生物电池有以葡萄糖产生氢的氢产生菌体系。若在含有葡萄糖的阳极液中培养氢产生菌的话，可从阳极液中产生氢，氢在阳极被氧化得到电流，所得到的电流随氢产生菌的增殖状态和氢的生成能而变化。因此对于微生物电池要从微生物的培养条件及电极的反应条件两方面来考虑，以设定出必要的反应条件。考虑到电池体系和生物化学反应体系的环境条件不同，可采用生物反应器把生物化学反应体系分离，也可把生成的氢气导入普通氢—氧燃料电池（如图 9 - 4）。利用氢产生菌的最大问题是产生的氢化酶不稳定，长期放置后，连续产生氢稳定性差。而采用酶固定化技术于微生物细胞，长时间放置亦可稳定地产生氢，这种技术已引起了高度的重视。通常采取把这些物质固定于载体的方法，利用酶和微生物作为直接电源反应的活性物质，则可以从能用的有机物中生成电池反应的活性物质，特别是可以把利用价值低的废液中的物质重新有效地利用起来，其意义重大。

9.3.4　生物燃料电池在诊断和治疗中的应用

植入人体内的电化学系统能够完成生物学和医学研究，以及诊断和治疗各种任务，例如当心脏不能进行协同动作，而且病态从一部分区域蔓延到大部分心肌，就会造成心脏停跳，为此需要给人体植入人工心脏。为驱动整体植入的心脏，需要功率大于 5 W 的体内电源，而心脏起搏器需要的电源则小于 1 mW。如果能

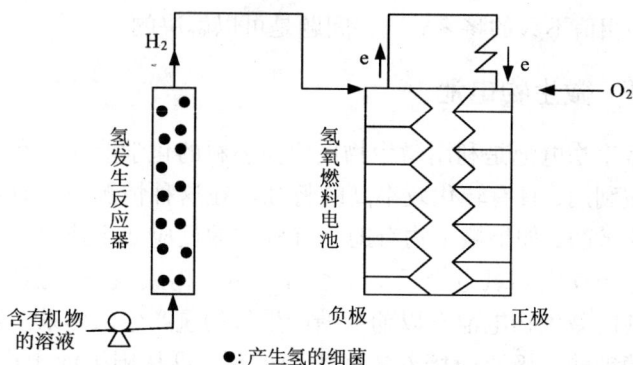

图9-4 利用生物反应器的微生物电池

应用人体内的活性物质发电是很理想的，因此人们研究使用体内的氧和生物燃料如葡萄糖，在生理体液中启动燃料电池。其中葡萄糖是体内最重要的燃料，在血液中的含量接近 $1g/L$，葡萄糖生物燃料电池有以下两种反应机理。

（1）生成葡萄糖酸

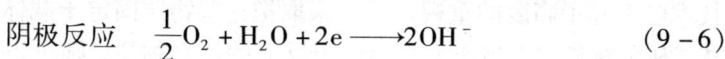

阳极反应 $\quad C_6H_{12}O_6 + 2OH^- \longrightarrow C_6H_{12}O_7 + H_2O + 2e \quad (9-5)$

阴极反应 $\quad \dfrac{1}{2}O_2 + H_2O + 2e \longrightarrow 2OH^- \quad\quad\quad (9-6)$

电池反应 $\quad C_6H_{12}O_6 + \dfrac{1}{2}O_2 \longrightarrow C_6H_{12}O_7 \quad\quad\quad (9-7)$

$\quad\quad\quad\quad \Delta G^{\ominus} = -208 \text{ kJ/mol},\ E^{\ominus} = 1.08 \text{ V}$

（2）生成 CO_2 和 H_2O

阳极反应 $\quad C_6H_{12}O_6 + 24OH^- \longrightarrow 6CO_2 + 18H_2O + 24e$

$\quad\quad\quad\quad\quad\quad\quad\quad\quad\quad\quad\quad\quad\quad\quad\quad\quad\quad (9-8)$

阴极反应 $\quad 6O_2 + 12H_2O + 24e \longrightarrow 24OH^- \quad\quad (9-9)$

电池反应 $\quad C_6H_{12}O_6 + 6O_2 \longrightarrow 6CO_2 + 6H_2O \quad (9-10)$

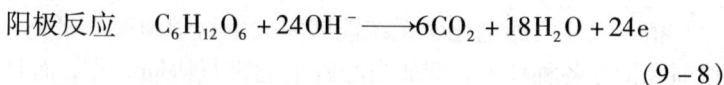

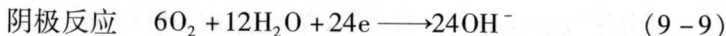

$\quad\quad\quad\quad \Delta G^{\ominus} = -2870 \text{kJ/mol},\ E^{\ominus} = 1.24 \text{ V}$

第一个电池反应，对功率低（约 100 μW）的器件足够，第二个电池反应可得到 5 W 以上功率，可驱动植入人体的人工心脏。根据法拉第电解定律算出第一个电池每天需要 16. 12 mg 葡萄糖，即 0. 187 μg/s；而第二个每天需 67. 66 g 葡萄糖，即 0. 78 mg/s，此量小于 1 cm^{3}血液中的葡萄糖，而 5 W 电池的耗氧量估计为 5 ×10^{-5} mol/s^{-1}，若静脉血中的氧浓度为 3 ×10^{-3} mol/L，则 15 ~ 17 cm^{3}血液足以提供此需求量。说明人体基本上具有提供 5 W 以上电功率的能力，但目前缺少可以迅速使葡萄糖定量氧化成 CO$_2$催化系统，5 W 以上功率的目标尚未达到，因此人们更倾向于发展低功率生物燃料电池，如心脏起搏器用电池。现在 Li/I$_2$电池具有高能量密度和低自放电速率，用胶囊包封后植入人体内，临床寿命接近 10 年，这使生物燃料电池的迫切性有所降低。

又如治疗晚期慢性尿毒症患者的人工肾脏能对血液中存在的各种毒物，如脲、肌酸酐和尿酸进行血液透析和血液过滤。其方法之一就是通过电化学降解或分解将有机毒物转化为非毒性产物。如选择适当电化学条件，在 NaCl + HCl 溶液中进行如下电化学反应。

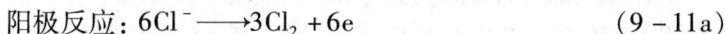

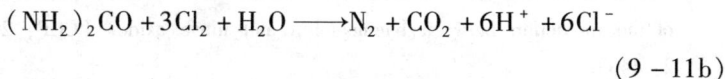

阳极反应：$6Cl^- \longrightarrow 3Cl_2 + 6e$ （9 – 11a）

$(NH_2)_2CO + 3Cl_2 + H_2O \longrightarrow N_2 + CO_2 + 6H^+ + 6Cl^-$

（9 – 11b）

阴极反应：$6H^+ + 6e \longrightarrow 3H_2$ （9 – 11c）

电池反应：$(NH_2)_2CO + H_2O \longrightarrow N_2 + CO_2 + 3H_2$ （9 – 11d）

上述反应式表明，阳极析出的氯气将溶液中的脲分解，从而间接阳极氧化除去了有毒的脲，而以 N$_2$ 和 CO$_2$ 气体排出。

参考文献

[1] 小泽昭弥. 现代电化学. 吴继勋等译. 北京：化学化工出版社，1995.
[2] 李启隆. 电分析化学. 北京：北京师范大学出版社，1995.

[3] 藤嶋昭, 相泽益男, 井上徹. 陈震, 姚建年译. 电化学测定方法. 北京: 北京大学出版社, 1995.

[4] 杨琦琴, 方北龙, 童叶翔. 应用电化学. 广州: 中山大学出版社, 2001.

[5] 孙家寿, 孙颢. 生物电化学. 现代化工, 1994, (10): 11.

[6] 卢基林, 庞代文. 生物电化学简介. 大学化学, 1998, 13(2): 30.

[7] Milazzo G. 等, 肖科等译. 生物电化学——生物氧化还原反应. 天津: 天津科学技术出版社, 1990.

[8] 殷瑞. 电化学治癌仪进展. 中国医疗器械信息, 1997, 3(2): 7.

[9] 邓荣, 柴立元, 王云燕等. 生物电化学及其在环境监测中的应用. 生物技术通讯, 2006, 17(1): 123.

[10] 孙家寿. 生物电化学的理论研究进展. 化工时刊, 1996, 10(10): 7.

[11] Fan C H, Wang H Y, Sun S, et al. Electron transfer reactivity and enzymatic activity of hemoglobin in a sp sephadex membean. Anal Chem, 2001, 73: 2850.

[12] Iaao K, Yoko N, Enzyme sensors for environmental analysis. J. Mol Catalysis B: Enzymatic, 2000, (1 – 3): 177.

[13] Dmitri I, Ihab A, Plamen A, eyal. Biosensors for detection of pathogenic bacteria. Bioselectronics, 1999, 14(7): 599.

[14] Fan C H, Chen X C, Li G X, et al. Direct electrochemical characterization of the inreaction between baemoglobin and nitric oxide. PCCP, 2000, 2: 4409.

[15] Odashima K, Sugawara M, Umezaua Y. Biomembrane mimetic sensing chemistry. Trends Anal. Chem, 1991, 10(7): 207.

第 10 章 有机电化学

10.1 有机电化学反应的特点和分类

10.1.1 有机电化学的发展历史

有机电化学是有机化学与电化学的一门边缘科学。以电化学方法合成有机化合物称为有机电合成（Organic Electrosynthesis）。有机电合成是有机电化学的最主要研究内容。可以说有机电化学或有机电合成是一门"古老的科学"，也是一门"崭新的科学"。因为在实验室中进行有机分子的氧化、还原、耦合等反应的研究，已有 160 年左右的历史，19 世纪初 Petrov 就进行了醇和油脂的电解实验，1834 年 Faraday 在实验室进行了电解乙酸钠溶液制取乙烷的试验：

$$2CH_3COO^- \longrightarrow C_2H_6 + 2CO_2 + 2e \qquad (10-1)$$

1849 年柯尔比（Kolbe）用铂电极电解一系列脂肪酸溶液制取较长链的烃，得到如下共同规律，即两个含 n 个碳原子的羧酸盐分子，阳极氧化时可生成一个含 $(2n-2)$ 个碳原子的碳氢化合物和两个 CO_2 分子：

$$2RCOO^- \longrightarrow R \cdot R + 2CO_2 + 2e \qquad (10-2)$$

这一反应被称为"柯尔比反应"。

随后在实验室进行了很多有机电合成研究，但是由于有机合成反应本身的复杂性和技术上的不成熟，更由于有机催化合成随石油工业的迅速发展，使有机电合成在竞争中处于不利地位，长期发展缓慢，停留在实验室水平。

直到 20 世纪 60 年代，由于现代电化学科学及技术的长足发展，如电催化及电极过程动力学研究的发展，各种新的电化学研究方法的出现，新型电极材料和隔膜材料及反应器的推出，不仅推动了有机电合成的研究，更为其工业化准备了条件。1965 年美国纳尔科（Nalco）公司建成年产 18000 t 四乙基铅的电解工厂，1965 年美国蒙山都（Monsanto）公司建成年产 15000 t 己二腈的电合成工厂，标志着有机电化学进入工业化时代。

近年来由于世界能源危机及原材料价格上涨，对环境保护的日益重视，人们对有机电合成的兴趣更加提高。有机电化学和有机电化学工业把电子作为试剂来合成精细有机化合物的方法是"绿色化学"和"绿色合成"的一种，它在很大程度上从工艺本身即从源头消除了污染、保护了环境。有机电化学的应用范围大致有如下几个方面：①有机化合物的电合成；②电合成高分子材料；③制作显示元件和敏感元件；④天然物质的电化学变换。可以期待，有机电化学将成为 21 世纪的热门科学。

10.1.2　有机电化学反应的特点

对于有机电合成的认识，应着重研究有机电化学过程的特点，有机电合成的反应过程比一般化学合成更为复杂，它是一系列电子转移步骤与化学过程的组合，它们或在电极与电解液界面进行，或在电极表面附近的均相溶液中进行。有机电合成反应往往分两步进行，首先由电极反应生成某种中间粒子（如负碳离子、游离基、正碳离子、离子功能团等），然后中间粒子才通过各种有机反应转变为产物，控制电极电位虽能改变影响电子转移步骤的选择性及速度，但为提高整个有机合成过程的选择性还需悉心控制有机反应的条件，如溶液组成、浓度、pH 值和温度等，然而这些反应条件通常不断变化，难以恒定。但是，有机电合成与有机化学合成相比具有许多独特的优点，因此越来越受到人们的重视。有机电合成与化学合成的比较见表 10 – 1。

表 10 – 1　有机电合成与一般有机合成的比较

有机化学合成	有机电合成
通常在高温及高压下进行	通常在常温常压下进行较为安全
需使用各种氧化剂或还原剂,而且常有毒,并需对废弃物进行处理,对环境可能造成污染	不需要使用氧化剂、还原剂,不产生大量废弃物,环境污染小、公害少、副产物少、不含其他反应试剂、易分离、产品纯度高
通过调节温度、压力、催化剂可改变反应的选择性及反应速度	通过调节电位、电流密度、电极材料,较方便地改变反应的选择性。反应速度均较高,一般常温常压下进行,无需加热加压设备,可随时启动或终止反应,收率和选择性均较高。
反应一般以均相反应进行,反应器的空间—时间效率较高	电化学反应为异相反应,反应器的空间—时间产率较低
反应器对材料要求较高,因需要考虑氧化剂、还原剂的腐蚀。	反应器的结构较复杂,因为需要考虑电流密度的大小及分布,但电子转移与化学反应同时进行,缩短了合成工艺,同一设备可进行多种合成
反应复杂,往往要经过多个步骤才能完成,不同产品合成工艺各不相同,反应设备也各不相同	电子转移和化学反应同时进行、比较简单,一步即可完成,缩短了合成工艺,减少了设备投资,同一电解槽可进行多种合成反应

　　现以对 – 氨基苯酚（PAP）为例说明两种合成方法的区别。
　　化学合成需 3 步反应才能完成：

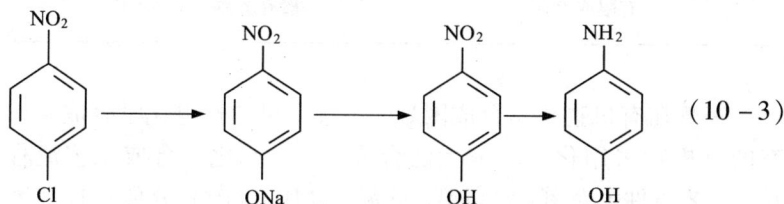

$$(10-3)$$

电还原则只需一步就可获得产品，阴极反应：

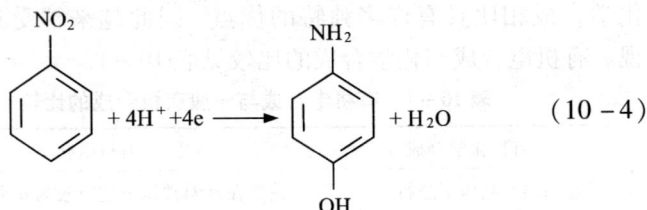

$$\text{(NO}_2\text{-benzene)} + 4H^+ + 4e \longrightarrow \text{(NH}_2\text{-phenol)} + H_2O \tag{10-4}$$

有机电合成与无机电合成相比，无机电合成大多为基本化工原料，产量大、单位质量产品的产值较低。而有机电合成产品很多是精细化工产品，产量小(一般 <100 t/a)、但品种繁多，虽批量较小，但是产值利润高。两种电合成方法比较列在表 10-2。

表 10-2 有机电合成与无机电合成的对比

	无机电合成	有机电合成
溶剂及电解质体系	多以水为溶剂，形成水溶液，电导率高($0.05 \sim 0.5 \ \Omega^{-1} \cdot cm^{-1}$)	可用水及非水溶剂，并加入支持电解质，电导率低($0.005 \sim 0.05 \ \Omega^{-1} \cdot cm^{-1}$)
原料	无机物，可离解	多为有机物，常以分子形式存在
反应动力学	机理较简单，可逆性较高	机理比较复杂，多为不可逆反应
选择性	较高	只有条件优化后才较高
产品分离	较容易	较复杂
产品	多为基本化工原料，产量大、产值低	精细化工产品，品种多、产量小、产值高
非电化学生产方法	有限或没有	一般有多种

一般在有机物化学合成困难的情况下可选择电化学合成。如有的有机物采用化学合成无法合成产品，或化学合成工艺流程长，工艺条件太苛刻(如高温、低温、高压)，产品分离和提纯困

难，或生产条件恶劣，环境污染严重等，可选择电化学合成。

而采用电化学合成有机物，也须考虑需要达到一定的指标和要求，如：①高的产物收得率，且产物易分离；②电流效率较高，一般 $\eta > 50\%$；③电解的能耗较低，一般 $< 8\ kW \cdot h/kg$ 最终产物；④电解液中最终产物浓度一般应 $> 10\%$，以便富集分离；⑤电极寿命较长，一般应 $> 1000\ h$，膜寿命 $> 2000\ h$；⑥电解液经简单处理即可参与再循环反应。

10.1.3 有机电化学合成的分类

有机物的电解氧化还原不如无机物电解氧化还原那样明确，在无机物的电氧化还原中许多情况下只是电荷转移，如 $Fe^{2+} - e = Fe^{3+}$，失一电子；$Zn^{2+} + 2e = Zn$，得 2 电子。有机物电氧化还原常包括共价键的形成与破裂，因此有机电化学反应比较复杂。可以按有机电化学反应特点和电极反应特点两种形式分类。

10.1.3.1 按有机电化学反应特点分类

有机电化学反应按其反应特点大体上可分为四类：

（1）加成反应

阴极加成多半为两个亲电子试剂和电子一起加成到双键化合物上，例如烯烃的氢化反应：

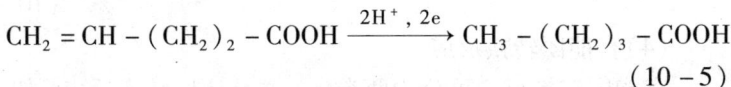

$$CH_2 = CH - (CH_2)_2 - COOH \xrightarrow{2H^+,\ 2e} CH_3 - (CH_2)_3 - COOH$$
$$(10-5)$$

阳极加成则是亲核试剂和双键的加成，同时失去电子，例如呋喃与醇在阳极上进行反应：

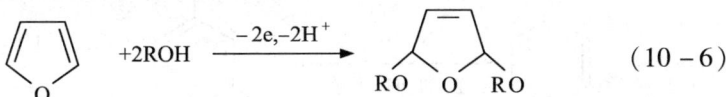

$$(10-6)$$

（2）取代反应

阴极取代反应是亲电子试剂分子对亲核基团的进攻，通式为

$$R - Nu + E^+ + 2e \longrightarrow R - E + Nu^- \qquad (10-7)$$

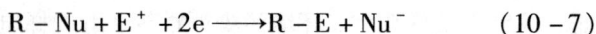

例如卤代烃的还原取代：

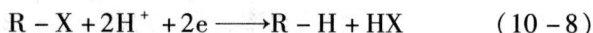

$$R - X + 2H^+ + 2e \longrightarrow R - H + HX \qquad (10-8)$$

阳极取代反应正好相反，通式如：

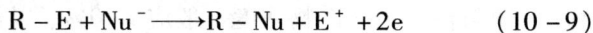

$$R - E + Nu^- \longrightarrow R - Nu + E^+ + 2e \qquad (10-9)$$

如芳香化合物的酰化作用：

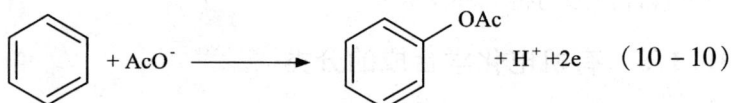

$$(10-10)$$

（3）消除反应

此乃加成反应的逆反应过程。例如阳极脱羧和阴极脱卤：

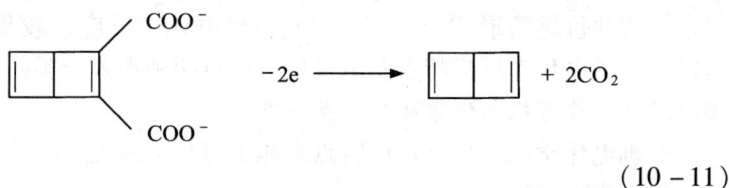

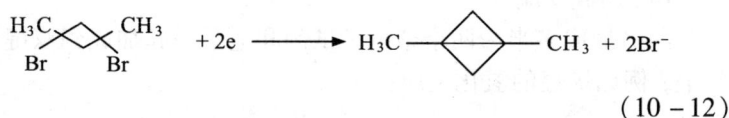

$$(10-11)$$

$$(10-12)$$

（4）官能团转换反应

官能团转换反应可分为两类：一类是还原转换反应，如：

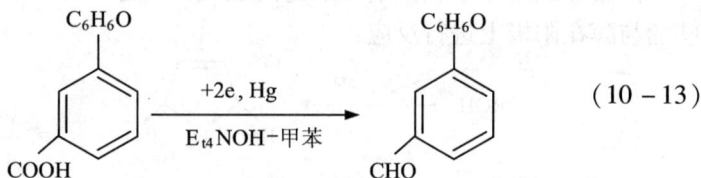

$$(10-13)$$

另一类是氧化转换反应，如：

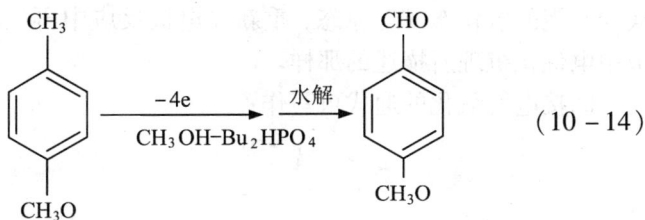

$$(10-14)$$

10.1.3.2 按电极反应特点分类

按电极反应的特点也可分作四类：

（1）阳极氧化反应

例如烃的氧化、官能团的氧化、芳香族的取代反应等。在这些反应中除失去电子外，常常还失去质子，或在 OH^- 基参与下脱去 H_2O 分子。

（2）阴极还原反应

包括不饱和烃(多重键)的还原、官能团(如羧酸、硝基、亚胺基的还原)。在这些反应中，除电子参加反应外，还有质子参加。

（3）耦合反应

除发生电子得失的电极反应外，还伴随着均相化学反应。当电极反应的产物含有自由基或其他活性中间体时，常常发生这类反应，例如电解氧化羧酸盐脱羧二聚反应，如式(10-2)。

（4）间接电解氧化还原

当有机物在电极上直接进行电化学反应的速度较慢或电流效率不高时，或当电极产物的选择性不好，收率不高，或当反应物在电解液中难以溶解以及容易被电极吸收而发生树脂化等现象时，可采用具有氧化或还原活性的电子载体，使有机物氧化或还原，称为间接电解氧化还原。参加电极反应的不是有机物本身而是某种氧化还原电对，它们在电极上被氧化或被还原，然后转移到均相体系中，通过化学反应把有机物氧化或还原，而自身则转换为共轭的氧化态或还原态,重新在电极反应中再生,正如 4.1 节中电催化机理所描述的那样。

间接电解氧化的通式可写作:

$$R \rightarrow O + ne$$
$$O + S \rightarrow R + P$$

（10 – 15）

式中:O/R——氧化还原电对;S,P——分别为原料和产物。

例如甲苯的氧化,可在电解液体系中加氧化还原对 Ce^{4+}/Ce^{3+},在电解液中发生甲苯的氧化反应:

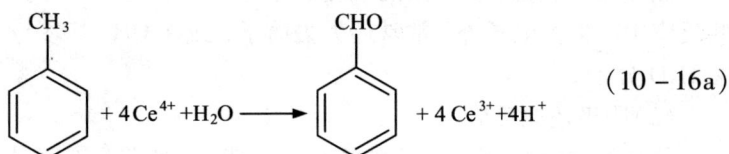

（10 – 16a）

而在阳极上则发生 Ce^{3+} 的氧化反应:

$$4Ce^{3+} - 4e \longrightarrow 4Ce^{4+}$$

（10 – 16b）

过程的净反应是:

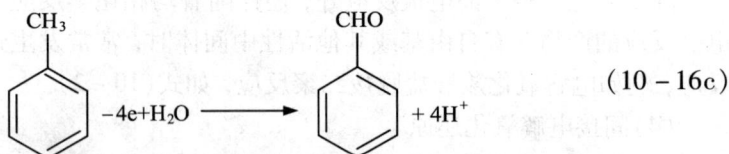

（10 – 16c）

在这里 Ce^{4+} 只是起到了一个催化剂的作用。表 10 – 3 列出了用 Ce^{4+} 间接电化学氧化的一些实例。

除了 Ce^{4+}/Ce^{3+} 氧化还原对以外,Cr^{6+}/Cr^{3+},Mn^{3+}/Mn^{2+},Ti^{3+}/Ti^{2+} 等电对也可以进行有机物的间接氧化。表 10 – 4 列出了 Cr^{6+} 间接电解电化学氧化的若干实例。另外 Ti^{3+}/Ti^{2+} 可使烯烃的双键羧基化或生成二醇,Ni^{3+}/Ni^{2+} 可将异戊醇氧化成异戊酸,

Fe^{3+}/Fe^{2+} 可将苯氧化成苯酚。一些常用的金属离子氧化还原电对的标准电极电势列在表 10 – 5。

表 10 – 3　Ce^{4+} 间接电解电化学氧化有机物实例

反应物	媒介	生成物(%)	电解液
（苯环）—CH_3	CAN	（苯环）—CHO	HNO_3
CH_2O—（苯环）—CH_3	CAN $Ce(SO_4)_2$	CH_2O—（苯环）—CHO	H_2SO_4 HNO_3
（苯环）—C(=NH)Cl	CAN	（苯环）—CHO	HNO_3
CH_3—（苯环）—CH_3	$Ce(SO_4)_2$ 80℃	CH_3—（苯环）—CHO	5% H_2SO_4 H_2SO_4
+—（苯环）—	CAN	+—（苯环）—CHO	HNO_3
HO—（t-Bu, t-Bu 苯环）=	CAN	O=（t-Bu, t-Bu 环己二烯）—（t-Bu, t-Bu 环己二烯）=O	HNO_3

注：CAN 为 $(NH_4)_2[Ce(NO_3)_6]$

表 10 – 4　Cr^{6+} 间接电解电化学氧化有机物实例

反应物	媒介	生成物	电解液，（电极）
CH_3—（苯环）—NO_2	$H_2Cr_2O_7$	HOOC—（苯环）—NO_2	$Cr_2(SO_4)_3$ + H_2SO_4
CH_3—（苯环）—CH_3	$Na_2Cr_2O_7$	HOOC—（苯环）—COOH	Cr_2O_3 +50% H_2SO_4，（Pb）

续表

反应物	媒介	生成物	电解液, (电极)
(邻甲基苯磺酰胺, 结构式: 苯环带 CH_3 和 SO_2NH_2)	$Na_2Cr_2O_7$	(糖精, NH) 结构带 O、SO_2	Cr_2O_3 + 浓 H_2SO_4, (PbO_2 + Pt)
(蒽, 三环芳烃)	$Na_2Cr_2O_7$	(蒽醌, 带两个 O)	$Cr_2(SO_4)_3$ + H_2SO_4

表 10 – 5　一些金属离子氧化还原电对的标准电极电位 $E^{\ominus}$(NHE)

氧化还原电对(酸性介质)	$E^{\ominus}$/V
$Co^{3+} + e \longrightarrow Co^{2+}$	1.82
$Ce^{4+} + e \longrightarrow Ce^{3+}$	1.44
$MnO^{4-} + 8H^+ + 5e \longrightarrow Mn^{2+} + 4H_2O$	1.51
$Mn^{3+} + e \longrightarrow Mn^{2+}$	1.51
$PbO_2 + 4H^+ + 2e \longrightarrow Pb^{2+} + 2H_2O$	1.46
$Cr_2O_7^{2-} + 14H^+ + 6e \longrightarrow 2Cr^{3+} + 7H_2O$	1.33
$Tl^{3+} + 2e \longrightarrow Tl^+$	1.25
$MnO_2 + 4H^+ + 2e \longrightarrow Mn^{2+} + 2H_2O$	1.23
$Fe^{3+} + e \longrightarrow Fe^{2+}$	0.771
$TiO_2 + 4H^+ + e \longrightarrow 2H_2O + Ti^{3+}$	0.10
$Ti^{3+} + e \longrightarrow Ti^{2+}$	− 0.37
$Cr^{3+} + e \longrightarrow Cr^{2+}$	− 0.41

又如对硝基苯甲酸的电还原，可以铅板作阴极，碳棒为阳极，两极用隔膜分开，进行电解还原：

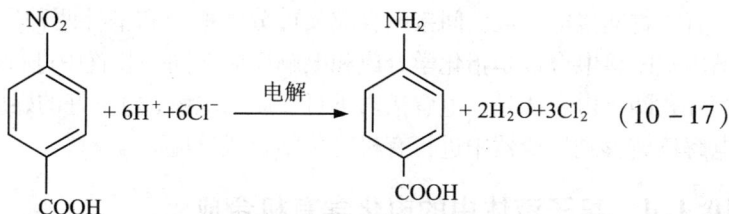

$$\text{(NO}_2\text{-C}_6\text{H}_4\text{-COOH)} + 6H^+ + 6Cl^- \xrightarrow{\text{电解}} \text{(NH}_2\text{-C}_6\text{H}_4\text{-COOH)} + 2H_2O + 3Cl_2 \qquad (10-17)$$

但这种方法电流效率低，采用 $ZnCl_2$ 做还原媒介，同时也是支持电解质，其他条件与直接电还原相同，则反应式可写作：

阴极上发生还原反应：

$$3Zn^{2+} + 6e \longrightarrow 3Zn \qquad (10-18a)$$

溶液中的反应：

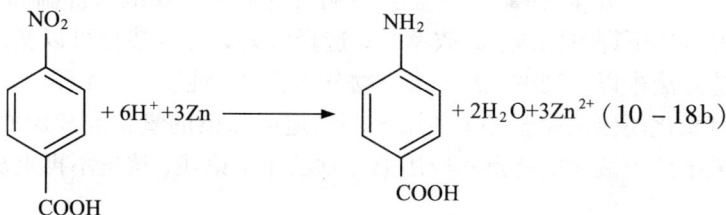

$$\text{(NO}_2\text{-C}_6\text{H}_4\text{-COOH)} + 6H^+ + 3Zn \longrightarrow \text{(NH}_2\text{-C}_6\text{H}_4\text{-COOH)} + 2H_2O + 3Zn^{2+} \qquad (10-18b)$$

净反应为：

$$\text{(NO}_2\text{-C}_6\text{H}_4\text{-COOH)} + 6H^+ \longrightarrow \text{(NH}_2\text{-C}_6\text{H}_4\text{-COOH)} + 2H_2O \qquad (10-18c)$$

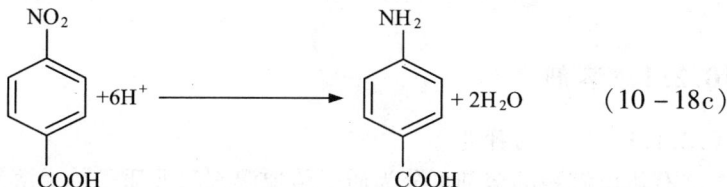

反应过程的净结果是对硝基苯甲酸还原成对氨基苯甲酸，Zn^{2+}/Zn 只起到了电催化剂的作用，电流效率可达到 80% 左右，比直接还原高得多。除了金属离子氧化还原电对可起到间接氧化还原的媒介作用外，还有一些非金属电对也可起到间接电合成的作

用。如含卤素离子的电对 ClO^-/Cl^-，ClO_2^-/ClO^-，ClO_4^-/ClO_3^-，BrO_3^-/Br^-，I_3^-/I^-，IO_4^-/IO_3^-，IO_3^-/I_2，还有 $S_2O_8^{2-}/SO_4^{2-}$ 等均可用于有机物间接电合成。间接电合成又可分为槽内和槽外两种形式。槽内式间接电合成是指化学合成和电解反应在同一装置中进行；而槽外式间接电合成是在电解槽内进行媒质的电解，电解好的媒质从电解槽转移到反应器中进行有机物化学合成反应。

10.1.4　离子液体中的电化学有机合成

　　近些年来离子液体中的电化学有机合成已引起了人们的重视，文献中不断有这方面的报道。研究的反应包括电化学氧化还原反应、电化学催化环合反应、电化学氟化脱硫反应、有机硅氧烷的合成、电化学聚合反应等。其特点是继承了传统的有机电化学和离子液体的共同特点。这些特点包括：①反应条件温和，常温常压下即可完成；②收率高，选择性好，有时甚至可以实现传统方法难以实现的反应；③产物分离容易，纯度高；④环境友好，对氧化还原反应避免了使用对环境造成污染的氧化剂和还原剂。关于离子液体的特点和应用第三章已作了论述，这里不再重复。

10.2　有机电解液的溶剂、支持电解质

10.2.1　溶剂

10.2.1.1　溶剂的种类

　　有机电解液的溶剂可分为质子传递溶剂和非质子传递溶剂两大类。

　　质子传递溶剂又可分为如下三类：

　　①酸性质子传递溶剂——硫酸、氟磺酸、氢氟酸、三氟乙酸、醋酸等。

②中性质子传递溶剂——水、甲醇、乙醇等。

③碱性质子传递溶剂——液氨、甲胺、乙胺等。

非质子传递溶剂有乙腈（AN）、N，N′—二甲基甲酰胺（DMF）、N—甲基吡咯烷酮（NMP）、吡啶、二氧六环、氯苯、醚、二氯甲烷、二氧化硫、硝基苯、二甲亚砜（DMSO）、四氢呋喃（THF）、环丁砜等。

10.2.1.2　选择溶剂的标准

选择溶剂应考虑多方面的因素，主要有：

（1）质子活度

质子传递溶剂的质子对电极反应影响很大，尤其是还原。在水溶液中，pH 值对电极反应有较大的影响。如芳香硝基化合物阴极还原时，在低 pH 值及适当电位下得到胺，而在碱性溶液中则得到苯胲。在质子活度高的溶剂中，常在校正的电位下发生氧化，阳离子自由基更稳定。采用非质子传递溶剂时，需要考虑除水，且电极反应生成的阴离子自由基比原来的反应物更难还原，可以长期存在。

（2）可用电位范围即溶剂的电位窗口

通电时不会分解的溶剂才能被采用，溶剂不分解的电位范围又称电位窗口，越宽越好。对于一定体系，使用电位范围取决于电极材料、支持电解质、溶剂、温度。许多溶剂是难以还原的，往往决定阴极界限的是支持电解质。

（3）介电常数

在高介电常数的溶剂中，盐类较易溶解和离解。按介电常数的大小，把溶剂粗略的分为三类：高介电常数（$\varepsilon > 60$）的，例如水、甲酰胺、PC 等。中等介电常数（$20 < \varepsilon < 50$）的，例如乙腈、DMF、甲醇、硝基甲烷、液氨等；低介电常数（$\varepsilon < 12$）的，如醋酸、乙二胺、甲基胺、二氯甲烷等。某些常用溶剂的介电常数和电位范围列在表 10-6。

表 10-6 某些溶剂的介电常数和电位范围

溶剂	介电常数	研究电极	参比电极	支持电解质	阳极界限 /V	阴极界限 /V
水	80	Pt	SCE	HClO₄	1.5	
		Hg	汞池	TBAP		-2.7
甲醇	33	Pt	SCE	LiClO₄	1.3	
		Hg	汞池	TEAP		-2.2
硫酸	>84	Hg	汞池	无		-0.7
醋酸	6.4	Pt	SCE	NaAc	2.0	
		Hg	汞池	TEAP		-1.7
乙腈	37.5	Pt	SCE	LiClO₄	2.4	
		Pt	Ag/Ag⁺	LiClO₄		-3.5
DMF	36.7	Pt	汞池	LiClO₄	1.5	
		Hg	汞池	TEAP		-3.5
NMP	32	Pt	汞池	LiClO₄	1.4	
		Hg	汞池	TEAP		-3.5
HMPA	30	Hg	Ag/Ag⁺	LiClO₄		-3.6
NH₃	23	Hg	汞池	TBAI		-2.3
吡啶	13	石墨	Ag/Ag⁺	LiClO₄	1.4	
		Hg	汞池	LiClO₄		-1.7
DMSO	46.7	Pt	SCE	NaClO₄	0.7	
		Hg	SCE	TEAP		-2.8
PC	64.9	Pt	SCE	TEAP	1.7	
		Hg	SCE	TEAP		-2.5
硝基甲烷	36.7	Pt	SCE	LiClO₄	2.7	
		Hg	SCE	LiClO₄		-1.2
THF	7.4	Pt	Ag/Ag⁺	LiClO₄	1.8	
		Pt	Ag/Ag⁺	LiClO₄		-3.6
二氯甲烷	8.9	Pt	SCE	TBAP	1.8	
		Hg	SCE	TBAP		-1.7

注：TBAP，TBAI 分别表示四丁基铵的高氯酸盐、碘化物；TEAP，TEAB 分别为四乙基铵的高氯酸盐、溴化物；PC：磷酸丙烯醇；THF：四氢呋喃。

（4）溶解能力

极少数溶剂能同时很好地溶解有机物和无机盐。水对无机盐

的溶解能力很好,但对许多有机物的溶解能力差;有机溶剂一般
溶解无机盐的能力较差。用水与有机溶剂(如乙醇、乙腈、DMF)
组成混合溶剂,用某些支持电解质(如四烷基胺的甲苯磺酸盐)可
以提高溶解能力。四烷基胺盐能溶于多数极性溶剂中,也溶于极
性较差的溶剂,如氯仿、二氯甲烷中。乙腈、DMF、DMSO 对有机
物和多种盐都有较好的溶解能力。

(5)温度范围

要求溶剂在合适的温度范围内为液相,使用时蒸气压不会太
高,挥发少。采用密封系统或溶解盐浓度高时,会减少溶剂挥
发,但封闭体系设备较复杂,操作也不方便。

(6)化学稳定性

溶剂在使用时,不能与电极、反应物、中间产物、产物起化
学作用。否则会影响电极的使用寿命,导致产品不纯。

(7)其他

价格尽可能便宜,无毒、不可燃。然而多数有机溶剂通常是
有毒和易燃的,应当采取合理通风及其他安全措施。此外黏度低
有利于电解液循环和粒子的扩散。

10.2.2　支持电解质

有机溶剂体系往往电阻率高,导电性不好,常常需要加入支
持电解质以提高电解液的导电性能和离子迁移性能。可作为支持
电解质的有溶解度大、分解电压高的盐类,例如高氯酸盐、四氟
硼酸盐、六氟磷酸盐、硝酸盐、苯基硼酸盐。用作阳离子的条件
是析出电位要负,实际上只有碱金属离子、碱土金属离子、铵离
子和四烷基铵离子可用。此外还应考虑离子对的形成、溶剂化和
吸附。

在水溶液中可用的支持电解质很多,但在非水溶液中只有脂
肪簇季铵盐($R_4N^+X^-$)才合用,其中 R 为 CH_3, C_2H_5, $n-C_4H_9$;

X 为 ClO_4^-，BF_4^-，PF_6^-。含 $(n-Bu)_4NPF_6$ 的乙腈使用电位范围最宽 $+3.4 \sim -2.9$ V (vs. SCE)。在某一特定的实验中不必正负两边的电位都很宽。有机物阳极氧化，选用乙腈、二氯甲烷、硝基苯作溶剂，加入 $(n-Bu)_4NBF_4$ 是合适的。有机物的阴极还原选用 DMF、乙氰、DMSO，同时加入 $(n-Bu)_4NBF_4$，也是合适的。

10.3　电极及电解槽

有机电化学虽然有 100 多年的历史，但至今能较大规模工业生产的有机化合物不多，这是由于在进行较大规模生产时遇到一些困难和问题。一是电极反应受电极面积的限制；二是极化作用导致反应的选择性较差和电流效率较低；三是缺乏合适的隔膜把阴极区和阳极区分开。有的问题目前有所改善，有些问题尚需深入研究解决。

10.3.1　电极与隔膜材料

在电化学合成中，选用阴极材料和阳极材料的一般要求应该满足价格低廉、化学稳定性优良、导电性良好、易加工成型、机械强度好。除了这些一般要求之外，那就是对所进行的有机电化学反应具有良好的催化活性和选择性，对选用的电解液体系有好的耐腐蚀性。目前在有机电合成中作为阳极材料的主要有：Pt，C，Hg，Ag，Au，Cu，Fe，Ni 及某些金属氧化物，如 PbO_2。考虑到材料自身的稳定性，Fe 和 Ni 常用于碱性溶液。镍和蒙乃尔合金则是电合成氟化物时理想的阳极材料。此外 Pb - Sb、硅铁合金、WC、耐酸硅铁等合金也常用作阳极材料。应用最广泛的阴极材料有 Hg，Pb，Al，Ag，Zn，Ni，Fe，Cu，Sn，Cd，C 和 Pt。此外 Pt，Ni，Cu 经汞齐化，以及在特定条件下制备的有机汞、有机锡、有机铅等金属有机化合物也可作为阴极材料。实践表明，在有机电合成反应中，选择不同的电极材料可能生成不同的产物。例如在丙酮电还原中，采用不同的电极材料，可能得到异丙基乙醇、丙醇、丙烷或二异丙基汞等不同产物。另外正如第四章所论述的，为了增加电极面积，提高反应速度，人们设计了一种流态化床电极，采用导电粒子(如金属或表面镀金属的颗粒)作阴极，这在有机电化学合成中也得到了应用。

电极在使用过程中，其活性会随使用时间的延长而降低，从而使电极对反应的选择性变差，电流效率下降。电极活性下降的主要原因是反应过程中电极被污染或表面活性层被破坏。处理办法是：①定期机械清洗或化学清洗电极；②反向电流清洗；③严格控制原材料杂质含量；④化学处理或电化学处理电解液。如果这些措施都无法解决问题，则只有更换电极。

在有机电化学合成中，大多数电解槽都需使用隔膜，将阴极区和阳极区分离，以防止两极反应产物混合，避免副反应和次级反应的发生而影响产品纯度、收率和电流效率，杜绝危及安全的事故发生(如某些气体混合引起的爆炸)。隔膜材料应具备的条件是：①电阻低，以避免槽电压高，能耗高；②能限制阴极液和阳极液的相互扩散，但允许导电离子通过；③不易阻塞、有足够的机械强度、良好的形状稳定性；④有较强的化学稳定性，能够经受隔膜两侧电解液的化学腐蚀和机械磨损，使用寿命长，价格合适。

隔膜材料分为非选择性渗透膜和选择性渗透膜两类。非选择性渗透膜只是对离子扩散起到阻碍作用，不能完全阻止因浓度梯度存在而产生的渗透作用。选择性渗透膜或离子交换膜又可分为阳离子交换膜和阴离子交换膜，一般来说，阳离子交换膜允许阳离子通过，阴离子交换膜允许阴离子通过。可用作非选择性渗透隔膜的材料有三类：①滤布——可用烧结玻璃、氧化铝膜、多孔陶瓷、聚丙烯、聚乙烯、聚四氟乙烯、尼龙制作；②无纺垫——包括石棉、塑料垫；③多孔塑料——可用聚乙烯、聚氯乙烯、聚四氟乙烯、橡胶制作。

　　用苯乙烯和二乙烯苯的共聚物，可制得阳离子交换膜；胺化可制得阴离子交换膜。这些聚合物采用偏氯纶、玻璃或 PVC 筛加固，可以改善机械性能。另外具有很好的化学稳定性和物理稳定性的 Nafion 膜（全氟磺酸离子交换膜）在有机电合成中也得到了应用。阳离子交换膜和阴离子交换膜的主要基体材料还包括聚乙烯、苯乙烯－二乙烯基苯共聚物、聚苯醚、聚三氟苯乙烯、聚丙烯酸酯、聚四氟乙烯等有机聚合物。

10.3.2　参比电极

　　在有机电合成中，多数采用有机溶剂，不同溶剂有不同氧化还原电位。但也可以采用某一种电极作为标准。在有机溶液中使用的参比电极介绍如下。

　　甘汞电极（SCE）广泛用于非水溶剂。把水溶液的甘汞电极连接到非水溶剂时，要设法避免沾污溶剂。可用非水溶液（例如由 $NaClO_4$ 或 R_4NClO_4 溶于有机溶剂）盐桥。如果 Cl^- 有害，可用汞—硫酸亚汞电极。在碱性溶液中，可用汞—氧化汞电极。

　　Ag/AgCl 电极也常用于非水溶剂中，要防止电极直接接触所研究的体系，否则电位不稳定。Ag/Ag^+ 电极也可用于非水溶剂，例如乙腈、DMF、DMSO、甲醇、THF。

　　在非水溶剂中使用的参比电极还有 $Fe(CP)_2^+/Fe(CP)_2$，Pt，$Zn(Hg)/Zn^{2+}$（或其他汞齐电极）、玻璃电极，但应用对象不多。

　　某些参比电极的应用范围和电位列于表 10 – 7。

表 10 - 7 参比电极的应用范围及电位

电极体系	电解液	参比电极电位 /mV(25℃ vs. SHE)	温度范围 /℃	温度系数 /(mV·℃$^{-1}$)	应用范围
Hg/HgCl/Cl$^-$	KCl(sat)	+242	0~70	0.65	一般
Hg/Hg$_2$SO$_4$/SO$_4^{2-}$	K$_2$SO$_4$(sat)	+700	0~70	—	硫酸盐介质
Hg/HgO/OH$^-$	NaOH(1mol·L^{-1})	+113.5	—	—	碱性介质
Ag/AgCl/Cl$^-$	KCl(3 mol·L^{-1})	+207	-10~80	1.00	一般
HgTl/TlCl	KCl(3.5 mol·L^{-1})	-507	0~150	0.1	热介质

10.3.3 有机电合成电解装置

10.3.3.1 实验室常用电解装置

实验室常用的有机电合成的电解装置示意图如图 10 - 1。10 - 2 为实验室常用的几种隔膜式电解池。

图 10 - 2 中(a)是通常所称的 H 形电解池,常用砂芯玻璃隔膜;(b)是用管状隔膜套住棒状电极,隔膜外有圆筒状另一电极;(c)电解池由内、外杯组成,内杯底部是砂芯玻璃或素瓷隔膜,外杯底部可用导电的汞作为电极;(d)是长方形电解池,中间用隔膜(如离子交换树脂膜)分隔,电解池中可用机械浆式搅拌器或电磁搅拌器搅拌,以加速溶液对流。

10.3.3.2 工业生产中使用的电解装置

和通常工业电解使用的电解装置一样,有机电合成中使用的电解槽一般不配置搅拌器,而是采用泵使电解液循环流动。

有机电合成的电解槽通常有三种类型:压滤式电解槽、内放平板电极箱式电解槽和颗粒电极电解槽。

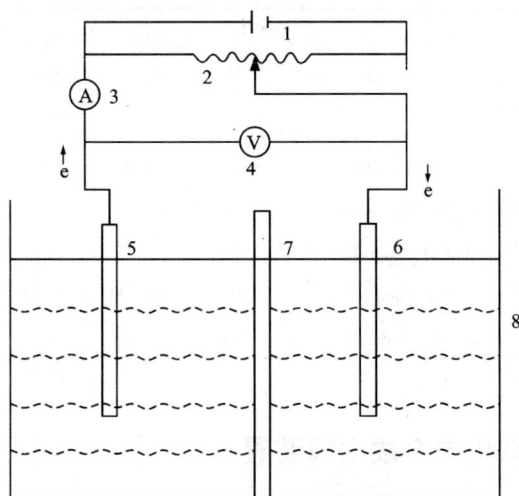

图 10 – 1　实验室常用有机电合成的电解装置示意图

1—直流电源；2—可变电阻；3—电流表；4—电压表；

5—阳极；6—阴极；7—隔膜；8—电解池

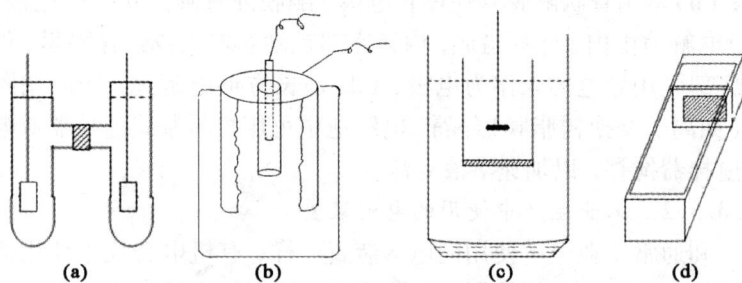

(a)　　　　　(b)　　　　　(c)　　　　　(d)

图 10 – 2　实验室常用的隔膜式电解池

（1）压滤式电解（也称板框式隔膜电解槽）

图 10-3 为工业上使用压滤式电解槽示意图。这种电解槽通常由多个单元组成，每一单元由一金属或塑料方框为主体，电极和隔膜嵌于框内，如为金属框，在电极与框架之间必须夹有绝缘材料。多个框架单元组成一组压滤式隔膜电解槽。利用循环泵使电解液在框中的空隙内流动。

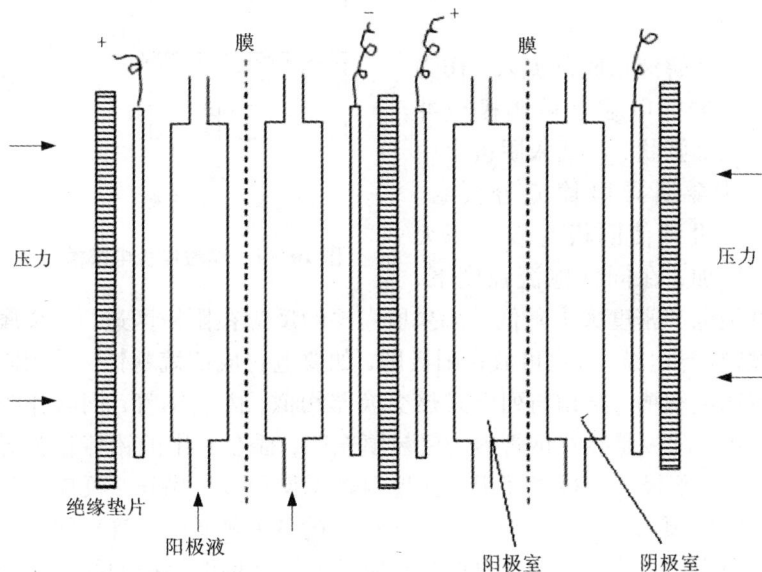

图 10-3　压滤式电解槽示意图

（2）内放平板电极箱式电解槽

这种电解槽是把平板电极插入有衬里的直角槽内，类似实验室用杯型电解槽，若有气体发生则需加盖。如生产乙丁酸的电解槽，槽体可用聚乙烯板制成，阳极是在钛基体上覆盖二氧化铅，阴极为铜管绕在一平面上的线圈，兼作冷却用。

(3)颗粒电极电解槽

为了增大电极面积和增加物料传输速度，以提高生产效率，设计了流动床式电解槽，即颗粒电极电解槽，其示意图见图 10-4，实际上就是在 4.5 节中介绍的流态化床电解槽。

电解液从底部流入，作为阴极的导电粒子被阴极液冲击成沸腾状，与插入阴极室中心的金属导电棒充分接触。这种设计使阴极有效面积大大增加，在同样电流强度下，

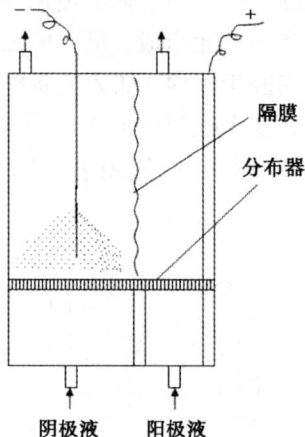

图 10-4 颗粒电极电解槽

可使电流密度大大降低。如果所需要的反应在阳极区进行，金属颗粒(导电粒子)也可放在阳极区，如要电合成四烷基铅，采用固定床电解槽，结构与列管式热交换器相似，内装钢管，同时作为阴极，阳极是装在钢管内的铅粒填充床，插在其中的铅棒作为导电棒，阳极与阴极之间用多孔聚丙烯隔膜和衬垫隔开。反应剂从电解槽顶部平行流入由每根钢管构成的各电解单元，管壳间通入传热介质移去反应热，以控制反应温度。这种电解槽的结构示意图表示见图 10-5(a)，单管反应器的结构示意图表示见图 10-5(b)。

10.4　有机物的电化学合成

本节介绍几个较为成熟的有机化合物的电合成实例。

铅粒入口　格氏试剂入口

→ 冷却剂

冷却套管 →

单管反应器 →

← 冷却剂

产物出口

（a）

阳极铅粒　　　　　　铅导电棒

钢管（阴极）

聚乙烯网膜

分隔垫块

多孔聚丙烯隔膜

（b）

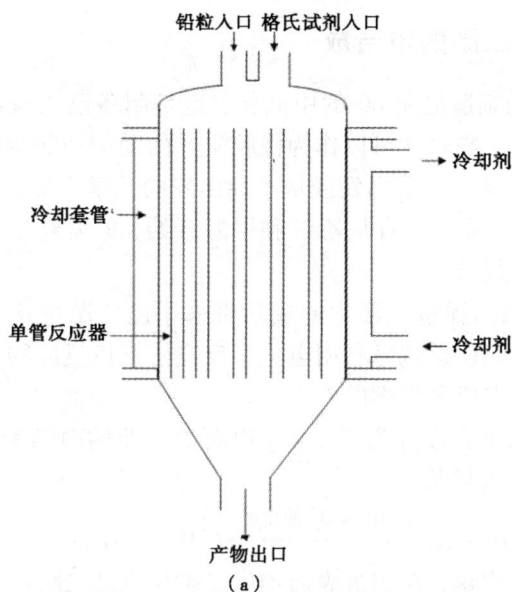

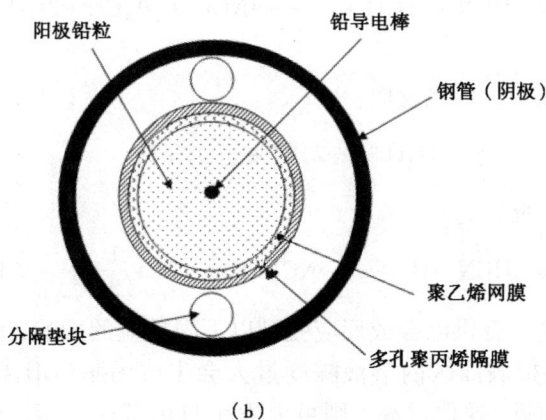

图 10 − 5　电合成四乙基铅电解槽示意图

（a）完整的反应器；（b）单管反应器

10.4.1 己二腈的电合成

己二腈是制造尼龙 66 的中间体，也是制备己二酸和己二胺的适宜中间体，同时又可以作为橡胶生产的助剂和除草剂。传统的生产方法有从环己烷出发或从丁烯出发的化学合成，但此方法损耗大、污染严重，也有从乙烷和甲醛开始，但需经多步反应才能合成，流程很长。

1964 年因丙烯腈二聚化的成功带来了己二腈电化学合成的工业化，使人们认识到可利用电化学反应使有机反应物质化的意义，并迎来了有机电化学的春天。

己二腈的电合成分为两步，它以石油工业的丙烯为原料，首先将其加工为丙烯腈：

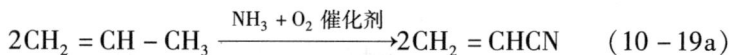

$$2CH_2 = CH - CH_3 \xrightarrow{NH_3 + O_2 \text{ 催化剂}} 2CH_2 = CHCN \quad (10-19a)$$

然后通过电解，在阴极表面加氢二聚生成己二腈：

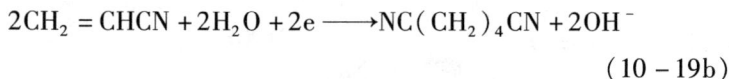

$$2CH_2 = CHCN + 2H_2O + 2e \longrightarrow NC(CH_2)_4CN + 2OH^-$$

$$(10-19b)$$

在阳极发生析氧反应：

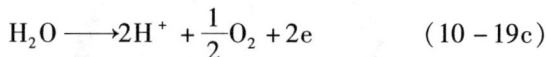

$$H_2O \longrightarrow 2H^+ + \frac{1}{2}O_2 + 2e \quad (10-19c)$$

电极总反应为：

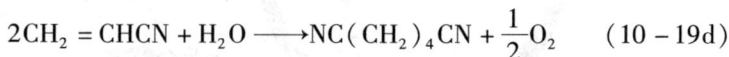

$$2CH_2 = CHCN + H_2O \longrightarrow NC(CH_2)_4CN + \frac{1}{2}O_2 \quad (10-19d)$$

然而这一有机电合成反应受到以下副反应的影响，使产率下降：①当阴极表面区内溶液酸度过大会生成丙腈（CH_3CH_2CN）；②若阴极附近 pH 值过高，则可能发生自由基的三聚、多聚或生成羟基丙腈和双氰基乙基醚（$NCCH_2CH_2 - O - CH_2CH_2CN$）；③由于丙烯腈还原电位很负（相对饱和甘汞电极为 -1.9 V），阴极可能发生析氢反应。

为提高产率，Baizer 提出用季铵盐——对甲苯磺酸四乙铵盐 $(C_2H_5)_4N^+CH_3C_6H_4OSO_3^-$ 作为电解质，其阳离子可在阴极表面吸附，形成缺水层，可避免丙烯腈游离基阴离子的直接质子化，抑制其生成丙腈的副反应。同时它还能有效地提高丙烯腈在含水介质中的溶解度。

最初设计师使电解液含高浓度丙烯腈和季铵盐，反应才能有效进行，结果所用电解液含水量低，导电性差，加上使用离子交换膜，使槽电压高达 11 V。后经改进，使反应在饱和丙烯腈水溶液中进行，季铵盐浓度可降低，离子膜也可不使用，在此基础上，先后出现好几种改进生产方法。

如 BASF 法（德国）是用异丙醇的氧化代替析氧反应，避免了隔膜，缩小电极间距离。

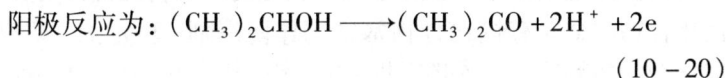

阳极反应为：$(CH_3)_2CHOH \longrightarrow (CH_3)_2CO + 2H^+ + 2e$

$$(10-20)$$

电解液组成为 32% $CH_3 = CHCN$，28% $(CH_3)_2CHOH$，16% H_2O，1% BU_4N。

10.4.2　四烷基铅和金属有机化合物的电解合成

四烷基铅系四乙基铅和四甲基铅。四乙基铅是应用最广泛的汽油抗爆剂，可提高汽油的辛烷值，改善其燃烧特性。近年来为防止 Pb 对环境的污染，用量有所限制，但世界产量仍达几十万 t/a。

电解合成四乙基铅的第一步是制格利雅试剂（C_2H_5MgCl），即在双甘醇二丁基醚溶剂中使金属镁与氯乙烷反应，反应式为：

$$C_2H_5Cl + Mg = C_2H_5MgCl \qquad (10-21a)$$

然后将所得到的溶液用铅阳极电解合成，阳极反应为：

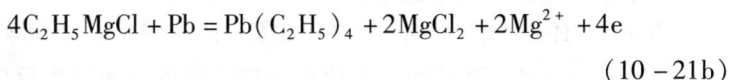

$$4C_2H_5MgCl + Pb = Pb(C_2H_5)_4 + 2MgCl_2 + 2Mg^{2+} + 4e$$

$$(10-21b)$$

阴极反应： $4MgCl^- + 4e = 2Mg + 2MgCl_2$ （10-21c）

由于反应过程中不断向溶液加入的氯乙烷可与阴极析出的镁重新生成格利雅试剂，因而电合成过程的总反应为：

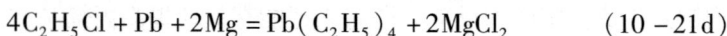

$$4C_2H_5Cl + Pb + 2Mg = Pb(C_2H_5)_4 + 2MgCl_2 \qquad （10-21d）$$

所得副产物 $MgCl_2$ 可用于生产镁。

阳极材料为纯度达 99.8% 的纯铅，阴极则为碳钢，电解液采用醚类为试剂，如四甘醇二乙醚（沸点高于 100℃），电解质为 20% 的格利雅试剂，为使阴极表面析出的镁溶解，溶液中氯乙烷与格利雅试剂之比应为 0.9∶1。这种电解槽的槽电压约 8 V，直流电耗为 4000 ~ 5000 kW·h/t。电解装置示意图如图 10-5 所示。

类似四烷基铅这种含有金属—碳键的有机物通常称为金属有机化合物。金属有机化合物常常用作防爆剂、稳定剂、防腐剂、催化剂及颜料等。目前还有锂、钠、锌、镉、汞、砷、锑、硒、镁、铁、钛等的有机化合物实现了工业化生产。自烷基铅电解合成产业化后，金属有机化合物的电化学合成技术得到了迅速发展。大多数金属有机化合物的电解合成都是在金属电极上进行的。一般来说，这些反应可以看成是按自由基反应机理进行，通过氧化还原反应得到金属有机化合物，反应可以在阴极上进行，也可以在阳极上进行。

在阴极上，烷基离子通过阴极还原反应形成烷基自由基，然后直接与阴极金属（M）反应生成产物：

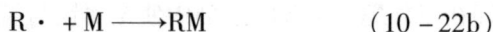

$$R^+ + e \longrightarrow R\cdot \qquad （10-22a）$$

$$R\cdot + M \longrightarrow RM \qquad （10-22b）$$

式中：R——烃基、芳基等；M——金属。

例如羰基化合物的电还原：

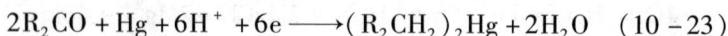

$$2R_2CO + Hg + 6H^+ + 6e \longrightarrow (R_2CH_2)_2Hg + 2H_2O \qquad （10-23）$$

在阳极上，很少直接通过有机化合物与阳极金属发生反应而得到产物。通常是由一种金属有机化合物在阳极上发生氧化反应而生成金属离子和烷基自由基，烷基自由基再与金属发生反应生成另一种金属有机化合物。反应通式如下：

$$RM \longrightarrow M^+ + R^- \qquad (10-24a)$$

$$R^- - e \longrightarrow R \cdot \qquad (10-24b)$$

$$R \cdot + M' \longrightarrow RM' \qquad (10-24c)$$

式中：M'——另一种金属。前面介绍的四烷基铅的合成就是阳极氧化的一例。

10.4.3　有机氟电化学合成

有机物，例如烃、醇、醛、酮等的全氟化合物有一个罕见的特点，即可形成表面自由能极低的表面。例如水中浓度仅为 0.01%，水的表面张力即可从 72 dyn·cm^{-1} 降至 15～20 dyn·cm^{-1}，而用烃类表面活性剂要使水的表面张力降低 30～35 dyn·cm^{-1}，所需浓度需比此值大 10～100 倍。有一种含全氟代有机化合物的所谓"软水"是高效灭火剂，它能迅速形成大量泡沫，扩展到燃烧的石油上面，把火扑灭，因此广泛应用于炼油、飞机等领域作为灭火剂。另外一些有机氟化产物还可作为电镀添加剂等。这类化合物还具有反应活性低，热稳定及机械性能好等优点，广泛应用于高强度塑料、制冷剂、人造血液、抗癌剂、电器元件、杀虫剂和润滑剂等领域。由于氟的高活性和毒性，用一般化学方法生产全氟化合物十分困难，采用电化学方法比较容易实现有机物的全氟化。该法从 1949 年开始小规模生产，至现在已有很大发展。

有机氟电化学合成有许多优点：①应用范围广；②工艺简单，反应条件温和，投资费用低；③参加反应的仅是无水氟化氢，整个过程中没有元素氟存在，因而安全可靠；④对原材料没有苛刻要求。其缺点是对碳原子数少的产率为 80% 左右，而碳原子数多的往往只有10%，电流效率也较低。

电化学氟化时阳极总要消耗，目前常用镍、镍合金和铂，也有采用玻璃碳、多孔碳和碳化锆。在镍阳极上发生有机物的完全氟化，生成高氟化产物。研究表明，这一过程的机理是由于镍阳极表面形成了镍的高价氟化物，如 NiF_3 和 NiF_4，它们起着强氟化试剂的作用。阴极材料一般采用铁、铜、镍等金属材料。

电化学氟化的溶剂常采用无水流态氟化氢(AHF)，它既可作为溶剂，又是反应过程的氟源。无水氟化氢有合适的沸点(19.5℃)，可溶解大多数有机物。并有良好的离子导电性。对微溶于 AHF 的有机物需加入 NaF 或 KF 作支持电解质。从理论上讲，在0℃进行电化学氟化反应最有利，但实际反应过程一般控制在0℃～20℃。

应用实例：

(1)烷烃

烷烃难溶于 HF 液体，电解时需加入支持电解质以提高导电性，还需采用乳化技术以改善传质条件。这类化合物的氟化一般在5～8 V 槽压和273 K～282 K 下进行，如正辛烷和正己烷的全氟化反应：

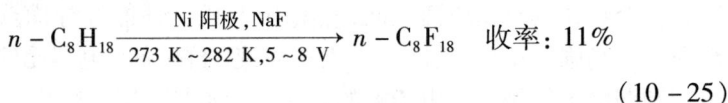

$$n - C_8H_{18} \xrightarrow[\text{273 K～282 K,5～8 V}]{\text{Ni 阳极, NaF}} n - C_8F_{18} \quad \text{收率：11\%}$$

$$(10 - 25)$$

$$n - C_6H_{14} \longrightarrow n - C_6F_{14} \quad \text{收率：22\%} \quad (10 - 26)$$

(2)烯烃

此类化合物发生选择性的部分氟化，双键先加氟，随后 H 被取代：

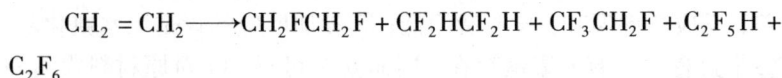

$$CH_2 = CH_2 \longrightarrow CH_2FCH_2F + CF_2HCF_2H + CF_3CH_2F + C_2F_5H + C_2F_6$$

其中氟直接与双键加成产物的产率为60%～90%。

（3）卤代烃

若液态 HF 中存在导电性添加剂时，此类化合物中 I 和 Br 易为 F 取代，Cl 较难，如：

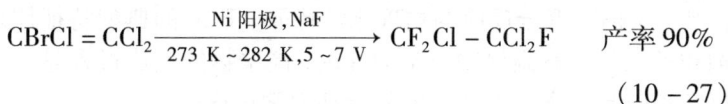

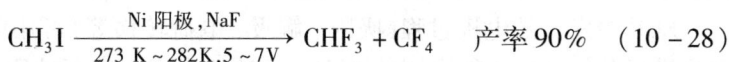

$$CBrCl = CCl_2 \xrightarrow[\text{273 K} \sim \text{282 K},5 \sim 7 \text{ V}]{\text{Ni 阳极,NaF}} CF_2Cl - CCl_2F \qquad 产率 90\%$$

$$(10-27)$$

$$CH_3I \xrightarrow[\text{273 K} \sim \text{282K},5 \sim 7V]{\text{Ni 阳极,NaF}} CHF_3 + CF_4 \qquad 产率 90\% \qquad (10-28)$$

（4）胺

电解氟化是胺类氟化的唯一工业生产方法。胺易溶于 HF，电解氟化过程较平缓。叔胺全氟化生产率高，其反应为：

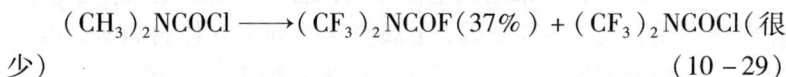

$$(CH_3)_2NCOCl \longrightarrow (CF_3)_2NCOF(37\%) + (CF_3)_2NCOCl(很少)$$

$$(10-29)$$

伯胺和仲胺反应过程中容易裂解，全氟化产率一般比较低。

此外，芳香化合物、醇、醛、酮、醚、羧酸和磺酸及其衍生物等也都可通过电化学进行氟化。

10.5　电化学聚合

电化学聚合（Electrochemical Polymerization，简称 ECP），简称电聚合，有时也称电引发聚合或电解聚合，实质是用电化学方法在阴极或阳极上进行电聚合反应。目前电聚合已经取得了很大进展，其研究工作十分活跃，并已成功地合成了具有特殊功能的高聚物，在高科技领域内应用前景十分广阔。

10.5.1　ECP 中的化学和电化学步骤

10.5.1.1　ECP 过程的概述

在 ECP 中，重要的步骤是在电极表面上发生，但在整个聚合过程中包括周围液相中的反应。因此，ECP 反应基本上是多相聚合，在此过程中，相界面的化学和电场方面均起重要作用。基于此原理，ECP 系统一方面拥有电化学过程和电极反应的物理化学特征，又拥有聚合反应的物理化学特征。ECP 的典型特征体现在融和了电化学和高聚物科学的理论，高聚物的生成过程是一个电化学步骤与化学步骤联合的复杂动力学过程。

ECP 中发生的电极过程（吸附、解吸、电荷转移等）可用前述理论进行分析，电极参数（电极的物理和化学性质、表面性质、电极电位、半电池电位及电流密度）一般认为会影响聚合物产品的结构、形状、分子量分布和产量。

电化学聚合通常采用双电极体系，也可采用三电极体系。工作电极可用石墨、各种金属、金属氧化物和半导体材料等，由于电聚合产物通常导电性差，因此一般采用恒电位电解法（也可采用恒电流电解法、矩形波电解法）。电聚合速度会随电解时间增加而不断下降。电解液一般由溶剂、支持电解质和有机单体组成。溶剂可采用水，但主要是采用有机溶剂，如乙腈、乙酸、丙酮、丙烯碳酸酯、二氯乙烷、三氯甲烷等。有机溶剂体系通常导电性能差，往往需要加入支持电解质，常加的支持电解质有铵盐、钾盐、钠盐和锂盐等。常见的聚合物单体见表 10 - 8。

表 10 - 8　ECP 反应中的单体种类

单体	反应类型
含羟基、氨基的芳香化合物	氧化聚合
杂环化合物	氧化或还原聚合
苯和多环芳烃	氧化聚合
乙烯基化合物	氧化或还原聚合
乙炔及其衍生物	还原聚合

通常电化学聚合可制得高聚物膜,这种聚合有如下特点;

①改变聚合时间和电极电位,可控制高聚物膜的厚度;

②膜的重现性好;

③可以制得各种导电聚合物,如适宜条件下电聚合制取的聚苯胺,聚吡咯等甚至能达到金属的导电能力;

④改变工艺条件,如电极材料、溶剂、电解液 pH 值、支持电解质或电聚方式,可制得结构不同、性质不同的功能膜。

10.5.1.2　ECP 过程的步骤

前面已经指出,电化学聚合反应主要在电极表面上发生,是电化学与化学步骤联合的动力学过程,主要包括链的引发、链的增长和链的终止三个步骤。

10.5.1.3　ECP 过程的引发

在 ECP 过程中重要的引发过程可以分为以下三类:

(1)直接引发过程

在此过程中,电极和单体间直接进行了电子传递,导致活性中心产生:

$$M + e(阴极) \longrightarrow \cdot M^- \qquad (10-30)$$

自由基阴离子 $\cdot M^-$ 可以二聚为 $^-M_2^-$,而且按阴离子加成聚合方式发生链增长。另外,自由基阴离子可以中性化,结果发生自由基加成聚合,此外,阳极上也可以发生类似的阳极聚合作用,反应产物阳离子自由基 $\cdot M^+$ 随后引发单体的阳离子型加聚反应。

(2)间接引发过程

这是指电子转移发生在电极与溶液中存在的非单体的不能聚合物组分(电化学活性物质)之间,结果形成了有聚合能力的活性物质。它们通过直接化学化合、转移、分解产生催化作用。催化活性物质作为从电极携带电子到单体的介质,其反应为:

$$C^+ + e \longrightarrow C \cdot \qquad (10-31a)$$

$$C \cdot + M \longrightarrow C^+ + \cdot M^- \text{ 或 } C \cdot + M \longrightarrow C - M \cdot \quad (10-31b)$$

此处 C^+ 可以是支持电解质的阳离子，如 H^+，碱金属阳离子或四烷基铵离子。同样支持电解质中的阴离子会在阳极放电，导致在阳极区发生阳离子型或自由基型聚合。传递活性体经过许多氧化态的变化。最简单的情况可以是阳极腐蚀产物的引发：

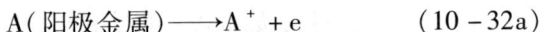

$$A(阳极金属) \longrightarrow A^+ + e \quad (10-32a)$$

$$A^+ + M \longrightarrow A^{2+} + \cdot M^- \quad (10-32b)$$

其结果是使在阳极上发生阴离子聚合成为可能。

(3) 电化学氧化还原引发过程

在此过程中，一个组分的阴极还原产物和第二个组分反应形成引发自由基。

上述引发过程依赖于电极电位，一个给定的 ECP 系统的引发可以通过调节电极电位来控制，电聚合引发速度则决定于电解电流。

10.5.1.4 链的增长

活性中心 $C \cdot$ 产生后，便开始和单体 M 发生链的增长反应：

$$C \cdot + M \longrightarrow C^+ + M \cdot \quad (10-33a)$$

$$M \cdot + M \longrightarrow M_2 \cdot \quad (10-33b)$$

$$M_2 \cdot + M \longrightarrow M_3 \cdot \quad (10-33c)$$

....

电流的通过一般不会影响聚合过程的链的传递，然而已经证明，离子聚合的链传递速度随外电场增加，此外电场可以使离子对成为有较高增长速度的自由基离子。因此用高外加电压可以影响聚合过程。

聚合物的链增长可以发生在电极表面，也可以发生在电解质溶液中，后者与常规的引发聚合相同，前者则有独特性质。

10.5.1.5 链的终止

在 ECP 反应中，终止反应有几种机理，活性链末端，或离子或自由基，无论是吸附状态或溶解状态的离子或自由基，均可通过与终止剂 HX 或传递剂 HT 反应而结束链增长。其反应如下：

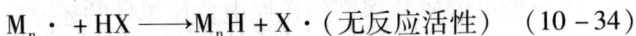

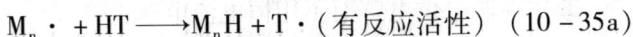

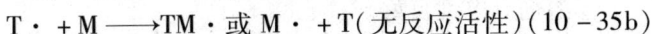

$$M_n \cdot + HX \longrightarrow M_nH + X \cdot （无反应活性）\quad （10-34）$$

$$M_n \cdot + HT \longrightarrow M_nH + T \cdot （有反应活性）\quad （10-35a）$$

$$T \cdot + M \longrightarrow TM \cdot 或 M \cdot + T（无反应活性）（10-35b）$$

$$TM \cdot 或 M \cdot + M \xrightarrow{聚合} TM_{n+1} \cdot 或 M_{n+1} \cdot \quad （10-35c）$$

此处 M 和 Mn 分别表示单体和聚合体。自由基末端无论是否被吸附，它们之间将发生复合或歧化反应而导致终止。

10.5.2　电化学聚合反应的类型

ECP 反应大致可以分为三类：阴极聚合反应、阳极聚合反应和缩聚反应，下面分别加以简述。

10.5.2.1　阴极聚合反应

阴极聚合反应可以由阴极自由基或两种自由基阴离子(一种由电极与单体间电子转移产生，另一种由电极与支持电解质中阳离子之间电子转移产生)引发。

阴极自由基引发的聚合反应大多发生在酸性溶液的电解中，如 H^+ 还原产生的 H 原子可以引发甲基丙烯酸甲酯(MMA)、丙烯酸、醋酸乙烯等物质的聚合。一般上述聚合反应电流效率低，因为在链引发前自由基有损失。

除了氢自由基引发的机理外，人们还对阴极自由基聚合提出了数种可能的机理。如有人提出 MMA 的 ECP 是由于氧在铅电极上还原生成了 H_2O_2，H_2O_2 与电子作用生成 $OH \cdot$ 自由基，$OH \cdot$ 引发了 MMA 的聚合，提出这种机理的依据是当把氧从电解液中完全排除后，电解聚合不会发生。

许多乙烯基单体，如苯乙烯、MMA 和丙烯酰胺的聚合属于阴极阴离子聚合，它们是通过电子从阴极转移到单体上形成自由基阴离子而引发聚合反应的。

阴极阴离子聚合反应必在满足以下条件时方可发生：

①支持电解质和溶剂的还原电位比单体的还原电位更负；

②用控制电位电解而不用恒电流电解；

③溶剂导电性良好。

10.5.2.2　阳极聚合反应

阳极聚合也有三种方式：阳极自由基聚合、阳极单体直接氧化引发以及支持电解质中的阴离子间接氧化引发。

（1）阳极自由基聚合

大多数阳极自由基聚合是在羧酸支持电解质中产生自由基引发的，反应是：

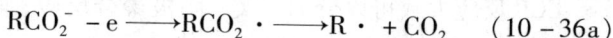

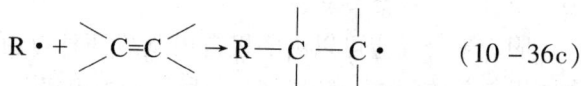

$$RCO_2^- - e \longrightarrow RCO_2 \cdot \longrightarrow R \cdot + CO_2 \qquad (10-36a)$$

$$2R \cdot \longrightarrow R-R \qquad (10-36b)$$

$$R \cdot + \!\!\! \begin{array}{c} \\ \end{array} \!\!\! C{=}C \!\!\! \begin{array}{c} \\ \end{array} \rightarrow R - \overset{|}{\underset{|}{C}} - \overset{|}{\underset{|}{C}} \cdot \qquad (10-36c)$$

聚合发生在电极表面或本体溶液中，低电流密度时一般易形成烯烃和烷烃。

（2）阳极阳离子聚合

阳极阳离子聚合是由一种支持电解质阴离子在阳极放电产生的物质引发的，这种聚合反应有如下特征：①聚合反应的电流效率高；②电解时阳极液的 pH 值会下降；③电极极性转换，聚合速率下降；④阳极常有颜色；⑤电解终止后，聚合仍会进行，甚至可持续数天。

苯乙烯、IBVE、NVC 均可在阳极区聚合，苯乙烯聚合还有较高的电流效率，而且电流停止后还会继续进行聚合反应。

10.5.2.3　电化学缩聚反应

电缩聚反应是单体分子官能团以及作为中间产物的聚合物分

子链链端的官能团在电极上氧化或还原，然后官能团之间发生相互作用而偶合的聚合反应。二羧酸、二元醇、二胺、二卤代物等都可用 ECP 从官能团单体缩聚生产重要的聚合物。例如通过二羧酸盐 $-O_2C-Rn-CO_2-$ 的偶合反应合成聚烷烃 Rn，其链增长机理可表示如下：

$$^-O_2C-R_n-CO_2^- - e \longrightarrow {}^-O_2C-R_n\cdot\ +CO_2$$

$$(10-37a)$$

$$^-O_2C-R_n\cdot\ +\ {}^-O_2C-R_m\cdot\ \longrightarrow {}^-O_2C-R_{n+m}\cdot\ +CO_2$$

$$(10-37b)$$

$$^-O_2C-R_{n+m}\cdot - e \longrightarrow \cdot\ R_{n+m}\cdot\ +CO_2 \quad (10-37c)$$

$$\cdot\ R_{n+m}\cdot \longrightarrow R_{n+m}(周环反应) \quad (10-37d)$$

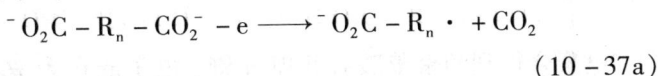

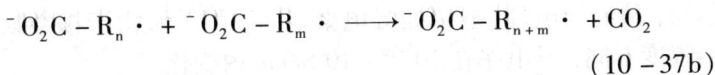

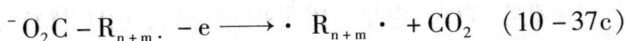

环化的几率取决于 R 的性质。

　　由于电缩聚反应的链增长步骤是在电极表面上进行的电化学步骤，所以与通常的化学缩聚反应有本质的区别，有可能得到用其他方法不能得到的聚合物，且得到的聚合物膜往往与电极表面结合良好。

10.5.3　电聚合在制取导电聚合物中的应用

　　导电聚合物有许多优点，例如重量轻，可选择的材料种类和导电范围广，原料便宜，加工方便等。导电聚合应用范围较广，其应用有：①导电功能方面，已经工业化的有电容器，正在发展中的有集成电路板等；②氧化还原功能方面，已经工业化的有电池，正在发展的有电致显色器件；③电器件方面，晶体管、太阳电池等都在研究中；④光器件方面，光导材料、电发光器件等都有研究；⑤其他方面，正在开发的有电磁波屏蔽材料等。

　　制备导电聚合物通常可用化学氧化聚合法和电化学氧化聚合法。电化学聚合法的优点是可以通过电量调节聚合量和膜厚，不纯物质的残留量很少，可聚合成片状。但难以形成规模化生产，且成本较高，因此尚需研究改进。

如苯胺在酸性溶液中电氧化聚合生成聚苯胺，反应如下：

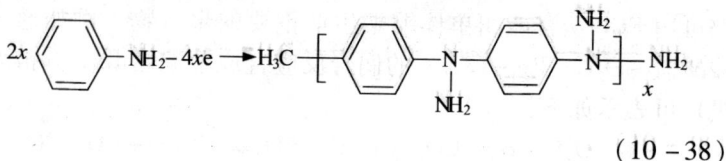

$$2x\ \text{苯胺} - 4xe \longrightarrow H_3C - \cdots - N - \cdots - N - NH_2$$

$$(10-38)$$

电聚合得到的聚苯胺有共轭 π 键，电子能在大 π 键中自由移动，故有导电性，这就是导电聚合物。聚苯胺由于掺杂物和掺杂程度不同，导电率在 $10^{-10} \sim 10$ S/cm 内变化。

聚吡咯(PPY)也是一种导电聚合物，由于制备方法简单、导电性高以及在空气中稳定性好等引起人们特别的兴趣。有人采用玻璃反应池，阴、阳极均为不锈钢板，极距 8 cm，吡咯单体使用前经蒸馏，于氮气下保存。支持电解质为甲苯磺酸、对甲苯磺酸钠、十二烷基苯磺酸、十二烷基硫酸钠等，电聚合制得了大面积的聚吡咯膜。电化学聚合反应是在吡咯水溶液中进行，采用恒电流法，利用调节电流密度控制膜厚和质量。最佳条件下电聚合制得聚吡咯膜，电导率为 120 S/cm，有人制得 10 μm 厚的聚吡咯膜，电导率为 510 S/cm。

有人使用离子液体 EMImCF$_3$SO$_3$ 作为溶剂，成功地进行了吡咯的电氧化聚合反应，离子液体起到了控制在阳极上形成的聚合物膜的表面结构形态，提高聚合反应速率，电化学容量和导电性的作用。据报道所得到的聚吡咯与传统的有机溶剂中制得的相比，具有较好的电化学稳定性，高的电化学活性，高的导电率和机械性能。也有人对噻吩和苯胺在 EMImCF$_3$SO$_3$ 中的电解氧化聚合反应进行了研究，表明聚合物膜的导电性有很大的提高。

参考文献

[1] 杨倚琴, 方北龙, 童叶翔. 应用电化学. 广州: 中山大学出版社, 2001.

[2] 邝鲁生. 应用电化学. 武汉: 华中理工大学出版社, 1994.

[3] 藤嶋昭, 相泽益男, 井上徹. 陈震, 姚建年译. 电化学测定方法. 北京: 北京大学出版社, 1995.

[4] 陈延禧. 电解工程. 天津: 天津科学出版社, 1996.

[5] 杨辉, 卢文庆. 应用电化学. 北京: 科学出版社, 2001.

[6] 马淳安. 有机电化学合成导论. 北京: 科学出版社 2002.

[7] 赵鹏, 王维德, 倪海霞. 有机电化学合成. 化工装备技术, 2005, 26 (3): 32.

[8] 卢星河. 有机电合成的理论与应用. 精细化工, 2000, 17(s): 123.

[9] 褚道葆. 金属有机物电合成研究进展. 精细化工, 2000, 17(s): 114.

[10] 陈敏元. 有机电化学的新进展. 精细化工, 2000, 17 增刊: 1.

[11] 刘宝友, 魏福祥, 韩菊等. 离子液体中的电化学有机合成. 化学世界, 2007, (11): 694.

[12] 陶海升, 李茂国, 吴丽芳等. 电化学氟化最新进展. 化学进展, 2004, 16(2): 213.

[13] Weinberg N L., Tilak B V.. Technique of Eletro – organic Synthesis. Part Ⅱ, John Wiley and Sons, 1982.

[14] Barhdadi R., Courtinard C., Nedelec J Y., etal. Chemical Communications, 2003, (10): 1434.

[15] Shibata M, Yoshida K, Furuya N. Electrochemical synthesis of urea gas – diffusion electrodes. J Electrochem. Soc, 1998, 145 (2): 595; (7): 2348.

[16] Lieder M, Schlapfer C W. Synthesis and Electrochemical properties of new viologen polymers. J. Appl Electrochem, 1997, 27: 235.

[17] Lodowicks E, Beck F, J A ppl. Electrochem, 1998, 28(9): 873.

[18] Barhdadi R, Courtinard C, Nedelec J Y, etal. Chemical Communications, 2003(10): 1434.

图书在版编目(CIP)数据

现代电化学/龚竹青,王志兴编著. —长沙:中南大学出版社,2010
ISBN 978 – 7 – 5487 – 0006 – 7

Ⅰ. 现... Ⅱ. ①龚... ②王... Ⅲ. 电化学 Ⅳ. 0646

中国版本图书馆 CIP 数据核字(2010)第 036349 号

现代电化学

龚竹青　王志兴　编著

□**责任编辑**　史海燕
□**责任印制**　易红卫
□**出版发行**　中南大学出版社

　　　　　　社址:长沙市麓山南路　　　邮编:410083
　　　　　　发行科电话:0731-88876770　　传真:0731-88710482
□**印　　装**　长沙印通印刷有限公司

□**开　　本**　850×1168 1/32 □**印张** 9.75 □**字数** 247 千字
□**版　　次**　2010 年 3 月第 1 版 □2014 年 7 月第 2 次印刷
□**书　　号**　ISBN 978 – 7 – 5487 – 0006 – 7
□**定　　价**　25. 00 元